工程施工质量问题详解

建筑防水工程

张　蒙　主编

中国铁道出版社

2013年·北京

内 容 提 要

　　本书主要内容包括屋面防水工程、地下防水工程、特殊施工法防水工程、排水工程、注浆工程和建筑工程渗漏水治理等。

　　本书可作为高等院校土木工程专业的辅导教材,也可作为工程技术人员的参考用书。

图书在版编目(CIP)数据

建筑防水工程/张蒙主编 . —北京:中国铁道出版社,

2013.4

　(工程施工质量问题详解)

　ISBN 978-7-113-16083-8

　Ⅰ.①建…　Ⅱ.①张…　Ⅲ.①建筑防水—工程施工

—问题解答　Ⅳ.①TU761.1-44

中国版本图书馆 CIP 数据核字(2013)第 031119 号

书　　名:	工程施工质量问题详解
	建筑防水工程
作　者:	张　蒙

策划编辑:	江新锡　陈小刚
责任编辑:	冯海燕　张荣君　　**电话**:010-51873193
封面设计:	郑春鹏
责任校对:	孙　玫
责任印制:	郭向伟

出版发行:	中国铁道出版社(100054,北京市西城区右安门西街 8 号)
网　址:	http://www.tdpress.com
印　刷:	北京鑫正大印刷有限公司
版　次:	2013 年 4 月第 1 版　2013 年 4 月第 1 次印刷
开　本:	787 mm×1 092 mm　1/16　印张:15.5　字数:388 千
书　号:	ISBN 978-7-113-16083-8
定　价:	38.00 元

前　　言

　　随着我国改革开放的不断深化，经济的快速发展，人民群众生活水平的日益提高，人们对建筑工程的质量、使用功能等提出了越来越高的要求。因此，工程质量问题引起了全社会的高度重视，工程质量管理成为人们关注的热点。

　　工程质量是指满足业主需要的，符合国家法律、法规、技术规范标准、设计文件及合同规定的特性综合。一个工程质量问题的发生，既可能因设计计算和施工图纸中存在错误，也可能因施工中出现质量问题，还可能因使用不当，或者由于设计、施工、使用等多种原因的综合作用。要究其原因，则必须依据实际情况，具体问题具体分析。同时，我们要重视工程质量事故的防范和处理，采取有效措施对质量问题加以预防，对出现的质量事故及时分析和处理，避免进一步恶化。

　　为了尽可能减少质量问题和质量事故的发生，我们必须努力提高施工管理水平，确保工程施工质量。为此，我们组织编写了《工程施工质量问题详解》丛书。本丛书共分 7 分册，分别为：《建筑地基与基础工程》、《建筑屋(地)面工程》、《建筑电气工程》、《建筑防水工程》、《建筑给水排水及采暖工程》、《建筑结构工程》、《建筑装饰装修工程》。

　　本丛书主要从现行的施工质量验收标准、标准的施工方法、施工常见质量问题及防治三方面进行阐述。重点介绍了工程标准的施工方法，列举了典型的工程质量问题实例，阐述了防治质量问题发生的方法。在编写过程中，本丛书做到图文并茂、内容精炼、语言通俗，力求突出实践性、科学性与政策性的特点。

　　本丛书的编写人员主要有张蒙、张婧芳、侯光、李志刚、李杰、栾海明、王林海、孙占红、宋迎迎、武旭日、张正南、李芳芳、孙培祥、张学宏、孙欢欢、王双敏、王文慧、彭美丽、李仲杰、乔芳芳、张凌、魏文彪、蔡丹丹、许兴云、张亚、白二堂、贾玉梅、王凤宝、曹永刚等。

　　由于我们水平有限，加之编写时间仓促，书中的错误和疏漏在所难免，敬请广大读者不吝赐教和指正！

编　　者

2012 年 12 月

目 录

第一章 屋面防水工程 ··· 1

　第一节 卷材防水层施工 ··· 1

　第二节 涂膜防水层施工 ·· 15

　第三节 接缝密封防水施工 ·· 22

　第四节 瓦面与板面防水施工 ·· 32

　第五节 细部构造防水施工 ·· 45

第二章 地下防水工程 ·· 60

　第一节 防水混凝土施工 ·· 60

　第二节 水泥砂浆防水层施工 ·· 72

　第三节 卷材防水层施工 ·· 80

　第四节 涂料防水层施工 ·· 90

　第五节 塑料板防水层施工 ·· 97

　第六节 金属板防水层施工 ··· 101

　第七节 细部构造防水施工 ··· 104

第三章 特殊施工法防水工程 ··· 128

　第一节 锚喷支护施工 ··· 128

　第二节 地下连续墙施工 ··· 142

　第三节 盾构法隧道施工 ··· 156

　第四节 沉井施工 ··· 166

第四章 排水工程 ·· 171

　第一节 渗排水、盲沟排水施工 ··· 171

　第二节 隧道、坑道排水施工 ··· 177

第五章 注浆工程 ·· 183

　第一节 预注浆、后注浆施工 ··· 183

　第二节 结构裂缝注浆施工 ··· 190

第六章 建筑工程渗漏治理 ··· 194

　第一节 地下工程渗漏治理 ··· 194

第二节 屋面渗漏修缮工程施工 ……………………………………………… 216

第三节 外墙渗漏修缮工程施工 ……………………………………………… 230

第四节 厕浴间和厨房渗漏修缮工程施工 …………………………………… 235

参考文献 ……………………………………………………………………… 242

第一章 屋面防水工程

第一节 卷材防水层施工

一、施工质量验收标准

卷材防水层施工质量验收标准见表1-1。

表 1-1 屋面卷材防水层施工质量验收标准

项 目	内 容
一般规定	(1)冷粘法铺贴卷材应符合下列规定: 1)胶黏剂涂刷应均匀,不应露底,不应堆积; 2)应控制胶黏剂涂刷与卷材铺贴的间隔时间; 3)卷材下面的空气应排尽,并应辊压粘牢固; 4)卷材铺贴应平整顺直,搭接尺寸应准确,不得扭曲、皱折; 5)接缝口应用密封材料封严,宽度不应小于10 mm。 (2)热粘法铺贴卷材应符合下列规定: 1)熔化热熔型改性沥青胶结料时,宜采用专用导热油炉加热,加热温度不应高于200℃,使用温度不宜低于180℃; 2)粘贴卷材的热熔型改性沥青胶结料厚度宜为1.0~1.5 mm; 3)采用热熔型改性沥青胶结料粘贴卷材时,应随刮随铺,并应展平压实。 (3)热熔法铺贴卷材应符合下列规定: 1)火焰加热器加热卷材应均匀,不得加热不足或烧穿卷材; 2)卷材表面热熔后应立即滚铺,卷材下面的空气应排尽,并应辊压粘贴牢固; 3)卷材接缝部位应溢出热熔的改性沥青胶,溢出的改性沥青胶宽度宜为8 mm; 4)铺贴的卷材应平整顺直,搭接尺寸应准确,不得扭曲、皱折; 5)厚度小于3 mm的高聚物改性沥青防水卷材,严禁采用热熔法施工。 (4)自粘法铺贴卷材应符合下列规定: 1)铺贴卷材时,应将自粘胶底面的隔离纸全部撕净; 2)卷材下面的空气应排尽,并应辊压粘贴牢固; 3)铺贴的卷材应平整顺直,搭接尺寸应准确,不得扭曲、皱折; 4)接缝口应用密封材料封严,宽度不应小于10 mm; 5)低温施工时,接缝部位宜采用热风加热,并应随即粘贴牢固。 (5)焊接法铺贴卷材应符合下列规定: 1)焊接前卷材应铺设平整、顺直,搭接尺寸应准确,不得扭曲、皱折; 2)卷材焊接缝的结合面应干净、干燥,不得有水滴、油污及附着物;

项　　目	内　　容
一般规定	3)焊接时应先焊长边搭接缝,后焊短边搭接缝; 4)控制加热温度和时间,焊接缝不得有漏焊、跳焊、焊焦或焊接不牢现象; 5)焊接时不得损害非焊接部位的卷材。 (6)机械固定法铺贴卷材应符合下列规定: 1)卷材应采用专用固定件进行机械固定; 2)固定件应设置在卷材搭接缝内,外露固定件应用卷材封严; 3)固定件应垂直钉入结构层有效固定,固定件数量和位置应符合设计要求; 4)卷材搭接缝应黏结或焊接牢固,密封应严密; 5)卷材周边 800 mm 范围内应满粘
主控项目	(1)防水卷材及其配套材料的质量,应符合设计要求。 检验方法:检查出厂合格证、质量检验报告和进场检验报告。 (2)卷材防水层不得有渗漏和积水现象。 检验方法:雨后观察或淋水、蓄水试验。 (3)卷材防水层在檐口、檐沟、天沟、水落口、泛水、变形缝和伸出屋面管道的防水构造,应符合设计要求。 检验方法:观察检查
一般项目	(1)卷材的搭接缝应黏结或焊接牢固,密封应严密,不得扭曲、皱折和翘边。 检验方法:观察检查。 (2)卷材防水层的收头应与基层黏结,钉压应牢固,密封应严密。 检验方法:观察检查。 (3)卷材防水层的铺贴方向应正确,卷材搭接宽度的允许偏差为 —10 mm。 检验方法:观察和尺量检查。 (4)屋面排汽构造的排汽道应纵横贯通,不得堵塞;排汽管应安装牢固,位置应正确,封闭应严密。 检验方法:观察检查

二、标准的施工方法

1.屋面卷材防水层防水设计

(1)屋面防水工程应根据建筑物的类别、重要程度、使用功能要求确定防水等级,并应按相应等级进行防水设防;对防水有特殊要求的建筑屋面,应进行专项防水设计。屋面防水等级和设防要求应符合表1-2的规定。

表 1-2　屋面防水等级和设防要求

防水等级	建筑类别	设防要求
Ⅰ级	重要建筑和高层建筑	两道防水设防
Ⅱ级	一般建筑	一道防水设防

(2)每道卷材防水层最小厚度应符合表1-3的要求。

表 1-3　每道卷材防水层最小厚度

防水等级	合成高分子防水卷材	高聚物改性沥青防水卷材		
		聚酯胎、玻纤胎、聚乙烯胎	自粘聚酯胎	自粘无胎
Ⅰ级	1.2	3.0	2.0	1.5
Ⅱ级	1.5	4.0	3.0	2.0

(3)一道防水设防。下列情况不得作为屋面的一道防水设防:

1)混凝土结构层;

2)Ⅰ型喷涂硬泡聚氨酯保温层;

3)装饰瓦及不搭接瓦;

4)隔汽层;

5)细石混凝土层;

6)卷材或涂膜厚度不符合《屋面工程技术规范》(GB 50345—2012)规定的防水层。

(4)防水卷材接缝应采用搭接缝,卷材搭接宽度应符合表 1-4 的规定。

(5)屋面坡度大于 25% 时,卷材应采取满粘和钉压固定措施。

(6)卷材铺贴方向应符合下列规定:

1)卷材宜平行屋脊铺贴;

2)上下层卷材不得相互垂直铺贴。

(7)卷材搭接缝应符合下列规定:

1)平行屋脊的卷材搭接缝应顺流水方向,卷材搭接宽度应符合表 1-4 的规定;

2)相邻两幅卷材短边搭接缝应错开,且不得小于 500 mm;

3)上下层卷材长边搭接缝应错开,且不得小于幅宽的 1/3。

表 1-4　卷材搭接宽度　　　　　　　　　　　　　(单位:mm)

卷材类别		搭接宽度
合成高分子防水卷材	胶黏剂	80
	胶粘带	50
	单缝焊	60,有效焊接宽度不小于 25
	双缝焊	80,有效焊接宽度 10×2+空腔宽
高聚物改性沥青防水卷材	胶黏剂	100
	自粘	80

2.屋面卷材防水层的施工

(1)卷材防水层冷粘法施工见表 1-5。

表 1-5　卷材防水层冷粘法施工

项　目	内　容
涂刷基层处理剂	涂刷基层处理剂基层处理剂一般是用低黏度聚氨酯涂膜防水材料,其配合比(质量分数)为甲料:乙料:二甲苯=1:1.5:3,用电动搅拌器搅拌均匀,再用长柄滚

项　目	内　容
涂刷基层处理剂	刷蘸满后均匀涂刷于基层表面,不得见白露底,经干燥 4 h 以上,即可进行下一工序的施工;也可以用喷浆机喷涂含固量为 40%、pH 值为 4、黏度为 0.01 Pa·s 的阳离子氯丁胶乳,喷涂时要求厚薄均匀,经干燥 12 h 左右(视温度与湿度而定),才能进行下一工序施工
复杂部位增强处理	对于阴阳角、水落口、通气孔的根部等复杂部位,应先用聚氨酯涂膜防水材料或常温自硫化的丁基橡胶胶黏带进行增强处理。 (1)用聚氨酯涂膜防水材料的处理方法:先将甲料和乙料按 1∶1.5 比例搅拌均匀,再均匀涂刷于阴阳角、水落口等周围,涂刷宽度应以中心算起约 200 mm 以上,厚度以 1.5 mm 以上为宜。涂刷固化 24 h 以上,才能进行下一工序的施工。 (2)用常温自硫化丁基橡胶胶黏带处理:如为阴阳角部位,可按图 1-1、图 1-2 剪裁,每边伸出宽度为 100 mm,并粘贴在预定的基层上
涂刷基层胶黏剂	涂刷基层胶黏剂时,应先将氯丁橡胶系胶黏剂(或其他基层胶黏剂)的铁桶打开,用手持电动搅拌器搅拌均匀,即可进行涂刷基层胶黏剂。 (1)在卷材表面涂刷。应先将卷材展开,摊铺在平整、干净的基层上(靠近铺贴位置),用长柄滚刷蘸满胶黏剂,均匀涂刷在卷材的背面。涂刷厚度要合宜,既不要刷得太薄而露底,也不得涂刷过多而聚胶。但是,卷材搭接缝部位不得涂刷胶黏剂,此部位留作涂刷接缝胶黏剂用,如图 1-3 所示。 涂刷胶黏剂后,经静置 10~20 min,待指触基本不粘手时,即可将卷材用纸筒芯卷好,进行铺贴。打卷时,要防止砂粒、尘土等异物混入。 有些卷材在涂刷胶黏剂后,不用静置即可铺贴卷材,因此,在施工前应认真阅读产品说明书。 (2)在基层表面上涂刷。待表面上的基层处理剂基本干燥后,可用长柄滚刷蘸满胶黏剂,均匀涂刷。基层表面应洁净;涂刷时要均匀,切忌在一处反复涂刷,以免将底胶"咬"起。涂刷后,经过干燥 10~20 min,指触基本不粘手时,即可铺贴卷材
铺贴卷材	铺贴卷材时,几个人将刷好基层胶黏剂的卷材抬起,翻过来,将一面粘贴在预定部位,然后沿着基准线向前粘贴。应注意粘贴时不得将卷材拉伸,要使卷材在松弛不受拉伸的状态下粘贴在基层上,随后用压辊用力向前和向两侧辊压,使防水卷材与基层黏结牢固,如图 1-4 所示。 也可在已涂刷过胶黏剂的卷材圆筒内,插入 1 根 φ30 mm×1 500 mm 的铁管,由两人分别手持铁管将卷材抬起,一端粘贴在预定部位,再沿着基准线向前滚铺。 在平面、立面交接处,则应先粘贴好平面,经过转角,由下往上粘贴卷材。粘贴时切忌拉紧,要轻轻沿转角压紧压实,再往上粘贴。辊压时应从上往下进行,转角部位要用扁平辊,垂直面要用手辊
排汽辊压	排汽辊压每铺完一幅卷材,应即用干净、松软的长柄压辊从卷材一端顺卷材的横向顺序辊压一遍,彻底排除卷材黏结层间的空气,如图 1-5 所示。 排除空气后,卷材平面部位可用外包橡胶的大压辊辊压(一般重 30~40 kg),使其粘贴牢固。辊压时,应从中间向两侧移动,做到排汽彻底

续上表

项　　目	内　　容
卷材接缝粘贴	卷材接缝粘贴搭接缝是卷材防水工程的薄弱环节,必须精心施工。 (1)施工时,首先在搭接部位的上表面,顺边每隔 0.5～1 m 处涂刷少量接缝胶黏剂,待其基本干燥后,将搭接部位的卷材翻开,先做临时固定,如图 1-6 所示。 (2)将配制好的接缝胶黏剂用油漆刷均匀涂刷在翻开的卷材搭接缝的两个黏结面上,涂胶量一般以 0.5～0.8 kg/m² 为宜。干燥 20～30 min,指触手感不黏时,即可进行粘贴。 (3)粘贴时应从一端开始,一边粘贴一边驱除空气,粘贴后要及时用手持压辊按顺序认真地辊压一遍,接缝处不允许有气泡或皱折存在。遇到三层重叠的接缝处,必须填充密封膏进行封闭,否则将成为渗水路线,如图 1-7 所示
卷材末端收头处理	为了防止卷材末端收头和搭接缝边缘剥落或渗漏,该部位必须用单组分氯磺化聚乙烯或聚氨酯密封膏封闭严密,并在末端收头处用掺有水泥用量 20% 的 108 胶的水泥砂浆进行压缝处理。 在整个防水层铺贴完成后,所有卷材搭接缝边均应用密封材料涂封严密,其宽度不应小于 10 mm。 防水层完工后应做蓄水试验。合格后才可按设计要求进行保护层施工

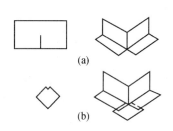

图 1-1　阳角附加层剪裁方法

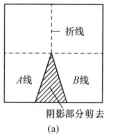
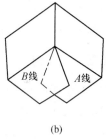

图 1-2　阴角附加层剪裁方法

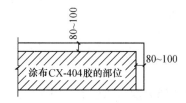

图 1-3　涂刷基层胶黏剂部位(单位:mm)
(空白处留作涂刷接缝胶黏剂)

图 1-4　卷材粘贴法

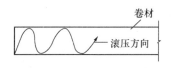

图 1-5　排汽辊压方向

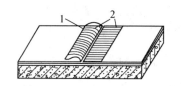

图 1-6　接缝胶黏剂的涂刷
1—临时点黏固定;2—涂刷接缝胶黏剂部位

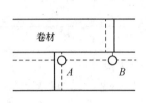 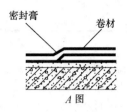 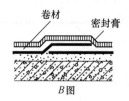

图 1-7　三层重叠部位的粘贴

采用冷粘法铺贴卷材时卷材防水层过早老化

质量问题表现

卷材防水屋面上,沥青胶结材料有不同程度的早期开裂,或者卷材有收缩、腐烂现象。

质量问题原因

(1)选用沥青胶结材料的标号不当,沥青的软化点过高。

(2)沥青胶结材料熬制温度过高,熬制时间过长,以致有熬焦倾向。

(3)沥青胶结材料养护不善或管理不当等,都会加速材料的老化。

质量问题预防

(1)合理选择沥青胶结材料的标号,沥青的软化点不可过高,可逐锅进行检验。

(2)施工时,应严格控制沥青胶结材料的熬制温度和使用温度,熬制时间要合宜,严禁使用熬焦的沥青或玛瑞脂。

(3)重视沥青胶结材料的养护和维修工作,或者选用耐老化性能好的卷材进行施工。

采用冷粘法铺贴卷材时卷材防水层剥离

质量问题表现

屋面卷材防水层铺设完成后,从一端用力撕揭,即可将卷材成片从基层上剥离,卷材上还带有水泥砂浆找平层上的浮皮。

质量问题原因

(1)卷材铺贴时,使用的热玛瑞脂温度过低,与基层没有粘贴牢固。

（2）找平层质量不合格，有起皮、起砂等缺陷。

（3）卷材铺贴前，未将基层清扫干净，或者基层潮湿，有潮气。

（4）屋面转角处，因卷材拉伸过紧，材料收缩致使防水层与基层剥离。

质量问题预防

（1）卷材铺贴时，应严格控制玛琋脂的加热时间和使用温度，必要时可适当提高。

（2）严格控制找平层的施工质量，如有起皮、起砂现象，应先进行修补，合格后再行施工。

（3）施工前，应先将基层清扫干净，不得有灰尘等杂物。如有潮气和水分，可用"喷火"法进行烘烤。

（4）铺贴卷材时，要注意压实和卷材接缝处及接头的密封处理。在大坡面和立面施工时，应采用满粘法铺贴，必要时还可采取金属压条进行固定。在屋面转角处，不可将卷材拉伸，以防因卷材收缩造成防水层与基层相剥离。

（2）卷材防水热熔法的施工方法见表1-6。

表1-6 卷材防水热熔法标准的施工方法

项　目	内　容
滚铺法	（1）把成卷的卷材抬至开始铺贴位置，展开卷材1 m左右，对齐长、短向的搭接缝。 （2）展开的端部卷材由一人拉起（人站在卷材的正侧面），另一人持喷枪站在卷材的背面一侧（即待加热底面），慢慢旋开喷枪开关（不能太大），当听到燃料气味喷出的嘶嘶声，即可点燃火焰（点火的工人应站在喷头的侧后面，不可正对喷头），再调节开关，使火焰呈蓝色时即可进行操作。 （3）操作时，先将喷枪火焰对准卷材与基面交接处，同时加热卷材底面黏胶层和基层。此时提卷材端头的工人把卷材稍微前倾，并且慢慢地放下卷材，平铺在规定的基层位置上，如图1-8所示，另一人用手持压辊排汽，并使卷材熔粘在基层。 （4）火焰加热要均匀、充分、适度。在操作时，持枪人不能使火焰停留在一个地方的时间过长，而应沿着卷材宽度方向缓缓移动，使卷材横向受热均匀。同时，还要掌握加热程度。加热程度控制在热熔胶出现黑色光泽（此时沥青的温度在200℃～230℃之间）、发亮并有微泡现象，但不能出现大量气泡。 （5）持枪操作时，喷枪头与卷材面宜保持50～100 mm距离，与基层成30°～45°角。火焰要喷向卷材与基层的交接处，同时加热卷材胶黏剂和基层面。此外，还要随时注意火焰喷射方向和位置。 （6）大面积铺贴卷材时，在粘贴好端部卷材后，持枪人应站在卷材滚铺的前方，把喷枪对准卷材和基层面的交接处，使之同时加热卷材和基层面。条粘时只需加热两侧边，加热宽度各为150 mm左右。 此时推滚卷材的工人应蹲在已铺好的端部卷材上面，待卷材加热充分后就可缓缓地推压卷材，并随时注意卷材的搭接缝宽度。与此同时，另一人紧跟其后，用棉纱团从中间向两边抹压卷材，赶出气泡，并用抹刀将溢出的热熔胶刮压抹平。距熔粘位置1～2 mm，另一人用压辊压实卷材，如图1-9所示。

项　目	内　容
滚铺法	（7）卷材被热熔粘贴后，要在卷材尚处于较柔软时，及时进行辊压。辊压时间可根据施工环境、气候条件调节掌握。气温高冷却慢，辊压时间宜稍迟；气温低冷却快，辊压宜提早。 　　如果采用条粘法铺贴卷材时，在加热卷材西侧边的同时，还应稍稍加热中间部位，使卷材变软而易于平服地铺贴在基层上，避免空铺部位空气难以排尽。 　　（8）在滚铺法施工时，加热与推滚要配合默契，操作人员在推滚时要适当用力按压卷材，使卷材与基层面紧密接触，排出空气，粘贴牢固。按压时力不宜太大，以免压扁卷材，或难以推滚。 　　（9）当熔贴卷材的端头只剩下 300 mm 左右时，应把卷材末端翻放在隔热板上，而隔热板的位置则放在已熔贴好的卷材上面，如图 1-10 所示。最后用喷枪火焰分别加热余下的卷材和基层表面，待加热充分后，再提起卷材粘贴于基层上予以固定
展铺法	展铺法是先把卷材平展铺于基层表面，再沿边缘掀起卷材予以加热卷材底面和基层表面，然后将卷材粘贴于基层上。 　　展铺法主要适用于条粘法铺贴卷材，其施工操作方法如下： 　　（1）先把卷材展铺在待铺的基面上，对准搭接缝，按与辊铺法相同的方法熔贴好，始端部卷材。 　　（2）若整幅卷材不够平整，可把另一端（末端）卷材卷在 1 根 ϕ30 mm×1 500 mm 的木棒上，由 2～3 人拉直整幅卷材，使之无皱折、波纹，并能平服地与基层相贴为准。 　　（3）当卷材对准长边搭接缝的弹线位置后，由一人站在末端卷材上面做临时固定，以防卷材回缩。 　　（4）固定好末端后，从始端开始熔贴卷材。操作时，在距始端约 1 500 mm 的地方，由手持喷枪的工人掀开卷材边缘约 200 mm 高（其掀开高度以喷枪头易于喷热侧边卷材的底面胶黏剂为准），再把喷枪头伸进侧边卷材底部，开大火焰，转动枪头，加热卷材边宽约 200 mm 左右的底面胶和基面，边加热边沿长向后退。另一人拿棉纱团，从卷材中间向两边赶出气泡，并将卷材抹压平整。最后一人紧随其后及时用手持压辊压实两侧边卷材，并用抹刀将挤出的胶黏剂刮压平整，如图 1-11 所示。 　　（5）当两侧边卷材热熔粘贴只剩下末端 1 000 mm 长时，与滚铺法一样，熔贴好末端卷材。这样每幅卷材的长边、短边四周均能粘贴于屋面基层上
搭接缝施工	热熔卷材表面一般都有一层防粘隔离层，如将其留在搭接缝间，则不利于搭接黏结。因此，在热熔黏结搭接缝之前，应先将下一层卷材表面的防黏隔离层用喷枪熔烧掉，以利搭接缝黏结牢固。 　　（1）操作时，由持喷枪的工人拿好烫板柄，把烫板沿搭接粉线向后移动，喷枪火焰随烫板一起移动，喷枪应紧靠烫板，并距卷材高约 50～100 mm，如图 1-12 所示。 　　（2）喷枪移动速度要控制合适，以刚好熔去隔离层为准。在移动过程中，烫板和喷枪要密切配合，切忌火焰烧伤或烫板烫损搭接处的相邻卷材面。另外，在加热时还应注意喷嘴不能触及卷材，否则极易损伤或戳破卷材。 　　（3）辊压时，待搭接缝口有热熔胶（胶黏剂）溢出，收边人员趁热用棉纱团抹平卷材后，即可用抹灰刀把溢出的热熔胶刮平，沿边封严。

续上表

项　　　目	内　　　容
搭接缝施工	(4)对于卷材短边搭接缝,还可用抹灰刀挑开,同时用汽油喷灯烘烤卷材搭接处,如图1-13(a)所示,待加热至适当温度后,随即用抹灰刀将接缝处溢出的热熔胶刮平、封严,如图1-13(b)所示,这同样会取得很好的效果。 (5)当整个防水层熔贴完成后,所有搭接缝边还应用密封材料予以涂封严密。搭接缝宽度应符合表1-4的要求。 密封材料可用聚氯乙烯建筑防水接缝材料或建筑防水沥青嵌缝油膏,也可采用封口胶或冷玛𧦦脂。密封材料应在缝口抹平,使其形成明显的沥青条带。 (6)防水层完工后应做蓄水试验,合格后才可按设计要求施工保护层

图1-8　热熔卷材端部粘贴

图1-9　滚铺法铺贴热熔卷材

1—加热;2—滚铺;3—排汽、收边;4—压实

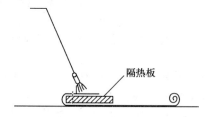

图1-10　加热卷材末端

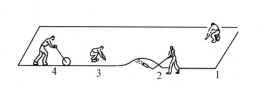

图1-11　展铺法铺贴热熔卷材

1—临时固定;2—加热;3—排除气泡;4—辊压收边

图1-12　熔烧搭接缝隔离层

1—铁板或其他金属板;2—手柄

 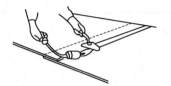

(a)抹灰刀挑平,用汽油喷灯烘烤　　　　(b)抹灰刀将溢出的热熔胶刮平、封严

图 1-13　热熔卷材封边

(3)卷材防水层自粘法施工见表1-7。

表 1-7　卷材防水层自粘法施工

项　　目	内　　容
滚铺法	当铺贴大面积卷材时,隔离纸容易撕剥,此时宜采用滚铺法,即采用撕剥隔离纸与铺贴卷材同时进行的方法。其施工技术和要求如下。 (1)滚铺法施工速度相对较快,因此要求操作人员配合默契,有较熟练的操作技术。 (2)施工时,不要打开整卷卷材,用1根 $\phi30\,mm\times1\,500\,mm$ 的钢管穿过卷材中间的纸芯筒,然后由两人各持钢管一端,把卷材抬到待铺位置的始端。 (3)把卷材向前展开 500 mm 左右,由一人把始端的 500 mm 卷材拉起来,另一人撕剥此部分的隔离纸,将其折成条形(或撕断已剥部分的隔离纸),随后由另外两人各持钢管一端,把卷材抬起(不要太高),对准已弹好的粉线轻轻摆铺,同时注意长、短方向的搭接,再用手予以压实。 (4)待始端的卷材固定后,撕剥端部隔离纸的工人把折好的隔离纸拉出(如撕断则重新剥开),卷到已用过的包装纸芯筒上,随即缓缓剥开隔离纸,并向前移动,而抬卷材的两人同时沿基准粉线向前滚铺卷材,如图1-14所示。 (5)滚铺时,如采用高聚物改性沥青防水卷材时要稍紧一点,不能太松弛;而对高分子防水卷材来说,则要尽量保持在自然松弛状态,但也不能有皱折。 (6)每铺完一幅卷材,即可用长柄滚刷从始端起彻底排除卷材下面的空气。排完空气后,再用大压辊将卷材压实平整,确保黏结牢固
抬铺法	(1)抬铺法是先将要铺贴的卷材剪好,反铺于屋面平面上,待剥去全部隔离纸后,再铺贴卷材。 (2)当待铺部位较复杂,如天沟、泛水、阴阳角或有突出物的基层面,或由于屋面面积较小以及隔离纸不易撕剥(如温度过高、贮存保管不好等)时就可采用抬铺法施工。 (3)采用抬铺法施工时,应首先根据屋面形状确定卷材的搭接长度,然后剪裁卷材并撕剥隔离纸。撕剥时,已剥开的隔离纸宜与黏结面保持 $45°\sim60°$ 的锐角,防止拉断隔离纸。 (4)剥开的隔离纸要放在合适的地方,防止已剥去隔离纸的卷材的黏结胶面被风吹到,如出现这种情况,应用密封材料加以涂盖。 (5)剥完隔离纸后,应使卷材的黏结胶面朝外,把卷材沿长向对折。对折后,分别由两人从卷材的两端配合翻转卷材。翻转时,要一手拎住半幅卷材,另一手缓缓铺放另半幅卷材。 (6)当卷材过长时,在搭接边一侧再安排1~2人予以配合。在整个铺放过程中,各操作工人用力要均匀,配合要默契。

续上表

项　　目	内　　容
抬铺法	（7）由于自黏型卷材与基层的黏结力相对较低，尤其在低温环境下，在立面或坡度较大的屋面上铺贴卷材，容易产生流坠下滑现象。在此情况下，宜用手持式汽油喷灯将卷材底面的胶黏剂适当加热后再进行粘贴和辊压。 （8）待卷材铺贴完成后，应与滚铺法一样，从中间向两边缘处排出空气后，再用压辊辊压，使其黏结牢固
搭接缝粘贴	（1）自黏型卷材上表面有一层防黏层（聚乙烯薄膜或其他材料），在铺贴卷材前，应先将相邻卷材待搭接部位的上表面防黏层熔化掉，使搭接缝能黏结牢固。 （2）操作时，用手持汽油喷灯沿搭接粉线熔烧搭接部位的防黏层。卷材搭接应在大面卷材排出空气并压实后进行。 （3）黏结搭接缝时，应掀开搭接部位的卷材，用扁头热风枪加热搭接卷材底面的胶黏剂，并逐渐前移。另一人紧随其后，马上把加热后的搭接部位卷材用棉纱团从里向外予以排汽，并抹压平整。最后一人则用手持压辊辊压搭接部位，使搭接缝密实。 加热时应注意控制好加热程度，以经过压实后，在搭接边的末端有胶黏剂稍稍外溢为度。 （4）搭接缝粘贴密实后，所有搭接缝均应用密封材料封边，其上下层卷材长边搭接缝应错开，且不应小于幅宽的1/3。三层重叠部位的处理方法与卷材冷粘法操作相同

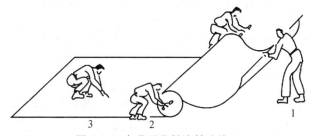

图 1-14　自黏型卷材滚铺法施工

1—撕剥隔离纸，并卷到用过的包装纸芯筒上；2—滚铺卷材；3—排汽辊压

（4）屋面卷材防水层焊接法的施工见表 1-8。

表 1-8　屋面卷材防水层焊接法的施工

项　　目	内　　容
基层处理	将找平层压光，内外角抹成弧形，表面应洁净，不能有起砂、起灰现象
细部构造施工	按《屋面工程技术规范》（GB 50345—2012）的要求进行施工，附加层的卷材必须与基层黏结牢固。特殊部位如水落口、排汽口、上人孔等，可提前预制成型或在现场制作，在安装黏结牢固
大面铺贴卷材	将卷材垂直于屋脊方向由上至下铺贴平整，搭接部位要求尺寸准确，并应排除卷材下面的空气，不得有皱折现象。 采用空铺法铺贴卷材时，在大面积上（每 1 m² 有 5 个点用胶黏剂与基层固定，每点胶黏面积约 400 cm²）以及檐口、屋脊和屋面的转角处及突出屋面的连接处（宽度不小于 800 mm）均应用胶黏剂，将卷材与基层固定

项　目	内　容
搭接缝焊接	卷材长短边搭接缝宽度均为 50 mm,可采用单道或双道缝焊接(图 1-15)。焊接前,应先将复合无纺布清除,必要时还需用溶剂擦洗。焊接时,焊枪喷出的温度应以卷材热熔后,小压辊能压出熔浆为准。为了保证焊接后卷材表面平整,应先焊长边搭接缝,后焊短边搭接缝
焊缝检查	如采用双道焊缝,可用 5 号注射针与压力表相接,将钩针扎于 2 个焊缝的中间,再用打气筒进行充气。当压力表达到 0.15 MPa 时应停止充气,如保持压力时间不少于 1 min,则说明焊接良好;如压力下降,说明有未焊好的地方。这时可用肥皂水涂在焊缝上,若有气泡出现,则应在该处重新用焊枪或电烙铁补焊,直到检查不漏气为止。另外,每工作班、每台热压焊接机均应取 1 处试样检查,以便改进操作质量
机械固定	如不采用胶黏剂固定卷材,则应采用机械固定法。机械固定法铺贴卷材应符合下列规定: (1)固定件应与结构层连接牢固; (2)固定件间距应根据抗风揭试验和当地的使用环境与条件确定,并不宜大于 600 mm; (3)卷材防水层周边 800 mm 范围内应满粘,卷材收头应采用金属压条钉压固定和密封处理
卷材收头	卷材全部铺贴完毕经试水合格后,收头部位可用铝条(2.5 mm×25 mm)加钉固定,并用密封膏封闭。如有留槽部位,也可将卷材弯入槽内,加点固定后,再用密封膏封闭,最后用水泥砂浆抹平封死

图 1-15　卷材搭接缝焊接方法(单位:mm)

细部构造渗漏

质量问题表现

檐口、天沟、檐沟、水落口、变形缝、伸出屋面的管道等部位,在下雨时出现渗漏现象。

质量问题原因

(1)由于结构变形和温度应力的影响,细部构造处发生结构位移,或卷材收头密封不严密。

质量问题

(2)细部构造处,因屋面积水和雨水比较集中,在气温变化及晴雨相间等恶劣环境下,卷材过早老化、腐烂或破损。

(3)屋面找坡不准、施工操作困难或施工时基层潮湿等原因,致使卷材铺贴不牢固。

质量问题预防

(1)施工前,应将基层清扫干净。基层应当干燥、洁净,如有潮气和水分,宜用喷灯进行烘烤。

(2)屋面坡度应符合设计要求。为保证屋面排水顺畅,应注意及时清扫屋面的垃圾、草皮和树叶等杂物。

(3)铺贴泛水卷材时,应采用满粘法施工,确保卷材与基层黏结牢固。

(4)根据"减少约束、防排结合、刚柔相济、多道设防"的原则,改进细部的设计构造,并根据具体情况进行深化与完善。

3.卷材保护层的施工

(1)保护层材料的适用范围和技术要求。上人屋面保护层可采用块体材料、细石混凝土等材料,不上人屋面保护层可采用浅色涂料、铝箔、矿物粒料、水泥砂浆等材料。保护层材料的适用范围和技术要求应符合表1-9的规定。

表 1-9　保护层材料的适用范围和技术要求

保护层材料	适用范围	技术要求
浅色涂料	不上人屋面	丙烯酸系反射涂料
铝箔	不上人屋面	0.05 mm 厚铝箔反射膜
矿物粒料	不上人屋面	不透明的矿物粒料
水泥砂浆	不上人屋面	20 mm 厚 1∶2.5 或 M15 水泥砂浆
块体材料	上人屋面	地砖或 30 mm 厚 C20 细石混凝土预制块
细石混凝土	上人屋面	40 mm 厚 C20 细石混凝土或 50 mm 厚 C20 细石混凝土内配 $\phi4$ @100 双向钢筋网片

(2)保护层的施工见表1-10。

表 1-10　保护层的施工

项　目	内　容
浅色、反射涂料保护层	浅色、反射涂料目前常用的有铝基沥青悬浊液、丙烯酸浅色涂料中掺入铝料的反射涂料,反射涂料可在现场就地配制。 涂刷浅色反射涂料应等防水层养护完毕后进行,一般卷材防水层应养护 2 d 以上,涂膜防水层应养护 1 周以上。涂刷前,应清除防水层表面的浮灰,浮灰用柔软、干净的棉布、扫帚擦扫干净。材料用量应根据材料说明书的规定使用,涂刷工具、操作方法和要求与防水涂料施工相同。涂刷应均匀,避免漏涂。两遍涂刷时,第二遍涂刷的方向应与第一遍垂直。 由于浅色、反射涂料具有良好的阳光反射性,施工人员在阳光下操作时,应佩戴墨镜,以免强烈的反射光线刺伤眼睛

项　目	内　容
绿豆砂保护层铺设	（1）用绿豆砂做保护层时，绿豆砂的粒径应为 3～5 mm，其颜色要浅，耐风化、颗粒均匀且清洁干燥。 （2）铺设时，在卷材表面涂刷 2～3 mm 厚的热沥青玛琋脂后，立即将预热过的绿豆砂（预热温度为 100℃左右）趁热铺设，使绿豆砂与沥青玛琋脂牢固黏结。 （3）铺设时需注意，绿豆砂嵌入沥青玛琋脂的深度应为绿豆砂粒径的 1/3～1/2，如果涂刷的沥青玛琋脂过高，会使绿豆砂全部嵌入玛琋脂中，起不到保护层作用。 （4）以绿豆砂做卷材屋面保护层应用比较普遍，由于砂比沥青玛琋脂颜色浅，可以反射阳光，减少阳光对卷材防水屋面的辐射，使卷材表面温度不致过高，从而可防止沥青玛琋脂流淌，减少油质挥发，以保持其柔韧性，延缓卷材防水层的老化。但是，这种保护层耐久性较差
水泥砂浆保护层铺设	（1）用水泥砂浆做卷材防水层时，保护层厚度一般为 15～25 mm，若为上人屋面时，砂浆层应适当加厚。 （2）水泥砂浆保护层与防水层之间应设置隔离层。保护层用的水泥砂浆配合比一般为：水泥∶砂＝1∶（2.5～3）（体积比）。 （3）由于砂浆干缩较大，在保护层施工前，应根据结构情况每隔 4～6 m 用木模设置纵模分格缝。铺设水泥砂浆时，应随铺随拍实，并用刮尺找平，随即用 $\phi8～\phi10$ 的钢筋或麻绳压出表面分格缝，间距不大于 1 m。终凝前用铁抹子压光保护层。 （4）保护层表面应平整，不能出现抹子抹压的痕迹和凹凸不平的现象，排水坡度应符合设计要求。 （5）为了保证立面水泥砂浆保护层黏结牢固，在立面防水层施工时，应预先在防水层表面黏上砂粒或小豆石。 （6）若防水层为改性沥青防水卷材，可用喷灯将防水层表面烤热发软后，将细砂或豆石黏结在防水层表面，再用压辊轻轻辊压，使其黏结牢固。 （7）对于合成高分子卷材防水层，可在其表面涂刷一层胶黏剂后黏上细砂，然后轻轻压实。防水层养护完毕，即可进行立面保护层的施工
细石混凝土保护层铺设	（1）细石混凝土保护层施工前，应在防水层上铺设隔离层，并按设计要求支设好分格缝木模；当设计无要求时，每格面积不应大于 36 m²，分格缝宽度为 10～20 mm。 （2）一个分格内的混凝土应尽可能连续浇筑，不留施工缝。振捣时宜采用铁辊辊压或人工拍实，不宜采用机械振捣，以免破坏防水层。 （3）振实后随即用刮尺按排水坡度刮平，并在初凝前用木抹子提浆抹平，初凝后及时取出分格缝木模，终凝前用铁抹子压光。 （4）抹平压光时，不宜在表面掺加水泥砂浆或干灰，否则表面砂浆易产生裂缝或剥落现象。 （5）若采用钢筋细石混凝土保护层时，钢筋网片的位置应设置在保护层中间偏上部位，在铺设钢筋网片时用砂浆垫块支垫。 （6）细石混凝土保护层浇筑完后应及时进行养护，养护时间不少于 7 d。养护完后，将分格缝清理干净，嵌填密封材料
块材保护层铺设	用整体浇筑的混凝土板或预制板做保护层时，可以克服绿豆砂保护层的缺点，使卷材防水层老化缓慢，隔热效果更好，但屋面荷载加大，尤其对大跨度的建筑会增加较多造价。

续上表

项　目	内　容
块材保护层铺设	用这种保护层时,防水层最好用再生胶、玻璃丝布等防腐油毡,在面上满涂一层沥青玛碲脂。保护层与油毡防水层之间要设置隔离层,以减少保护层伸缩变形对防水层的影响。整体板或预制板保护层都应留设分格缝,其位置尽量与找平层的分格缝错开,其纵横间距不应大于 10 m,分格缝宽度宜为 20 mm,并用密封材料嵌缝。整体板保护层的分格面积不应大于 9 m²,预制保护层的分格面积可适当大些。预制板的拼接缝隙可用水泥砂浆填实,勾缝严密;分格缝应用油膏等嵌封

第二节　涂膜防水层施工

一、施工质量验收标准

屋面涂膜防水层的施工质量验收标准见表 1-11。

表 1-11　屋面涂膜防水层的施工质量验收标准

项　目	内　容
一般规定	(1)防水涂料应多遍涂布,并应待前一遍涂布的涂料干燥成膜后,再涂布后一遍涂料,且前后两遍涂料的涂布方向应相互垂直。 　　(2)铺设胎体增强材料应符合下列规定: 　　1)胎体增强材料宜采用聚酯无纺布或化纤无纺布; 　　2)胎体增强材料长边搭接宽度不应小于 50 mm,短边搭接宽度不应小于 70 mm; 　　3)上下层胎体增强材料的长边搭接缝应错开,且不得小于幅宽的 1/3; 　　4)上下层胎体增强材料不得相互垂直铺设。 　　(3)多组分防水涂料应按配合比准确计量,搅拌应均匀,并应根据有效时间确定每次配制的数量
主控项目	(1)防水涂料和胎体增强材料的质量,应符合设计要求。 　　检验方法:检查出厂合格证、质量检验报告和进场检验报告。 　　(2)涂膜防水层不得有渗漏和积水现象。 　　检验方法:雨后观察或淋水、蓄水试验。 　　(3)涂膜防水层在檐口、檐沟、天沟、水落口、泛水、变形缝和伸出屋面管道的防水构造,应符合设计要求。 　　检验方法:观察检查。 　　(4)涂膜防水层的平均厚度应符合设计要求,且最小厚度不得小于设计厚度的 80%。 　　检验方法:针测法或取样量测
一般项目	(1)涂膜防水层与基层应黏结牢固,表面应平整,涂布应均匀,不得有流淌、皱折、起泡和露胎体等缺陷。 　　检验方法:观察检查。 　　(2)涂膜防水层的收头应用防水涂料多遍涂刷。

项　　目	内　　容
一般项目	检验方法:观察检查。 (3)铺贴胎体增强材料应平整顺直,搭接尺寸应准确,应排除气泡,并应与涂料黏结牢固,胎体增强材料搭接宽度的允许偏差为−10 mm。 检验方法:观察和尺量检查

二、标准的施工方法

1.屋面涂膜防水层防水设计

(1)每道涂膜防水层最小厚度应符合表 1-12 的要求。

表 1-12　每道涂膜防水层最小厚度　　　　　　　　(单位:mm)

防水等级	合成高分子防水涂膜	聚合物水泥防水涂膜	高聚物改性沥青防水涂膜
Ⅰ级	1.5	1.5	2.0
Ⅱ级	2.0	2.0	3.0

(2)胎体增强材料设计应符合下列规定:

1)胎体增强材料宜采用聚酯无纺布或化纤无纺布;

2)胎体增强材料长边搭接宽度不应小于 50 mm,短边搭接宽度不应小于 70 mm;

3)上下层胎体增强材料的长边搭接缝应错开,且不得小于幅宽的 1/3;

4)上下层胎体增强材料不得相互垂直铺设。

2.屋面涂膜防水层的施工

涂膜防水层的施工见表 1-13。

表 1-13　涂膜防水层的施工

项　　目	内　　容
施工要求	(1)涂膜施工前,必须对基层进行检查,检查找平层质量是否符合规定和设计要求,并进行清理、清扫。若存在凹凸不平、起砂、起皮、裂缝、预埋件固定不牢等缺陷,应及时进行修补。此外,还需检查找平层的干燥度是否符合所用防水涂料的要求。 (2)涂刷施工前,应先对水落口、天沟、檐沟、泛水、伸出屋面管道根部等节点、部位进行增强处理,一般涂刷加铺胎体增加材料的涂料进行增加处理。 (3)涂膜防水层应按"先高后低,先远后近"的原则进行施工。对于高低跨屋面,一般先涂布高跨屋面,后涂布低跨屋面;对于相同高度的屋面,应先涂布距上料点较远的部位,后涂布近处。同一屋面上,应先涂布排水较集中的水落口、天沟、檐沟、檐口等节点部位,再进行大面积涂布。 (4)当需要铺设胎体增强材料时,如屋面坡度小于 15%时,可平行于屋脊进行铺设;当屋面坡度大于 15%时,可垂直屋脊铺设,并且应由屋面最低标高处向上铺设。 (5)在涂膜防水屋面上如使用两种或两种以上不同防水材料时,应考虑不同材料之间的相容性。如相容则可以使用,否则易造成材料结合困难或相互侵蚀,从而引起防水层短期失效。涂料和卷材同时使用时,卷材和涂膜的接缝应顺水流方向,搭接宽度不得小于 100 mm。

续上表

项 目	内 容
施工要求	(6)涂刷前,应根据气候条件进行试验,以确定每遍涂刷的涂刷用量和间隔时间(多与涂层厚度及用量试验同时进行)。薄质涂料施工时,每遍涂刷必须待前遍涂膜实干后才能进行。 (7)坡屋面防水涂料涂刷时,如不小心踩踏尚未固化的涂层,很容易滑倒,甚至引起坠落事故。因此,在坡屋面涂刷防水涂料时,必须采取安全措施,如系安全带等。 (8)防水涂料严禁在雨天、雪天和五级风及其以上时施工,以免影响涂料的成膜质量。 (9)在涂膜防水层实干前,不得在其上进行其他施工作业。涂膜防水层上不得直接堆放物品
涂料冷涂刷施工	(1)厚质涂料宜采用铁抹子或胶皮板刮涂施工;薄质涂料可采用棕刷、长柄刷、圆滚刷等进行人工涂布,也可采用机械喷涂。 (2)刮涂施工时,一般先将涂料直接分散倒在屋面基层上,用刮板来回刮涂,使其厚薄均匀、不露底、无气泡、表面平整,然后待其干燥。 (3)流平性差的涂料待表面收水尚未结膜时,用铁抹子压实抹光。抹压时间应适当,过早抹压,起不到作用;过晚抹压,会使涂料黏住抹子,出现月牙形抹痕。 (4)用刷子涂刷一般采用蘸刷法,也可以边倒涂料边用刷子刷匀。倒料时应均匀倒洒。不可在一处倒得过多,否则涂料难以刷开,会造成厚薄不匀现象。 (5)涂布时应先涂立面,后涂平面,涂布立面最好采用蘸涂法,涂刷应均匀一致。涂布次数应根据涂料的流平性好坏确定,流平性好的涂料应涂薄且分多次进行,以不产生流坠现象为度,以免涂层因流坠使上部涂层变薄,下部涂层变厚,影响防水性能。 (6)涂刷时不能将气泡裹进涂膜中,如遇起泡应立即消除。 (7)涂刷应按事先试验确定的遍数进行,切不可为了省事、省力而一遍涂刷过厚。同时,前一遍涂层干燥后应将涂层上的灰尘、杂质清理干净后再进行后一遍涂层的涂刷。 (8)后一遍涂料涂布前应严格检查前一遍涂层是否有缺陷,如气泡、露底、漏刷、胎体增强材料皱折、翘边、杂物混入等现象,如发现上述问题,应先进行修补,再涂布后一遍涂层。 (9)涂料涂布应分条或按顺序进行。分条进行时,每条宽度应与胎体增强材料宽度一致,以避免操作人员踩踏刚涂好的涂层。流平性差的涂料,为便于抹压,加快施工进度,可以采用分条间隔施工的方法,如图1-16所示,待阴影处涂层干燥后,再抹空白处。 (10)涂料涂布时,涂刷致密是保证质量的关键。刷基层处理剂时要用力薄涂;涂刷后续涂料时应按规定的涂层厚度(控制涂料的单方用量)均匀、仔细地涂刷。 (11)各道涂层之间的涂刷方向应相互垂直,以提高防水层的整体性和均匀性。涂层间的接槎,在每遍涂刷时应退槎50～100 mm,接槎时应超过50～100 mm,避免在搭接处发生渗漏
涂料热熔刮涂施工	涂料热熔刮涂施工法适用于热熔型高聚物改性沥青防水涂料的施工。其施工要求如下: (1)涂料施工前,应先将涂料加入熔化釜中,逐渐加热至190℃左右,保温待用。为使涂料加热均匀,熔化釜应采用带导热油的加热炉。

项　　目	内　　容
涂料热熔刮涂施工	(2)涂布时将熔化的涂料倒在基层上,迅速用带齿的刮板刮涂,注意操作一定要快速、准确,必须在涂料冷却前刮涂均匀,否则涂膜发黏后,就无法将涂料刮开、刮匀。 (3)施工时应采用带齿刮板刮涂,刮涂时刮板应略向刮涂前进方向倾斜,保持一定的倾斜角度平稳地向前刮涂,并应在涂料冷却发黏前将涂料刮涂均匀。 (4)当环境气温较低时,涂料冷却很快,施工时应合理地控制好上料量,尽量缩短上料和刮涂的间隔时间。如温度过低,可将基层用喷灯烤热后再上料刮涂。如涂膜未刮匀已开始发黏,应采用喷灯加热涂膜表面,待涂膜表面成黑亮色时再用刮板刮涂均匀。 (5)增设胎体材料的涂膜防水层施工时,涂料每遍涂刮的厚度应控制在1～1.5 mm。铺贴胎体增强材料应采用分条间隔施工法,在涂料刮涂均匀后立即铺贴胎体增强材料,然后再刮涂第二遍至设计厚度。 (6)热熔涂料与防水卷材复合使用可以大大提高防水层的可靠性,热熔涂料与卷材复合施工前应根据卷材宽度和卷材搭接宽度在基层上弹线,施工时,可将加热至规定温度的热熔涂料按蛇形浇油法摊铺在基层上,并立即用带齿刮板刮涂均匀,随后一人按弹线滚铺卷材,一人用长柄压辊从中间向两边辊压,排出卷材下的空气,使卷材粘实。待热熔涂料冷却后,进行卷材接缝的处理。 (7)表面需做粒料保护层时,应在最后一遍涂刮的同时撒布粒料;如做涂膜保护层时宜在防水层完全固化后再涂刷保护层涂膜
涂料冷喷涂施工	(1)涂料冷喷涂施工法速度快、功效高,适合于各种屋面的施工。它是将黏度较小的防水涂料放置于密闭的容器中,通过齿轮泵或空压泵,将涂料从容器中压出,通过输送管至喷枪处,将涂料均匀喷涂于基面,形成一层均匀致密的防水膜。 (2)施工时操作工人要熟练掌握喷涂机械的操作,通过调整喷嘴的大小和喷料喷出的速度,使涂料成雾状均匀喷涂于基层上。由于喷涂施工速度快,应合理安排好涂料的配料、搅拌和运输工作,使喷涂能连续进行。 (3)采用冷喷涂施工法,每次收工后应及时清洗喷涂机械,防止涂料凝固堵塞管道和枪头。清洗设备时宜采用与涂料相同的溶剂。 (4)涂料喷涂结束时应根据涂料种类,采用合适的溶剂或水及时将喷嘴、输送管、容器等清理干净
涂料热喷施工	涂料热喷涂施工法常用于高聚物改性沥青防水涂膜屋面。所采用的设备由加热搅拌容器、沥青泵、输油管、喷枪等组成。 (1)施工前,应先将涂料加入加热容器中,加热至180℃～200℃,待全部熔化成流态后,操作工穿戴好劳动保护用具并做好喷涂操作准备。 (2)启动沥青泵开始输送改性沥青涂料并喷涂。喷涂时注意枪头与基面夹角成45°,枪头与基面距离约600 mm。 (3)开始喷涂时,喷出量不宜太大,应在操作的过程中逐步将喷涂量调整至正常的喷涂量。每遍涂层厚度宜控制在2.0 mm以内,如一次涂层太厚容易出现流动,出现厚薄不均匀现象。如喷涂过程中出现堆积现象,应在冷却前用刮板将涂料刮开刮匀。 (4)喷涂结束时应将沥青泵倒转,抽空枪体和输油管道内积存的涂料。 (5)涂料热喷涂施工工具有施工速度快、涂层没有溶剂挥发等优点,但应注意安全,防止烫伤

续上表

项　　目	内　　容
铺设胎体增强材料	加铺胎体增强材料,可在涂刷第二遍涂料时或第三遍涂料涂刷前进行。常用的铺设方法有湿铺法、干铺法两种,其施工要求如下: (1)胎体增强材料可以是单一品种的,也可以采用玻璃纤维布和聚酯纤维布混合使用。混合使用时,一般下层采用聚酯纤维布,上层采用玻璃纤维布。 (2)铺布时切忌拉伸过紧,因为胎体增强材料和防水涂膜干燥后都会有较大的收缩,否则涂膜防水层会出现转角处受拉脱开、布面错动、翘边或拉裂等现象。铺布也不能太松,过松会使布面出现皱折,网眼中的涂膜极易破碎而失去防水能力。 (3)由于胎体增强材料质地柔软、容易变形,铺贴时不易展开,经常出现皱折、翘边或空鼓现象,影响防水层质量。为了避免这种现象,在无大风的情况下,可采用干铺法铺贴。但渗透性较差的涂料与比较密实的胎体增强材料配套使用时不宜采用干铺法施工。 (4)干铺法就是在上道涂层干燥后,边干铺胎体增强材料,边在已展平的表面上用刮板均匀满刮一道涂料。也可将胎体增强材料按要求在已干燥的涂层上展平后,用涂料将边缘部位点粘固定,然后再在上面满刮一道涂料,使涂料浸入网眼渗透到已固化的涂膜上。如采用干铺法铺贴的胎体增强材料表面有露白现象,即表明涂料用量不足,应立即补刷。 (5)湿铺法就是在第二遍涂料涂刷时,边倒料、边涂布、边铺贴的操作方法。施工时,可先在已干燥的涂层上,用刷子或刮板将涂料仔细涂布均匀,然后将成卷的胎体增强材料平放在屋面上,逐渐推滚铺贴于刚刷上涂料的屋面上,用滚刷辊压一遍。务必使全部布眼浸满涂料,使上下两层涂料能良好结合,确保其防水效果。为防止胎体增强材料产生皱褶现象,可在布幅两边每隔 1.5～2 m 间距各剪 15 mm 的小口,以利铺贴平整。 (6)铺贴好的胎体增强材料不得有皱折、翘边、空鼓、露白等现象。如发现露白,说明涂料用量不足,应再在上面蘸料涂刷,使之均匀一致。 (7)胎体增强材料铺设后,应严格检查表面是否有缺陷或搭接不足等现象,如发现上述情况,应及时修补完整,使其形成一个完整的防水层,然后才能在其上继续涂布涂料。 (8)面层涂料应至少涂刷两道以上,以增加涂膜的耐久性。如面层做粒料保护层,可在涂刷最后一遍涂料时,随涂随撒铺覆盖粒料

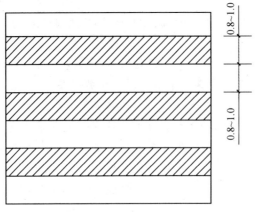

图 1-16　涂料分条间隔施工(单位:m)

涂膜防水屋面基层处理不当

质量问题表现

涂膜防水屋面基层坚实度、平整度、清洁度不符合要求,且出现滴漏及过大的裂缝。

质量问题原因

(1)涂膜施工前,未对基层进行细致入微的检查或检查后未对缺陷处进行及时的补修。
(2)水泥砂浆的配比计量不准确。
(3)对裂缝处未进行补修。

质量问题预防

(1)涂膜施工前,必须对基层进行检查,检查找平层质量是否符合规定和设计要求,并进行清理、清扫。若存在凹凸不平、起砂、起皮、裂缝、预埋件固定不牢等缺陷,应及时进行修补,修补方法按表1-14要求进行。此外,还需检查找平层的干燥度是否符合所用防水涂料的要求。

表 1-14 找平层缺陷的修补方法

项 目	内 容
凹凸不平	铲除凸起部位。低凹处应用 1∶2.5 水泥砂浆掺 10%～15% 的 108 胶补抹,较浅时可用素水泥掺胶涂刷;对沥青砂浆找平层可用沥青胶结材料或沥青砂浆填补
起砂、起皮	要求防水层与基层牢固黏结时必须修补。起皮处应将表面清除,用水泥素浆掺胶涂刷一层,并抹平压光
裂缝	当裂缝宽度<0.5 mm 时,可用密封材料刮封;当裂缝宽度>0.5 mm 时,沿缝凿成 V 形槽(20×15−20)mm,清扫干净后,嵌填密封材料,再做 100 mm 宽防水涂料层
预埋件固定不牢	凿开,重新灌注掺 108 胶或膨胀剂的细石混凝土,四周按要求做好坡度

(2)如基层表面酥松、强度过低、裂缝过大,就容易使涂膜与基层黏结不牢,在使用过程中往往会造成涂膜与基层剥离。采用水泥砂浆找平层时,必须要正确配比计量,并在施工时切实做到压实平整,不得有酥松、起砂、起皮等现象。

(3)对于裂缝较大部位(0.3 mm 以上),可在裂缝处用密封材料填充,然后铺贴隔离层(如塑料薄膜),宽约 10 mm,再增强涂布。或者在裂缝处涂刷基层处理剂,嵌填密封材料,再做一布二涂。还可以将裂缝处凿成凹槽,然后嵌填密封材料。

对于细微裂缝(0.3 mm 以下)处,可刮嵌密封材料,然后增强涂布防水涂料,或者在裂缝处做一布二涂加强层。

3.保护层施工

保护层的施工见表 1-15。

表 1-15　保护层的施工

项　　目	内　　容
施工技术要求	（1）保护层施工前,应将防水层上的杂物清理干净,并对防水层质量进行严格检查,有条件的应做蓄水试验,合格后才能铺设保护层。 （2）涂膜防水层的保护层材料应根据设计图纸要求选用。如采用刚性保护层,保护层与女儿墙之间应预留 30 mm 以上空隙并嵌填密封材料,防水层和刚性保护层之间还应做隔离层。 （3）为避免损坏防水层,保护层施工时应做好防水层的防护工作。 1）施工人员应穿软底鞋,运输材料时必须在通道上铺设垫板、防护毡等进行保护。 2）小推车往外倾倒砂浆或混凝土时,应在其前面放上垫木或木板进行保护,以免小推车前端损坏防水层。 3）在防水层上架设梯子、立杆时,应在底端铺设垫板或橡胶板等。 4）防水层上需堆放保护层材料或施工机具时,也应铺设垫木板、铁板等,以防戳破防水层。 （4）保护层施工前还应准备好所需的施工机具,备足保护层材料
浅色反射涂料	保护层施工用浅色反射涂料目前常用的有铝基沥青悬浊液、丙烯酸浅色涂料或在涂料中掺入铝粉的反射涂料。反射涂料可在现场就地配制。 涂刷浅色反射涂料应待防水层养护完毕后进行,一般涂膜防水层应养护 1 周以上。涂刷前,应清除防水层表面的浮灰,用柔软、干净的棉布擦净浮灰。材料用量应根据材料说明书的规定使用,涂刷工具、操作方法和要求与防水涂料施工相同。涂刷应均匀,避免漏涂。涂刷第二遍时,涂刷的方向应与第一遍垂直。由于浅色反射涂料具有良好的阳光反射性,施工人员在阳光下操作时,应佩戴墨镜,以免强烈的反射光线刺伤眼睛。 在砂结合层上铺砌块体时,砂结合层应洒水压实,并用刮尺刮平,以满足块体铺设的平整度要求。块体应对接铺砌,缝隙宽度一般为 10 mm 左右。块体铺砌完成后,应适当洒水并轻轻拍平压实,以免产生翘角现象。板缝先用砂填至一半的高度,然后用 1∶2 水泥砂浆勾成凹缝。为防止砂子流失,在保护层四周 500 mm 范围内,应改用低强度等级水泥砂浆做结合层
细石混凝土保护层施工	（1）细石混凝土整浇保护层施工前,也应在防水层上铺设一层隔离层,并按设计要求支设好分格缝的木模或聚苯泡沫条,设计无要求时,每格面积不应大于 36 m²,分格缝宽度为 20 mm。 （2）一个分格内的混凝土应尽可能连续浇筑,不留施工缝。振捣宜采用铁辊辊压或人工拍实,不宜采用机械振捣,以免破坏防水层。 （3）振实后随即用刮尺按排水坡度刮平,并在初凝前用木抹子提浆抹平,初凝后及时取出分格缝木模(泡沫条不可取出),终凝前用铁抹子压光。 （4）抹平压光时,不宜在表面掺和水泥浆或干灰,否则表层砂浆易产生裂缝与剥落现象。 （5）若采用配筋细石混凝土保护层时,钢筋网片的位置应设置在保护层中间偏上部位,在铺设钢筋网片时用砂浆垫块支垫。 （6）细石混凝土保护层浇筑完后应及时进行养护,养护时间不应少于 7 d。养护完后,将分格缝清理干净(割去泡沫条上部 10 mm),嵌填密封材料

涂膜防水屋面保护层材料脱落

质量问题表现

保护层材料有破碎、脱落或缺棱断角等现象。

质量问题原因

(1)对于粒料的保护层,如细砂、云母或蛭石碎粒保护层,没有经过辊压,与涂料黏结不牢固。浅色涂料保护层使用的涂料与原防水涂料不相容。

(2)保护层施工完成后,养护不善,或没有采取必要的成品保护措施。

质量问题预防

(1)粒料保护层施工时,应随刷涂料随抛粒料,然后用铁辊轻压轻碾,使粒料嵌入面层涂料中。注意应使粒料与涂料黏结牢固。

(2)浅色涂料保护层施工前,应进行相容性试验,以检测所使用的涂料是否与原防水涂料相容。

(3)浅色涂料保护层施工时,应将基层表面清扫干净,要求其平整、干燥,不得潮湿或有水迹。

(4)对于整体浇筑的水泥类保护层,应注意进行养护,防止碰伤,避免出现缺棱、断角等质量缺陷。

第三节　接缝密封防水施工

一、施工质量验收标准

接缝密封防水施工的施工质量验收标准见表1-16。

表1-16　接缝密封防水施工的施工质量验收标准

项　目	内　容
一般规定	(1)密封防水部位的基层应符合下列要求: 1)基层应牢固,表面应平整、密实,不得有裂缝、蜂窝、麻面、起皮和起砂现象; 2)基层应清洁、干燥,并应无油污、无灰尘; 3)嵌入的背衬材料与接缝壁间不得留有空隙; 4)密封防水部位的基层宜涂刷基层处理剂,涂刷应均匀,不得漏涂。 (2)多组分密封材料应按配合比准确计量,拌和应均匀,并应根据有效时间确定每次配制的数量。 (3)密封材料嵌填完成后,在固化前应避免灰尘、破损及污染,且不得踩踏

续上表

项　目	内　容
主控项目	(1)密封材料及其配套材料的质量,应符合设计要求。 检验方法:检查出厂合格证、质量检验报告和进场检验报告。 (2)密封材料嵌填应密实、连续、饱满,黏结牢固,不得有气泡、开裂、脱落等缺陷。 检验方法:观察检查
一般项目	(1)密封防水部位的基层应符合《屋面工程质量验收规范》(GB 50207—2012)的规定。 检验方法:观察检查。 (2)接缝宽度和密封材料的嵌填深度应符合设计要求,接缝宽度的允许偏差为±10%。 检验方法:尺量检查。 (3)嵌填的密封材料表面应平滑,缝边应顺直,应无明显不平和周边污染现象。 检验方法:观察检查

二、标准的施工方法

1. 接缝密封防水设计

(1)屋面接缝应按密封材料的使用方式,分为位移接缝和非位移接缝。屋面接缝密封防水技术要求应符合表 1-17 的规定。

表 1-17　屋面接缝密封防水技术要求

拉缝种类	密封部位	密封材料
位移接缝	混凝土面层分格接缝	改性石油沥青密封材料、 合成高分子密封材料
	块体面层分格缝	改性石油沥青密封材料、 合成高分子密封材料
	采光顶玻璃接缝	硅酮耐候密封胶
	采光顶周边接缝	合成高分子密封材料
	采光顶隐框玻璃与金属框接缝	硅酮结构密封胶
	采光顶明框单元板块间接缝	硅酮耐候密封胶
非位移接缝	高聚物改性沥青卷材收头	改性石油沥青密封材料
	合成高分子卷材收头及接缝封边	合成高分子密封材料
	混凝土基层固定件周边接缝	改性石油沥青密封材料、 合成高分子密封材料
	混凝土构件间接缝	改性石油沥青密封材料、 合成高分子密封材料

(2)接缝密封防水设计应保证密封部位不渗水,并应做到接缝密封防水与主体防水层相匹配。

(3)位移接缝密封防水设计应符合下列规定:

1)接缝宽度应按屋面接缝位移量计算确定;

2)接缝的相对位移量不应大于可供选择密封材料的位移能力;

3)密封材料的嵌填深度直为接缝宽度的 50%～70%;

4)接缝处的密封材料底部应设置背衬材料,背衬材料应大于接缝宽度20%,嵌入深度应为密封材料的设计厚度;

5)背衬材料应选择与密封材料不黏结或黏结力弱的材料,并应能适应基层的伸缩变形,同时应具有施工时不变形,复原率高和耐久性好等性能。

(4)接缝密封防水处理的构造如图1-17所示。

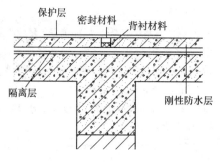

图1-17 接缝密封防水处理

2.接缝密封防水施工

接缝密封防水施工见表1-18。

表1-18 接缝密封防水施工

项 目	内 容
施工前的检查与处理	(1)检查接缝尺寸是否符合设计要求,若不符合,应予以整修。 (2)检查缝槽表面是否坚固、密实、平整,并不得有酥松、起砂、蜂窝、麻面,否则应予以处理或用聚合物水泥砂浆进行修补。 (3)检查基层是否清洁、干燥,无灰尘、砂粒、油污等,否则应仔细清除干净。 (4)检查选用的密封材料是否合适,主要考虑密封材料与接缝材质的相容性,以及与接缝所处部位、接缝的外部环境、自然条件、变形情况的适应性
基层的检查与修补	密封防水施工前应首先进行接缝尺寸和基面平整性、密实性的检查,符合要求后才能进行下一步操作。 (1)接缝宽度不符合要求,应进行调整或用聚合物水泥砂浆处理;基层出现缺陷时,也可用聚合物水泥砂浆修补。 (2)对基层上粘附的灰尘、砂粒、油污等均应作清扫、擦拭。接缝处浮浆可用钢丝刷刷除,然后宜采用小型电吹风器吹净。 (3)卷材搭接缝的密封应待接缝检查合格后才能进行
配料与搅拌	当采用双组分密封材料时,必须把甲、乙组分按规定的配合比准确配料并充分搅拌均匀后才能使用。 配料时,甲、乙组分应按重量比分别准确称量,然后倒入容器内进行搅拌。人工搅拌时用搅拌棒充分混合均匀,混合量不应太多,以免搅拌困难。搅拌过程中,应防止空气混入。搅拌混合是否均匀,可用腻子刀刮薄后检查,如色泽均匀一致,没有不同颜色的斑点、条纹,则为混合均匀。采用机械搅拌时,应选用功率大、旋转速度慢的机械,以免卷入空气。搅拌过程中需停机用刀刮下容器壁和底部的密封材料后继续搅拌,直至色泽均匀一致为止

续上表

项 目	内 容
黏结性能试验	根据设计要求和厂方提供的资料,在实际施工前,应采用简单的方法进行黏结试验,以检查密封材料及基层处理剂是否满足要求,其试验方法如下:以实际黏结体或饰面试件作黏结体,先在其表面贴塑料膜条,再涂以基层处理剂,然后在塑料膜条和涂层上粘上条状密封材料,如图 1-18(a)所示,置于现场固化后,用手将密封材料条揭起,如图 1-18(b)所示,当密封条拉伸直到破坏时,黏结面仍留有破坏的密封材料,则可认为密封材料及基层处理剂黏结性能合格
嵌填背衬材料	(1)设置隔离条。背衬材料的大小应根据接缝宽度和宽度确定。当接缝深度为最小深度时,只能设置隔离条。隔离条与背衬材料的作用相同。 　　1)一般隔离条的设置。一般隔离条应设置在接缝的最底端,充填整个缝的宽度,如图 1-19 所示。 　　2)伸出屋面管道根部隔离条的设置。伸出屋面管道根部由于受温度应力的影响,出现起鼓现象,应在伸出屋面管道根部设置"L"形隔离条,如图 1-20 所示。 　　(2)将背衬材料加工成与接缝宽度和深度相符合的形状(或选购多种规格的背衬材料),然后将其压入到接缝里。嵌填要密实,表面平整,不留空隙
粘贴防污条和防污纸	防污条可采用牛皮纸、玻璃胶带、压敏胶带等,一般应在涂刷底涂料前粘贴。防污条在密封材料抹平后,应立即揭去。施工时应遵守下列要求: 　　(1)黏结要牢固,不能让密封膏浸入其中; 　　(2)粘贴要成直线,以保持密封膏的线条美观; 　　(3)揭去防污条时,粘在界面上的胶应清除,且不得影响密封膏的固化; 　　(4)揭去后的防污条、防污纸应妥善处理,不能对环境造成污染
涂刷基层处理剂	(1)基层处理剂有单组分和双组分两种。单组分基层处理剂要摇匀后方可使用;双组分混合时,应严格按照产品说明书中的配合比进行操作,并考虑其有效时间内的使用量,不得浪费。 　　(2)拌和可用人工拌和机械拌和两种方式,一般采用接线拌和,要求拌和均匀,拌和时间一般为 10 min。 　　(3)涂刷基层处理剂时,应用大小合适的刷子将接缝周围涂刷薄薄的一层,要求涂刷均匀,不得漏涂,在界面上不得出现气泡、斑点。基层处理剂表干后,应立即嵌填密封材料,表干时间一般为 20～60 min,超过 24 h 应重新涂刷基层处理剂不得使用。 　　(4)储存基层处理剂的容器应密封,用后立即加盖封严,防止溶剂挥发。过期、凝聚的基层处理剂不得使用
嵌填密封材料	由于基层处理剂一般均含有易挥发溶剂,涂刷后如其溶剂尚未挥发或未完全挥发就嵌填密封材料,会影响密封材料与基层处理剂的黏结性能,降低基层处理剂的使用效果。因此应待基层处理剂表面干燥后,方可进行嵌填密封材料。同时,表面干燥后应立即嵌填密封材料,否则基层表面易被污染,也会影响密封材料与基层的黏结力。 　　密封材料的嵌填方法可分为热灌法和冷嵌法,见表 1-19。改性煤焦油沥青密封材料常用热灌法施工,改性石油沥青密封材料和合成高分子密封材料常用冷嵌法施工

项　目	内　容
固化养护	已嵌填施工完成的密封材料,一般应养护2～3 d,接缝密封防水处理通常为隐蔽工程,下一道工序施工时,必须对接缝部位的密封材料采取临时性或永久性的保护措施,以防污染及碰损,嵌填的密封材料固化前不得踩踏。 　　(1)为防止污染接缝界面,应设置防污条或防污纸,确认嵌填合格后即可揭下,但在揭下时应注意方法,以防止黏结剂及密封膏污染接缝界面,如发现污染应及时进行处理,直至接缝周边清洁为止。 　　(2)做好接缝密封的保护工作。气温低于10℃时,应对接缝处的密封膏进行保温处理;遇上雨、雪天气时,则应做好排水措施;施工现场清扫时则应安排在密封膏固化后;养护时间一般为2～3 d即可
保护层施工	接缝直接外露的密封材料上宜做保护层,以延长密封防水耐压年限。 　　保护层施工,应待密封材料表干后方可进行,以避免影响密封材料的固化过程及损坏密封防水部位。保护层的施工应根据设计要求进行,如设计无具体要求时,可采用所用密封材料稀释后作为涂料,加铺一层胎体增强材料,做成宽约200 m左右的一布二涂涂膜防水层。此外还可铺贴卷材、涂刷防水涂料或铺抹水泥砂浆做保护层,其宽度不应小于100 mm

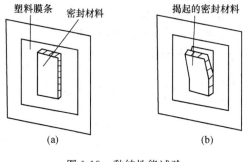

图 1-18　黏结性能试验

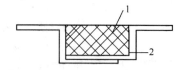

图 1-19　一般隔离条的设置

1—密封材料;2—隔离条

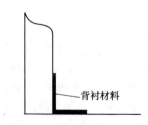

图 1-20　伸出屋面管道根部隔离条的设置

表 1-19　密封材料的嵌填

项　目	内　容
热灌法	采用热灌法工艺施工的密封材料,需在现场塑化或加热。加热时先将热塑性密封材料装入锅中,装锅容量以 2/3 为宜,文火缓慢加热,使其熔化,并随时用棍棒进行搅拌,使锅内材料温度均匀,加热温度聚氯乙烯胶泥一般为 110℃~130℃,最高不超过 140℃;塑料油膏最高不得超过 120℃,用 200℃~300℃的棒式温度计测量控制。其方法是:将温度计插入锅中心液面下 100 mm 左右,并轻轻搅拌,直至温度计停止升温时,便可测出锅内材料的温度。若现场没有温度计时,温度控制应以锅内材料液面发亮,不再起泡,并略有青烟冒出为度。聚氯乙烯建筑防水接缝密封材料分为热塑型和热熔型两种。热塑型密封材料现场施工熬制温度不得低于 130℃,否则不能塑化;当温度达到(135±5)℃时,应保持 5 min 以上使其塑化;当温度超过 140℃时,会发现结焦、冒黄烟现象,使聚氯乙烯失去改性作用。热熔型密封材料现场施工时,只需化开即可使用,熬制温度不宜过高。浇灌时的温度不宜低于 110℃,否则不仅会导致密封材料的黏结性能,还会使材料变稠不便于施工。 (1)塑化或加热到规定温度后,应立即运至浇灌地点进行浇灌,浇灌时的温度不宜低于规定温度(聚氯乙烯胶泥不应低于 110℃),如运输距离过长时,应采用保温运输车。 (2)当屋面坡度较小时,可采用特制的灌缝车或塑化炉进行灌缝;当檐口、山墙等节点部位,灌缝车无法使用或灌缝量不大时宜用鸭嘴壶浇灌,灌缝应从最低标高处开始向上连续进行,并尽量减少接点。一般先灌垂直屋脊的板缝,后灌平行屋脊的板缝,纵横交叉处,在灌垂直屋脊缝时,应向平行屋脊两侧延伸 150 mm,并留成斜槎,如图 1-21 所示。灌缝应饱满,略高出板缝,并浇出板缝两侧各 20 mm 左右。 (3)灌缝宜分两次进行,第一次先灌缝深的 1/3~1/2,用竹片或木片将油膏沿缝槽两边反复揉擦,使其不露出白槎,然后第二次将缝灌满,略高出板缝,并浇出板缝两侧各 20 mm。 (4)灌垂直屋脊板缝时,应对准缝中部浇灌,灌平行屋脊板缝时,应靠近高侧浇灌,如图 1-22 所示。 (5)灌缝完毕后,应立即检查接缝两侧面与密封材料的黏结是否良好,是否有气泡。若发现有脱开和气泡现象,应用喷灯或电烙铁烘烤后压实。 (6)施工注意事项。 1)根据施工环境适当调整密封材料的稠度。浇筑纵向板缝时,应加大密封材料的稠度,适当降低密封材料的施工温度。 2)施工时的顺序,一般应自低处向高处作业。 3)施工应使密封材料在接缝处形成凹凸面,并对密封材料略加稀释,在接缝界面上涂刷宽度约为 50 mm 的密封材料,以便黏结保护层。 4)灌缝时溢出两侧的多余材料,可回收利用
冷嵌法	冷嵌法施工多采用手工操作,用腻子刀或刮刀嵌填,比较先进的方法有采用电动或手动嵌缝枪进行嵌填。 (1)密封材料的拌和。密封材料分为单组分和双组分两种,单组分密封材料可按购进的产品直接进行使用;双组分密封材料应根据生产厂家对甲、乙组分所规定的比例进行拌和。密封材料拌和时,配合比和称料应准确、计量合格,以确保生成物发挥预定的性能。密封材料的拌和方法有人工拌和与机械拌和,一般宜采用机械拌和。 1)人工拌和。甲、乙组分按配合比分部计量,倒入容器内或拌和板上,用腻子刀拌和,直至均匀

项　　目	内　　容
冷嵌法	2)机械拌和。在甲组分罐内倒入规定的乙组分后,随即开动带叶片钻头的电钻,进行搅拌。带叶片钻头要插到罐底,搅拌时间约为 10 min。为使甲、乙组分搅拌均匀,应每搅拌 2～3 min 停机检查一次,并用刮刀刮下粘附在罐壁和罐底的材料。 　(2)机械挤压嵌缝。机械挤压嵌缝应选择与接缝宽度适宜的挤出嘴。施工时将挤出嘴紧贴接缝底部,并朝移动方向保持一定的倾斜度,边挤边以缓慢速度使油膏自由向外逐渐挤出,直至充满整个接缝,并高出界面 5～10 mm,如图 1-23 所示。如采用管装密封材料,可将包装筒的塑料嘴切开做枪嘴。 　(3)手工嵌缝。手工嵌缝用腻子刀或刮刀嵌填。一般采用二次嵌缝,首先将密封膏搓成比接缝稍大的细长条,用刮刀将其用力嵌入缝内使其密封膏与接缝周边黏结牢固,然后进行二次嵌缝,二次嵌缝与第一次的嵌缝黏结牢固,并高出接缝界面 5～10 mm,溢出接缝面 20 mm 左右(屋面接缝中)。 　嵌填接缝的交叉部位时,先填充一个方向的接缝,然后把枪嘴插进交叉部位已填充的密封材料内,填好另一方向的接头,如图 1-24 所示;填充接缝端部时,当填到离顶端约 200 mm 处停下,再从顶端向已填好的方向填充,以确保接缝端部密封材料与基层黏结牢固;如接缝尺寸大,宽度超过 30 mm 或接缝底部是圆弧形时,宜采用二次填充法嵌填,即待第一次先填充的密封材料固化后,再进行第二次填充。 　嵌填完的密封材料表干前,应用刮刀压平与修整。压平应稍用力朝与嵌填时枪嘴移动相反的方向进行,不要来回揉压。压平结束后,即用刮刀朝压平的反方向缓慢刮压一遍,使密封材料表面平滑

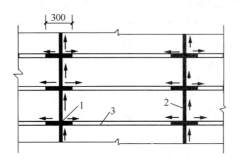

图 1-21　屋面板缝浇灌顺序(单位:mm)

1—密封材料;2—横缝;3—纵缝

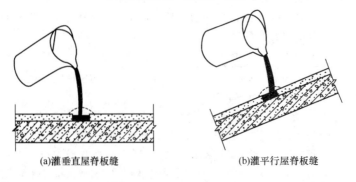

(a)灌垂直屋脊板缝　　　　　　(b)灌平行屋脊板缝

图 1-22　密封材料热灌法施工

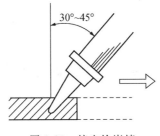

图 1-23　挤出枪嵌填

| (a)先填一个方向接缝 | (b)将枪嘴插入密封材料内
填另一方向的接缝(一) | (c)将枪嘴插入密封材料内
填另一方向的接缝(二) |

图 1-24　交叉接缝的嵌填

质量问题

密封防水部位的基层有裂缝、蜂窝、起皮等现象

质量问题表现

密封防水部位的基层不牢固、平整度、密实度不符合要求,且有裂缝、蜂窝、麻面、起皮和起砂现象。

质量问题原因

(1)施工前未对基层进行细致入微的检查。

(2)对于不符合要求的基层未进行及时处理。

质量问题预防

施工前,应检查黏结基层的表面情况、干燥程度以及接缝的尺寸是否与图纸相符,是否符合施工要求。对于不符合要求的基层要进行处理。

(1)基层应牢固,表面应平整、密实,不得有蜂窝、麻面、起皮和起砂现象。

(2)接缝尺寸应符合设计要求,宽度和深度沿缝应均匀一致。

(3)基层应干净、干燥,否则会降低黏结强度。使用溶剂型或反应固化型密封材料时,基层必须彻底干燥,一般水泥砂浆找平层完工 10 d 后,接缝才可嵌填密封材料,并且施工前必须晾晒干燥。

(4)如在砖墙处嵌填密封材料,砖墙宜用水泥砂浆抹平压光,否则因黏结能力低,易成为渗水通道。

(5)接缝内部的杂物、灰砂应清除干净,接缝两边黏结基层应根据具体材料情况进行不同的处理。旧的建筑物接缝基层,应进行修补清理。

质量问题

嵌填密封材料后变形能力差

质量问题表现

密封材料自由伸缩度较小,变形能力差。

质量问题原因

(1)背衬材料选择不当。

(2)堵塞背衬材料时,未充分考虑接缝宽度与背衬材料粒径、形状等的相互关系。

质量问题预防

(1)背衬材料一般采用聚乙烯泡沫塑料带、沥青麻丝等。由于接缝尺寸施工时难免有一些误差,不可能完全与要求的形状相一致。因此在选用背衬材料时,要备有多种规格的背衬条,以供施工时选用。

(2)背衬材料是填在密封材料底部的。在填塞时,圆形的背衬材料直径应大于接缝宽度1～2 mm,如图1-25(a)所示。如用方形背衬材料,应与接缝宽度相同或略小于接缝宽度1～2 mm;如果接缝较浅,可用扁平的隔离垫层隔离,如图1-25(b)所示。

(3)对于具有一定错动的三角形接缝,在三角形转角处,应粘贴密封背衬材料,如图1-26所示。为了防止基层处理剂的损坏、必须先填塞背衬材料,再涂刷基层处理剂。

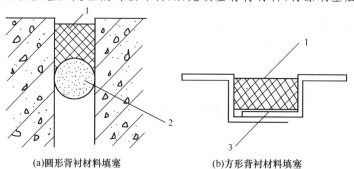

(a)圆形背衬材料填塞　　　　(b)方形背衬材料填塞

图1-25　背衬材料和隔离垫层的嵌填

1—密封材料;2—背衬材料;3—扁平隔离垫层

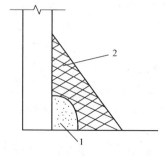

图1-26　三角形接缝的嵌填

1—背衬材料;2—密封材料

密封材料破损或被污染

质量问题表现

密封材料在施工过程中或嵌填后发生破损或被污染。

质量问题原因

(1)遮挡胶条的选用不当。

(2)对于嵌填施工完成的密封材料未采取防护措施。

质量问题预防

(1)遮挡胶条选用时应注意以下几点：

1)遮挡胶条应选用黏结性适中的材料。不能因为黏结性太强而在施工完后撕不下，也不能因为黏结性太差而与被黏结面黏结不牢。

2)遮挡胶条应有一定的强度，能经受撕拉而不致中途拉断。

3)遮挡胶条不宜太厚，以便在复杂接缝处折叠。

4)遮挡胶条的黏结剂不应扩散到被黏结面上，使之受到污染，影响美观。

5)粘贴遮挡胶条时，与接缝边缘的距离应适中，既不应贴到缝中去，也不要离接缝距离过大，如图1-27所示。

图1-27　遮挡胶条的铺设
1—离接缝边适中；2—离接缝边过远；3—贴到接缝内

6)遮挡胶条在密封材料刮平后，要立即揭去。尤其在气温高时，如停留时间过长，遮挡胶条胶黏剂易渗透到被黏结面上，使遮挡胶条不易揭去，并产生污染。

(2)已嵌填施工完成的密封材料，一般应养护2～3 d。接缝密封防水处理通常为隐蔽工程，下一道工序施工时，必须对接缝部位的密封材料采取临时性或永久性的保护措施，以防污染及碰损。嵌填的密封材料固化前不得踩踏。

(3)接缝直接外露的密封材料上宜做保护层，以延长密封防水耐用年限。保护层施工，必须待密封材料表干后才能进行，以免影响密封材料的固化过程及损坏密封防水部位。

第四节　瓦面与板面防水施工

一、施工质量验收标准

1. 一般规定

(1)瓦面与板面工程施工前,应对主体结构进行质量验收,并应符合现行国家标准《混凝土结构工程施工质量验收规范》(GB 50204—2002)(2011 版)、《钢结构工程施工质量验收规范》(GB 50205—2001)和《木结构工程施工质量验收规范》(GB 50206—2012)的有关规定。

(2)木质望板、檩条、顺水条、挂瓦条等构件,均应做防腐、防蛀和防火处理;金属顺水条、挂瓦条以及金属板、固定件,均应做防锈处理。

(3)瓦材或板材与山墙及突出屋面结构的交接处,均应做泛水处理。

(4)在大风及地震设防地区或屋面坡度大于100%时,瓦材应采取固定加强措施。

(5)在瓦材的下面应铺设防水层或防水垫层,其品种、厚度和搭接宽度均应符合设计要求。

(6)严寒和寒冷地区的檐口部位,应采取防雪融冰坠的安全措施。

(7)瓦面与板面工程各分项工程每个检验批的抽检数量,应按屋面面积每 100 m² 抽查一处,每处应为 10 m²,且不得少于 3 处。

2. 烧结瓦和混凝土瓦铺装

烧结瓦和混凝土瓦铺装的施工质量验收标准见表 1-20。

表 1-20　烧结瓦和混凝土瓦铺装的施工质量验收标准

项　目	内　容
主控项目	(1)瓦材及防水垫层的质量,应符合设计要求。 检验方法:检查出厂合格证、质量检验报告和进场检报告。 (2)烧结瓦、混凝土瓦屋面不得有渗漏现象。 检验方法:雨后观察或淋水试验。 (3)瓦片必须铺置牢固。在大风及地震设防地区或屋面坡度大于100%时,应按设计要求采取固定加强措施。 检验方法:观察或手扳检查
一般项目	(1)挂瓦条应分档均匀,铺钉应平整、牢固;瓦面应平整,行列应整齐,搭接应紧密,檐口应平直。 检验方法:观察检查。 (2)脊瓦应搭盖正确,间距应均匀,封固应严密;正脊和斜脊应顺直,应无起伏现象。 检验方法:观察检查。 (3)泛水做法应符合设计要求,并应顺直整齐、结合严密。 检验方法:观察检查。 (4)烧结瓦和混凝土瓦铺装的有关尺寸,应符合设计要求。 检验方法:尺量检查

3. 沥青瓦铺装

沥青瓦铺装的施工质量验收标准见表 1-21 。

表 1-21　沥青瓦铺装的施工质量验收标准

项　　目	内　　容
主控项目	(1)沥青瓦及防水垫层的质量,应符合设计要求。 检验方法:检查出厂合格证、质量检验报告和进场检验报告。 (2)沥青瓦屋面不得有渗漏现象。 检验方法:雨后观察或淋水试验。 (3)沥青瓦铺设应搭接正确,瓦片外露部分不得超过切口长度。 检验方法:观察检查
一般项目	(1)沥青瓦所用固定钉应垂直钉入持钉层,钉帽不得外露。 检验方法:观察检查。 (2)沥青瓦应与基层粘钉牢固,瓦面应平整,檐口应平直。 检验方法:观察检查。 (3)泛水做法应符合设计要求,并应顺直整齐、结合紧密。 检验方法:观察检查。 (4)沥青瓦铺装的有关尺寸,应符合设计要求。 检验方法:尺量检查

4. 金属板铺装

金属板铺装的施工质量验收标准见表 1-22。

表 1-22　金属板铺装的施工质量验收标准

项　　目	内　　容
主控项目	(1)金属板材及其辅助材料的质量,应符合设计要求。 检验方法:检查出厂合格证、质量检验报告和进场检验报告。 (2)金属板屋面不得有渗漏现象。 检验方法:雨后观察或淋水试验
一般项目	(1)金属板铺装应平整、顺滑;排水坡度应符合设计要求。 检验方法:坡度尺检查。 (2)压型金属板的咬口锁边连接应严密、连续、平整,不得扭曲和裂口。 检验方法:观察检查。 (3)压型金属板的紧固件连接应采用带防水垫圈的自攻螺钉,固定点应设在波峰上;所有自攻螺钉外露的部位均应密封处理。 检验方法:观察检查。 (4)金属面绝热夹芯板的纵向和横向搭接,应符合设计要求。 检验方法:观察检查。 (5)金属板的屋脊、檐口、泛水,直线段应顺直,曲线段应顺畅。 检验方法:观察检查。 (6)金属板铺装的允许偏差和检验方法,应符合表 1-23 的规定

表 1-23　金属板铺装的允许偏差和检验方法

项　目	允许偏差(mm)	检验方法
檐口与屋脊的平行度	15	拉线和尺量检查
金属板对屋脊的垂直度	单坡长度的 1/800,且不大于 25	
金属板咬缝的平整度	10	
檐口相邻两板的端部错位	6	
金属板铺装的有关尺寸	符合设计要求	尺量检查

5.玻璃采光顶铺装

玻璃采光顶铺装的施工质量验收标准见表 1-24。

表 1-24　玻璃采光顶铺装的施工质量验收标准

项　目	内　容
主控项目	(1)采光顶玻璃及其配套材料的质量,应符合设计要求。 检验方法:检查出厂合格证和质量检验报告。 (2)玻璃采光顶不得有渗漏现象。 检验方法:雨后观察或淋水试验。 (3)硅酮耐候密封胶的打注应密实、连续、饱满,黏结应牢固,不得有气泡、开裂、脱落等缺陷。 检验方法:观察检查
一般项目	(1)玻璃采光顶铺装应平整、顺直;排水坡度应符合设计要求。 检验方法:观察和坡度尺检查。 (2)玻璃采光顶的冷凝水收集和排除构造,应符合设计要求。 检验方法:观察检查。 (3)明框玻璃采光顶的外露金属框或压条应横平竖直,压条安装应牢固;隐框玻璃采光顶的玻璃分格拼缝应横平竖直,均匀一致。 检验方法:观察和手扳检查。 (4)点支承玻璃采光顶的支承装置应安装牢固,配合应严密;支承装置不得与玻璃直接接触。 检验方法:观察检查。 (5)采光顶玻璃的密封胶缝应横平竖直,深浅应一致,宽窄应均匀,应光滑顺直。 检验方法:观察检查。 (6)明框玻璃采光顶铺装的允许偏差和检验方法,应符合表 1-25 的规定。 (7)隐框玻璃采光顶铺装的允许偏差和检验方法,应符合表 1-26 的规定。 (8)点支承玻璃采光顶铺装的允许偏差和检验方法,应符合表 1-27 的规定

表 1-25　明框玻璃采光顶铺装的允许偏差和检验方法

项　目		允许偏差（mm）		检验方法
		铝构件	钢构件	
通长构件水平度（纵向或横向）	构件长度≤30 m	10	15	水准仪检查
	构件长度≤60 m	15	20	
	构件长度≤90 m	20	25	
	构件长度≤150 m	25	30	
	构件长度＞150 m	30	35	
单一构件直线度（纵向或横向）	构件长度≤2 m	2	3	拉线和尺量检查
	构件长度＞2 m	3	4	
相邻构件平面高低差		1	2	直尺和塞尺检查
通长构件直线度（纵向或横向）	构件长度≤35 m	5	7	经纬仪检查
	构件长度＞35 m	7	9	
分格框对角线差	对角线长度≤2 m	3	4	尺量检查
	对角线长度＞2 m	3.5	5	

表 1-26　隐框玻璃采光顶铺装的允许偏差和检验方法

项　目		允许偏差（mm）	检验方法
通长接缝水平度（纵向或横向）	接缝长度≤30 m	10	水准仪检查
	接缝长度≤60 m	15	
	接缝长度≤90 m	20	
	接缝长度≤150 m	25	
	接缝长度＞150 m	30	
相邻板块的平面高低差		1	直尺和塞尺检查
相邻板块的接缝直线度		2.5	拉线和尺量检查
通长接缝直线度（纵向或横向）	接缝长度≤35 m	5	经纬仪检查
	接缝长度＞35 m	7	
玻璃间接缝宽度（与设计尺寸比）		2	尺量检查

表 1-27　点支承玻璃采光顶铺装的允许偏差和检验方法

项　目		允许偏差（mm）	检验方法
通长接缝水平度（纵向或横向）	接缝长度≤30 m	10	水准仪检查
	接缝长度≤60 m	15	
	接缝长度＞60 m	20	
相邻板块的平面高低差		1	直尺和塞尺检查

项　　目		允许偏差(mm)	检验方法
相邻板块的接缝直线度		2.5	拉线和尺量检查
通长接缝直线度 (纵向或横向)	接缝长度≤35 m	5	经纬仪检查
	接缝长度>35 m	7	
玻璃间接缝宽度(与设计尺寸比)		2	尺量检查

二、标准的施工方法

1. 瓦屋面

(1)瓦屋面的设计见表1-28。

表 1-28　瓦屋面的设计

项　　目	内　　容
一般规定	(1)瓦屋面防水等级和防水做法应符合表1-29的规定。 (2)瓦屋面应根据瓦的类型和基层种类采取相应的构造做法。 (3)瓦屋面与山墙及突出屋面结构的交接处,均应做不小于250 mm高的泛水处理。 (4)在大风及地震设防地区或屋面坡度大于100%时,瓦片应采取固定加强措施。 (5)严寒及寒冷地区瓦屋面,檐口部位应采取防止冰雪融化下坠和冰坝形成等措施。 (6)防水垫层宜采用自粘聚合物沥青防水垫层、聚合物改性沥青防水垫层,其最小厚度和搭接宽度应符合表1-30的规定。 (7)在满足屋面荷载的前提下,瓦屋面持钉层厚度应符合下列规定: 1)持钉层为木板时,厚度不应小于20 mm; 2)持钉层为人造板时,厚度不应小于16 mm; 3)持钉层为细石混凝土时,厚度不应小于35 mm。 (8)瓦屋面檐沟、天沟的防水层,可采用防水卷材或防水涂膜,也可采用金属板材
烧结瓦和混凝土瓦屋面	(1)烧结瓦和混凝土瓦屋面的坡度不应小于30%。 (2)采用的木质基层、顺水条、挂瓦条,均应做防腐、防火和防蛀处理;采用的金属顺水条、挂瓦条,均应做防锈蚀处理。 (3)烧结瓦、混凝土瓦应采用干法挂瓦,瓦与屋面基层应固定牢靠。 (4)烧结瓦和混凝土瓦铺装的有关尺寸,应符合下列规定: 1)瓦屋面檐口挑出墙面的长度不宜小于300 mm; 2)脊瓦在两坡面瓦上的搭盖宽度,每边不应小于40 mm; 3)脊瓦下端距坡面瓦的高度不宜大于80 mm; 4)瓦头伸入檐沟、天沟内的长度宜为50～70 mm; 5)金属檐沟、天沟伸入瓦内的宽度不应小于150 mm; 6)瓦头挑出檐口的长度宜为50～70 mm; 7)突出屋面结构的侧面瓦伸入泛水的宽度不应小于50 mm

续上表

项 目	内 容
沥青瓦屋面	(1)沥青瓦尾面的坡度不应小于20%。 (2)沥青瓦应具有自粘胶带或相互搭接的连锁构造。矿物粒料或片料覆面沥青瓦的厚度不应小于2.6 mm,金属箔面沥青瓦的厚度不应小于2 mm。 (3)沥青瓦的固定方式应以钉为主、黏结为辅。每张瓦片上不得少于4个固定钉;在大风地区或屋面坡度大于100%时,每张瓦片不得少于6个固定钉。 (4)天沟部位铺设的沥青瓦可采用搭接式、编织式、敞开式。搭接式、编织式铺设时,沥青瓦下应增设不小于1 000 mm宽的附加层;敞开式铺设时,在防水层或防水垫层上应铺设厚度不小于0.45 mm的防锈金属板材,沥青瓦与金属板材应用沥青基胶结材料黏结,其搭接宽度不应小于100 mm。 (5)沥青瓦铺装的有关尺寸,应符合下列规定: 1)脊瓦在两坡面瓦上的搭盖宽度,每边不应小于150mm; 2)脊瓦与脊瓦的压盖面不应小于脊瓦面积的1/2; 3)沥青瓦挑出檐口的长度宜为10～20 mm; 4)金属泛水板与沥青瓦的搭盖宽度不应小于100 mm; 5)金属泛水板与突出屋面墙体的搭接高度不应小于250 mm; 6)金属滴水板伸入沥青瓦下的宽度不应小于80 mm

表 1-29　瓦屋面防水等级和防水做法

防水等级	防水做法
Ⅰ级	瓦＋防水层
Ⅱ级	瓦＋防水垫层

注:防水层厚度应符合《屋面工程技术规范》(GB 50345—2012)中Ⅱ级防水的规定。

表 1-30　防水垫层的最小厚度和搭接宽度　　　　　　(单位:mm)

防水垫层品种	最小厚度	搭接宽度
自粘聚合物沥青防水垫层	1.0	80
聚合物改性沥青防水垫层	2.0	100

(2)瓦屋面施工的一般要求。

1)瓦屋面采用的木质基层、顺水条、挂瓦条的防腐、防火及防蛀处理,以及金属顺水条、挂瓦条的防锈蚀处理,均应符合设计要求。

2)屋面木基层应铺钉牢固、表面平整;钢筋混凝土基层的表面应平整、干净、干燥。

3)防水垫层的铺设应符合下列规定:

①防水地层可采用空铺、满黏或机械固定;

②防水垫层在瓦屋面构造层次中的位置应符合设计要求;

③防水垫层宜自下而上平行屋脊铺设;

④防水垫层应顺流水方向搭接,搭接宽度应符合《屋面工程技术规范》(GB 50345—2012)的规定;

⑤防水垫层应铺设平整,下道工序施工时,不得损坏已铺设完成的防水垫层。

4)持钉层的铺设应符合下列规定:

①屋面无保温层时,木基层或钢筋混凝土基层可视为持钉层,钢筋混凝土基层不平整时,宜用1:2.5的水泥砂浆进行找平;

②屋面有保温层时,保温层上应按设计要求做细石混凝土持钉层,内配钢筋网应骑跨屋脊,并应绷直与屋脊和檐口、檐沟部位的预埋锚筋连牢,预埋锚筋穿过防水层或防水垫层时,破损处应进行局部密封处理;

③水泥砂浆或细石混凝土持钉层可不设分格缝,持钉层与突出屋面结构的交接处应预留30 mm宽的缝隙。

(3)烧结瓦、混凝土瓦屋面施工。

1)顺水条应顺流水方向固定,间距不宜大于500 mm,顺水条应铺钉牢固、平整。钉挂瓦条时应拉通线,挂瓦条的间距应根据瓦片尺寸和屋面坡长经计算确定,挂瓦条应铺钉牢固、平整,上棱应成一直线。

2)铺设瓦屋面时,瓦片应均匀分散堆放在两坡屋面基层上,严禁集中堆放。铺瓦时,应由两坡从下向上同时对称铺设。

3)瓦片应铺成整齐的行列,并应彼此紧密搭接,应做到瓦榫落槽、瓦脚挂牢、瓦头排齐,且无翘角和张口现象,檐口应成一直线。

4)脊瓦搭盖间距应均匀,脊瓦与坡面瓦之间的缝隙应用聚合物水泥砂浆填实抹平,屋脊或斜脊应顺直。沿山墙一行瓦宜用聚合物水泥砂浆做出披水线。

5)檐口第一根挂瓦条应保证瓦头出檐口50~70 mm。屋脊两坡最上面的一根挂瓦条,应保证脊瓦在坡面瓦上的搭盖宽度不小于40 mm,钉檐口条或封檐板时,均应高出挂瓦条20~30 mm。

6)平瓦和脊瓦应边缘整齐,表面光洁,不得有分层、裂纹和露砂等缺陷;平瓦的瓦爪与瓦槽的尺寸应配合。

7)挂瓦应符合下列规定:

①挂瓦应从两坡的檐口同时对称进行。瓦后爪应与挂瓦条挂牢,并应与邻边、下面两瓦落槽密合。

②檐口瓦、斜天沟瓦应用镀锌铁丝拴牢在挂瓦条上,每片瓦均应与挂瓦条固定牢固;

③整坡瓦面应平整,行列应横平竖直,不得有翘角和张口现象;

④正脊和斜脊应铺平挂直,脊瓦搭盖应顺主导风向和流水方向。

8)烧结瓦、混凝土瓦屋面完工后,应避免屋面受物体冲击,严禁任意上人或堆放物件。

(4)沥青瓦屋面的施工见表1-31。

表1-31　沥青瓦屋面的施工

项　目	内　容
弹出水平及垂直基准线	铺设沥青瓦前,应在基层上弹出水平及垂直基准线,并应按线铺设
铺设金属滴水板或双层檐口瓦	檐口部位宜先铺设金属滴水板或双层檐口瓦,并应将其固定在基层上,再铺设防水垫层和起始瓦片
沥青瓦铺设	(1)沥青瓦应边缘整齐,切槽应清晰,厚薄应均匀,表面应无孔洞、楞伤、裂纹、皱折和起泡等缺陷。

续上表

项　目	内　容
沥青瓦铺设	（2）沥青瓦应自檐口向上铺设，起始层瓦应由瓦片经切除垂片部分后制得，且起始层瓦沿檐口平行铺设并伸出檐口 10 mm，并应用沥青基胶粘材料与基层黏结；第一层瓦应与起始层瓦叠合，但瓦切口应向下指向檐口；第二层瓦应压在第一层瓦上且露出瓦切口，但不得超过切口长度。相邻两层沥青瓦的拼缝及切口应均匀错开。 （3）屋脊等屋面边沿部位的沥青瓦之间、起始层沥青瓦与基层之间，应采用沥青基胶结材料满黏牢固。 （4）在沥青瓦上钉固定钉时，应将钉垂直钉入持钉层内；固定钉穿入细石混凝土持钉层的深度不应小于 20 mm。穿入木质持钉层的深度不应小于 15 mm。固定钉的钉帽不得外露在沥青瓦表面
铺设脊瓦	铺设脊瓦时，宜将沥青瓦沿切口剪开分成三块作为脊瓦，并应用 2 个固定钉固定，同时应用沥青基胶粘材料密封；脊瓦搭盖应顺主导风向。 每片脊瓦应用两个固定钉固定；脊瓦应顺年最大频率风向搭接，并应搭盖住两坡面沥青瓦每边不小于 150 mm；脊瓦与脊瓦的压盖面不应小于脊瓦面积的 1/2
做泛水	沥青瓦屋面与立墙或伸出屋面的烟囱、管道的交接处应做泛水，在其周边与立面 250 mm 的范围内应铺设附加层，然后在其表面用沥青基胶结材料满粘一层沥青瓦片
沥青瓦的固定	（1）铺设时，每张瓦片不得少于 4 个固定钉，在大风地区或屋面坡度大于 100%时，每张瓦片不得少于 6 个固定钉； （2）应垂直钉入沥青瓦压盖面，钉帽应与瓦片表面齐平； （3）钉入持钉层深度应符合设计要求； （4）部位沥青瓦之间以及起始瓦与基层之间，均应采用沥青基胶粘材料满粘； （5）铺设沥青瓦屋面的天沟应顺直，瓦片应黏结牢固，搭接缝应密封严密，排水应通畅

2.金属板屋面

（1）金属板屋面设计。

1）金属板屋面防水等级和防水做法见表 1-32 。

表 1-32　金属板屋面防水等级和防水做法

防水等级	防水做法
Ⅰ级	压型金属板＋防水垫层
Ⅱ级	压型金属板、金属面绝热夹芯板

注：1.当防水等级为Ⅰ级时，压型铝合金板基板厚度不应小于 0.9 mm；压型钢板基板厚度不应小于0.6 mm。

2.当防水等级为Ⅰ级时，压型金属板应采用360°咬口锁边连接方式。

3.在Ⅰ级屋面防水做法中，仅作压型金属板时，应符合相关现行标准的规定。

2）金属板屋面可按建筑设计要求，选用镀层钢板、涂层钢板、铝合金板、不锈钢板和钛锌板等金属板材。金属板材及其配套的紧固件、密封材料，其材料的品种、规格和性能等应符合现行国家有关材料标准的规定。

3）金属板屋面应按围护结构进行设计，并应具有相应的承载力、刚度、稳定性和变形能力。

4）金属板屋面设计应根据当地风荷载、结构体形、热工性能、屋面坡度等情况，采用相应的压型金属板板型及构造系统。

5)金属板屋面在保温层的下面宜设置隔汽层,在保温层的上面宜设置防水透汽膜。防水透汽膜的主要性能指标见表1-33。

表 1-33　防水透汽膜的主要性能指标

项　目		指　标	
		Ⅰ 类	Ⅱ 类
水蒸气透过量[g/(m² · 24 h),23 ℃]		≥1 000	
不透水性(mm,2 h)		≥1 000	
最大拉力(N/50 mm)		≥100	≥250
断裂伸长率(%)		≥35	≥10
热老化(80℃,168 h)	拉力保持率(%)	撕裂性能(Ⅳ,钉标法)	≥40
	断裂伸长率保持率(%)	≥80	
	水蒸气透过量保持率(%)		

6)金属板屋面的防结露设计,应符合现行国家标准《民用建筑热工设计规范》(GB 50176—1993)的有关规定。

7)压型金属板采用咬口锁边连接时,屋面的排水坡度不宜小于5%;压型金属板采用紧固件连接时,屋面的排水坡度不宜小于10%。

8)金属檐沟、天沟的伸缩缝间距小宜大于 30 m;内檐沟及内天沟应设置溢流口或溢流系统,沟内宜按 0.5% 找坡。

9)金属板的伸缩变形除应满足咬口锁边连接或紧固件连接的要求外,还应满足檩条、檐口及天沟等使用要求,且金属板最大伸缩变形量不应超过 100 mm。

10)金属板在主体结构的变形缝处宜断开,变形缝上部应加扣带伸缩的金属盖板。

11)金属板屋面的下列部位应进行细部构造设计:

①屋面系统的变形缝;

②高低跨处泛水;

③屋面板缝、单元体构造缝;

④檐沟、天沟、水落口;

⑤屋面金属板材收头;

⑥洞口、局部凸出体收头;

⑦其他复杂的构造部位。

12)压型金属板采用咬口锁边连接的构造应符合下列规定:

①在檩条上应设置与压型金属板波形相配套的专用固定支座,并应用自攻螺钉与檩条连接;

②压型金属板应搁置在固定支座上,两片金属板的侧边应确保在风吸力等因素作用下扣合或咬合连接可靠;

③在大风地区或高度大于 30 m 的屋面,压型金属板应采用 360°咬口锁边连接;

④大面积屋面和弧状或组合弧状屋面,压型金属板的立边咬合宜采用暗扣直立锁边屋面

系统；

⑤单坡尺寸过长或环境温差过大的屋面,压型金属板宜采用滑动式支座的360°咬口锁边连接。

13)压型金属板采用紧固件连接的构造应符合下列规定:

①铺设高波压型金属板时,在檩条上应设置固定支架,固定支架应采用自攻螺钉与檩条连接,连接件宜每波设置一个;

②铺设低波压型金属板时,可不设固定支架,应在波峰处采用带防水密封胶垫的自攻螺钉与檩条连接,连接件可每波或隔波设置一个,但每块板不得少于3个;

③压型金属板的纵向搭接应位于檩条处,搭接端应与檩条有可靠的连接,搭接部位应设置防水密封胶带。压型金属板的纵向最小搭接长度应符合表1-34的规定;

表1-34　压型金属板的纵向最小搭接长度　　　　（单位:mm)

压型金属板		纵向最小搭接长度
高波压型金属板		350
低波压型金属板	屋面坡度≤10%	250
	屋面坡度>10%	200

④压型金属板的横向搭接方向宜与主导风向一致,搭接不应小于一个波,搭接部位应设置防水密封胶带。搭接处用连接件紧固时,连接件应采用带防水密封胶垫的自攻螺钉设置在波峰上。

14)金属面绝热夹芯板采用紧固件连接的构造,应符合下列规定:

①应采用屋面板压盖和带防水密封胶垫的自攻螺钉,将夹芯板固定在檩条上;

②夹芯板的纵向搭接应位于檩条处,每块板的支座宽度不应小于50 mm,点承处宜采用双檩或檩条一侧加焊通长角钢;

③夹芯板的纵向搭接应顺流水方向,纵向搭接长度不应小于200 mm,搭接部位均应设置防水密封胶带,并应用拉铆钉连接;

④夹芯板的横向搭接方向宜与主导风向一致,搭接尺寸应接具体板型确定,连接部位均应设置防水密封胶带,并应用拉铆钉连接。

15)金属板屋面铺装的有关尺寸应符合下列要求:

①金属板檐口挑出墙面的长度不应小于200 mm;

②金属板伸入檐沟、天沟内的长度不应小于100 mm;

③金属泛水板与突出屋面墙体的搭接高度不应小于250 mm;

④金属泛水板、变形缝盖板与金属板的搭盖宽度不应小于200 mm;

⑤金属屋脊盖板在两坡面金属板上的搭盖宽度不应小于250 mm。

16)压型金属板和金属面绝热夹芯板的外露自攻螺钉、拉铆钉,均应采用硅酮耐候密封胶密封。

17)固定支座应选用与支承构件相同材质的金属材料。当选用不同材质金属材料并易产生电化学腐蚀时,固定支座与支承构件之间应采用绝缘垫片或采取其他防腐蚀措施。

18)采光带设置宜高出金属板屋面250 mm。采光带的四周与金属板屋面的交接处,均应做泛水处理。

19)金属板屋面应按设计要求提供抗风揭试验验证报告。

（2）金属板屋面的施工。

1）金属板屋面施工应在主体结构和支承结构验收合格后进行。

2）金属板材应边缘整齐，表面应光滑，色泽应均匀，外形应规则，不得有翘曲、脱膜和锈蚀等缺陷。金属板材应用专用吊具安装，安装和运输过程中不得损伤金属板材。金属板材应根据要求板型和深化设计的排板图铺设，并应按设计图纸规定的连接方式固定。金属板固定支架或支座位置应准确，安装应牢固。

3）金属板屋面施工前应根据施工图纸进行深化排板图设计。金属板铺设时，应根据金属板板型技术要求和深化设计排板图进行。

4）金属板屋面施工测量应与主体结构测量相配合，其误差应及时调整，不得积累；施工过程中应定期对金属板的安装定位基准点进行校核。

5）金属板屋面的构件及配件应有产品合格证和性能检测报告，其材料的品种、规格、性能等应符合设计要求和产品标准的规定。

6）金属板的长度应根据屋面排水坡度、板型连接构造、环境温差及吊装运输条件等综合确定。

7）金属板的横向搭接方向宜顺主导风向；当在多维曲面上雨水可能翻越金属板板肋横流时，金属板的纵向搭接应顺流水方向。

8）金属板铺设过程中应对金属板采取临时固定措施，当天就位的金属板材应及时连接固定。

9）金属板安装应平整、顺滑，板面不应有施工残留物；檐口线、屋脊线应顺直，不得有起伏不平现象。

10）金属板屋面施工完毕，应进行雨后观察、整体或局部淋水试验，檐沟、天沟应进行蓄水试验，并应填写淋水和蓄水试验记录。

11）金属板屋面完工后，应避免屋面受物体冲击，并不宜对金属面板进行焊接、开孔等作业，严禁任意上人或堆放物件。

12）金属板应边缘整齐、表面光滑、色泽均匀、外形规则，不得有扭翘、脱膜和锈蚀等缺陷。

3.玻璃采光顶

（1）玻璃采光顶施工的要求见表1-35。

表1-35　玻璃采光顶施工的要求

项　目	内　容
玻璃采光顶施工	玻璃采光顶施工应在主体结构验收合格后进行；采光顶的支承构件与主体结构连接的预埋件应按设计要求埋设
施工测量	玻璃采光顶的施工测量应与主体结构测量相配合，测量偏差应及时调整，不得积累，施工过程中应定期对采光顶的安装定位基准点进行校核
框支承玻璃采光顶的安装	（1）框支承玻璃采光顶的安装应根据采光顶分格测量，确定采光顶各分格点的空间定位。 （2）支承结构应按顺序安装，采光顶框架组件安装就位、调整后应及时紧固；不同金属材料的接触面应采用隔离材料。 （3）采光顶的周边封堵收口、屋脊处压边收口支座处封口处理，均应铺设平整且可靠固定。 （4）采光顶天沟、排水槽、通气槽及雨水排出口等细部构造应符合设计要求。 （5）装饰压板应顺流水方向设置，表面应平整，接缝应符合设计要求

续上表

项　目	内　容
点支承玻璃采光顶的安装	(1)应根据采光顶分格测量,确定采光顶各分格点的空间定位。 (2)钢桁架及网架结构安装就位、调整后应及时紧固;钢索杆结构的拉索、拉杆预应力施加应符合设计要求。 (3)采光顶应采用不锈钢驳接组件装配,爪件安装前应精确定出其安装位置。 (4)玻璃宜采用机械吸盘安装,并应采取必要的安全措施。 (5)玻璃接缝应采用硅酮耐候密封胶。 (6)中空玻璃钻孔周边应采取多道密封措施
明框玻璃组件组装	(1)玻璃与构件槽口的配合应符合设计要求和技术标准的规定。 (2)玻璃四周密封条的材质型号应符合设计要求,镶嵌应平整、密实,胶条的长度宜大于边框内槽口长度1.5%~2.0%。胶条在转角处应斜面断开,并应用黏结剂黏结牢固。 (3)组件中的导气孔及排水孔设置应符合设计要求,组装时应保持孔道通畅。 (4)明框玻璃组件应拼装严密,框缝密封应采用硅酮耐候密封胶
隐框及半隐框玻璃组件组装	(1)玻璃及框料黏结表面的尘埃、油渍和其他污物,应分别使用带溶剂的擦布和干擦布清除干净,并应在清洁1 h内嵌填密封胶。 (2)所用的结构黏结材料应采用硅酮结构密封胶,其性能应符合现行国家标准《建筑用硅酮结构密封胶》(GB 16776—2005)的有关规定;硅酮结构密封胶应在有效期内使用。 (3)硅酮结构密封胶应嵌填饱满,并应在温度15℃~30℃、相对湿度50%以上、洁净的室内进行,不得在现场嵌填。 (4)硅酮结构密封胶的黏结宽度和厚度应符合设计要求,胶缝表面应平整光滑,不得出现气泡。 (5)硅酮结构密封胶固化期间,组件不得长期处于单独受力状态
玻璃接缝密封胶的施工	(1)玻璃接缝密封应采用硅酮耐候密封胶,其性能应符合现行行业标准《幕墙玻璃接缝用密封胶》(JC/T 882—2001)的有关规定,密封胶的级别和模量应符合设计要求。 (2)密封胶的嵌填应密实、连续、饱满,胶缝应平整光滑、缝边顺直。 (3)玻璃间的接缝宽度和密封胶的嵌填深度应符合设计要求。 (4)玻璃接缝密封胶的施工,不宜在夜晚、雨天嵌填密封胶,嵌填温度应符合产品说明书规定,嵌填密封胶的基面应清洁、干燥
淋水和蓄水试验	玻璃采光顶施工完毕,应进行雨后观察、整体或局部淋水试验,檐沟、天沟应进行蓄水试验,并应填写淋水和蓄水试验记录

金属板材屋面渗漏

质量问题表现

金属板材屋面与立墙及突出屋面结构等交接处未作好泛水处理,屋面发生渗漏。

质量问题原因

(1)金属板材屋面及立墙及突出屋面结构等交接处未做泛水处理。

(2)作泛水处理时,用于固定的螺钉未涂抹密封保护材料。

质量问题预防

(1)平板型薄钢板屋面。薄钢板与突出屋面的墙连接以及烟囱连接,均应按设计要求施工,屋脊盖板和泛水板与薄钢板连接处须用防水密封材料封严,但密封材料要挤入盖板和泛水板内。

(2)波形薄钢板屋面靠山墙处,如山墙高出屋面时,用平铁皮封泛水;山墙不高出屋面时,波形板至山墙部分剪齐,用砂浆封山抹檐,如有封板,则将波形板直接钉在封檐板上,然后将伸出部分剪齐;每块泛水板长度不应大于 2 m,与波形薄钢板的搭接宽度不应小于 200 mm,泛水应拉线安装,使其平直;屋脊、斜脊、天沟和屋面与屋面突出结构连接处的泛水均应用镀锌薄钢板制作,其与波形薄钢板搭接宽度不小于 150 mm。

(3)带肋镀铝锌钢板铺设施工到最后,如果所剩的空间大于半张钢板的宽度,则可将超过的部分裁去,留下完整的中间肋,按前述方法,将这张钢板固定在固定座上。倘若所余的部分比半张钢板的宽度小,则可采用屋脊盖板或泛水收边板予以覆盖。此时,最后一张完整的钢板必须以截短的固定座上的短弯角扣住,并固定在檩条上(图 1-28);当面板位于屋脊部分,覆盖在泛水收边板或屋脊盖板下方的面板的凹槽,部分应向上弯起时,可用上弯扳手将面板凹槽向上弯翘;用下弯扳手,可将面板下缘之凹槽部分向下弯。同时,在横向的泛水收边板或屋脊盖板上用开口器开出缺口,以使收边板或屋脊盖板能同时覆盖住面板的肋条及凹槽部分。

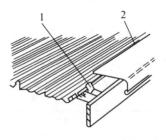

图 1-28　泛水收边板
1—截短的固定座;2—泛水收边板

(4)压型板应采用带防水垫圈的镀锌螺栓(螺钉)固定,固定点应设在波峰上。所有外露的螺栓(螺钉),均应涂抹密封材料保护。

第五节 细部构造防水施工

一、施工质量验收标准

(1)檐口的施工质量验收标准见表1-36。

表1-36 檐口的施工质量验收标准

项 目	内 容
主控项目	(1)檐口的防水构造应符合设计要求。 检验方法:观察检查。 (2)檐口的排水坡度应符合设计要求;檐口部位不得有渗漏和积水现象。 检验方法:坡度尺检查和雨后观察或淋水试验
一般项目	(1)檐口800 mm范围内的卷材应满粘。 检验方法:观察检查。 (2)卷材收头应在找平层的凹槽内用金属压条钉压固定,并应用密封材料封严。 检验方法:观察检查。 (3)涂膜收头应用防水涂料多遍涂刷。 检验方法:观察检查。 (4)檐口端部应抹聚合物水泥砂浆,其下端应做成鹰嘴和滴水槽。 检验方法:观察检查

(2)檐沟和天沟的施工质量验收标准见表1-37。

表1-37 檐沟和天沟的施工质量验收标准

项 目	内 容
主控项目	(1)檐沟、天沟的防水构造应符合设计要求。 检验方法:观察检查。 (2)檐沟、天沟的排水坡度应符合设计要求;沟内不得有渗漏和积水现象。 检验方法:坡度尺检查和雨后观察或淋水、蓄水试验
一般项目	(1)檐沟、天沟附加层铺设应符合设计要求。 检验方法:观察和尺量检查。 (2)檐沟防水层应由沟底翻上至外侧顶部,卷材收头应用金属压条钉压固定,并应用密封材料封严;涂膜收头应用防水涂料多遍涂刷。 检验方法:观察检查。 (3)檐沟外侧顶部及侧面均应抹聚合物水泥砂浆,其下端应做成鹰嘴或滴水槽。 检验方法:观察检查

(3)女儿墙和山墙的施工质量验收标准见表1-38。

表1-38 女儿墙和山墙的施工质量验收标准

项 目	内 容
主控项目	(1)女儿墙和山墙的防水构造应符合设计要求。

项　　目	内　　容
主控项目	检验方法:观察检查。 (2)女儿墙和山墙的压顶向内排水坡度不应小于5%,压顶内侧下端应做成鹰嘴或滴水槽。 检验方法:观察和坡度尺检查。 (3)女儿墙和山墙的根部不得有渗漏和积水现象。 检验方法:雨后观察或淋水试验
一般项目	(1)女儿墙和山墙的泛水高度及附加层铺设应符合设计要求。 检验方法:观察和尺量检查。 (2)女儿墙和山墙的卷材应满粘,卷材收头应用金属压条钉压固定,并应用密封材料封严。 检验方法:观察检查。 (3)女儿墙和山墙的涂膜应直接涂刷至压顶下,涂膜收头应用防水涂料多遍涂刷。 检验方法:观察检查

(4)水落口的施工质量验收标准见表1-39。

表 1-39　水落口的施工质量验收标准

项　　目	内　　容
主控项目	(1)水落口的防水构造应符合设计要求。 检验方法:观察检查。 (2)水落口杯上口应设在沟底的最低处;水落口处不得有渗漏和积水现象。 检验方法:雨后观察或淋水、蓄水试验
一般项目	(1)水落口的数量和位置应符合设计要求;水落口杯应安装牢固。 检验方法:观察和手扳检查。 (2)水落口周围直径500 mm范围内坡度不应小于5%,水落口周围的附加层铺设应符合设计要求。 检验方法:观察和尺量检查。 (3)防水层及附加层伸入水落口杯内不应小于50 mm,并应黏结牢固。 检验方法:观察和尺量检查

(5)变形缝的施工质量验收标准见表1-40。

表 1-40　变形缝的施工质量验收标准

项　　目	内　　容
主控项目	(1)变形缝的防水构造应符合设计要求。 检验方法:观察检查。 (2)变形缝处不得有渗漏和积水现象。 检验方法:雨后观察或淋水试验
一般项目	(1)变形缝的泛水高度及附加层铺设应符合设计要求。 检验方法:观察和尺量检查。

续上表

项 目	内 容
一般项目	(2)防水层应铺贴或涂刷至泛水墙的顶部。 检验方法:观察检查。 (3)等高变形缝顶部宜加扣混凝土或金属盖板。混凝土盖板的接缝应用密封材料封严;金属盖板应铺钉牢固,搭接缝应顺流水方向,并应做好防锈处理。 检验方法:观察检查。 (4)高低跨变形缝在高跨墙面上的防水卷材封盖和金属盖板,应用金属压条钉压固定,并应用密封材料封严。 检验方法:观察检查

(6)伸出屋面管道的施工质量验收标准见表 1-41。

表 1-41 伸出屋面管道的施工质量验收标准

项 目	内 容
主控项目	(1)伸出屋面管道的防水构造应符合设计要求。 检验方法:观察检查。 (2)伸出屋面管道根部不得有渗漏和积水现象。 检验方法:雨后观察或淋水试验
一般项目	(1)伸出屋面管道的泛水高度及附加层铺设,应符合设计要求。 检验方法:观察和尺量检查。 (2)伸出屋面管道周围的找平层应抹出高度不小于 30 mm 的排水坡。 检验方法:观察和尺量检查。 (3)卷材防水层收头应用金属箍固定,并应用密封材料封严;涂膜防水层收头应用防水涂料多遍涂刷。 检验方法:观察检查

(7)屋面出入口的施工质量验收标准见表 1-42。

表 1-42 屋面出入口的施工质量验收标准

项 目	内 容
主控项目	(1)屋面出入口的防水构造应符合设计要求。 检验方法:观察检查。 (2)屋面出入口处不得有渗漏和积水现象。 检验方法:雨后观察或淋水试验。
一般项目	(1)屋面垂直出入口防水层收头应压在压顶圈下,附加层铺设应符合设计要求。 检验方法:观察检查。 (2)屋面水平出入口防水层收头应压在混凝土踏步下,附加层铺设和护墙应符合设计要求。 检验方法:观察检查。 (3)屋面出入口的泛水高度不应小于 250 mm。 检验方法:观察和尺量检查

(8)反梁过水孔的施工质量验收标准见表 1-43。

表 1-43　反梁过水孔的施工质量验收标准

项　　目	内　　容
主控项目	(1)反梁过水孔的防水构造应符合设计要求。 检验方法:观察检查。 (2)反梁过水孔处不得有渗漏和积水现象。 检验方法:雨后观察或淋水试验
一般项目	(1)反梁过水孔的孔底标高、孔洞尺寸或预埋管管径,均应符合设计要求。 检验方法:尺量检查。 (2)反梁过水孔的孔洞四周应涂刷防水涂料;预埋管道两端周围与混凝土接触处应留凹槽,并应用密封材料封严。 检验方法:观察检查

(9)设施基座的施工质量验收标准见表 1-44。

表 1-44　设施基座的施工质量验收标准

项　　目	内　　容
主控项目	(1)设施基座的防水构造应符合设计要求。 检验方法:观察检查。 (2)设施基座处不得有渗漏和积水现象。 检验方法:雨后观察或淋水试验
一般项目	(1)设施基座与结构层相连时,防水层应包裹设施基座的上部,并应在地脚螺栓周围做密封处理。 检验方法:观察检查。 (2)设施基座直接放置在防水层上时,设施基座下部应增设附加层,必要时应在其上浇筑细石混凝土,其厚度不应小于 50 mm。 检验方法:观察检查。 (3)需经常维护的设施基座周围和屋面出入口至设施之间的人行道,应铺设块体材料或细石混凝土保护层。 检验方法:观察检查

(10)屋脊的施工质量验收标准见表 1-45。

表 1-45　屋脊的施工质量验收标准

项　　目	内　　容
主控项目	(1)屋脊的防水构造应符合设计要求。 检验方法:观察检查。 (2)屋脊处不得有渗漏现象。 检验方法:雨后观察或淋水试验

续上表

项 目	内 容
一般项目	(1)平脊和斜脊铺设应顺直,应无起伏现象。 检验方法:观察检查。 (2)脊瓦应搭盖正确,间距应均匀,封固应严密。 检验方法:观察和手扳检查

(11)屋顶窗的施工质量验收标准见表1-46。

表1-46 屋顶窗的施工质量验收标准

项 目	内 容
主控项目	(1)屋顶窗的防水构造应符合设计要求。 检验方法:观察检查。 (2)屋顶窗及其周围不得有渗漏现象。 检验方法:雨后观察或淋水试验
一般项目	(1)屋顶窗用金属,排水板、窗框固定铁脚应与屋面连接牢固。 检验方法:观察检查。 (2)屋顶窗用窗口防水卷材应铺贴平整,黏结应牢固。 检验方法:观察检查

二、标准的施工方法

屋面细部构造施工的要求见表1-47。

表1-47 屋面细部构造施工的要求

项 目	内 容
一般规定	(1)屋面细部构造应包括檐口、檐沟和天沟、女儿墙和山墙、水落口、变形缝、伸出屋面管道、屋面出入口、反梁过水孔、设施基座、屋脊、屋顶窗等部位。 (2)细部构造设计应做到多道设防、复合用材、连续密封、局部增强,并应满足使用功能、温差变形、施工环境条件和可操作性等要求。 (3)细部构造所用密封材料的选择应符合《屋面工程技术规范》(GB 50345—2012)的规定。 (4)细部构造中容易形成热桥的部位均应进行保温处理。 (5)檐口、檐沟外侧下端及女儿墙压顶内侧下端等部位均应作滴水处理,滴水槽宽度和深度不宜小于10 mm
檐口	(1)卷材防水屋面檐口800 mm范围内的卷材应满粘,卷材收头应采用金属压条钉压,并应用密封材料封严。檐口下端应做鹰嘴和滴水槽(图1-29)。 (2)涂膜防水屋面檐口的涂膜收头,应用防水涂料多遍涂刷。檐口下端应做鹰嘴和滴水槽(图1-30)。 (3)烧结瓦、混凝土瓦屋面的瓦头挑出檐口的长度宜为50～70 mm(图1-31、图1-32)。

项 目	内 容
檐口	(4)沥青瓦屋面的瓦头挑出檐口的宽度宜为 10～20 mm;金属滴水板应固定在基层上,伸入沥青瓦下宽度不应小于 80 mm,向下延伸长度不应小于 60 mm(图1-33)。 (5)金属板屋面檐口挑出墙面的长度不应小于 200 mm;屋面板与墙板交接处应设置金属封檐板和压条(图1-34)
檐沟和天沟	(1)卷材或涂膜防水屋面檐沟(图1-35)和天沟的防水构造,应符合下列规定: 1)檐沟和天沟的防水层下应增设附加层,附加层伸入屋面的宽度不应小于 250 mm; 2)檐沟防水层和附加层应由沟底翻上至外侧顶部,卷材收头应用金属压条钉压,并应用密封材料封严,涂膜收头应用防水涂料多遍涂刷; 3)檐沟外侧下端应做鹰嘴或滴水槽; 4)檐沟外侧高于屋面结构板时,应设置溢水口。 (2)烧结瓦、混凝土瓦屋面檐沟(图1-36)和天沟的防水构造,应符合下列要求: 1)檐沟和天沟防水层下应增设附加层,附加层伸入屋面的宽度不应小于 500 mm; 2)檐沟和天沟防水层伸入瓦内的宽度不应小于 150 mm,并应与屋面防水层或防水垫层顺流水方向搭接; 3)檐沟防水层和附加层应由沟底翻上至外侧顶部,卷材收头应用金属压条钉压,并应用密封材料封严;涂膜收头应用防水涂料多遍涂刷; 4)烧结瓦、混凝土瓦伸入檐沟、天沟内的长度,宜为 50～70 mm。 (3)沥青瓦屋面檐沟和天沟的防水构造,应符合下列规定: 1)檐沟防水层下应增设附加层,附加层伸入屋面的宽度不应小于 500 mm; 2)檐沟防水层伸入瓦内的宽度不应小于 150 mm,并应与屋面防水层或防水垫层顺流水方向搭接; 3)檐沟防水层和附加层应由沟底翻上至外侧顶部,卷材收头应用金属压条钉压,并应用密封材料封严;涂膜收头应用防水涂料多遍涂刷; 4)沥青瓦伸入檐沟内的长度宜为 10～20 mm; 5)天沟采用搭接式或编织式铺设时,沥青瓦下应增设不小于 1 000 mm 宽的附加层(图 1-37); 6)天沟采用敞开式铺设时,在防水层或防水垫层上应铺设厚度不小于 0.45 mm 的防锈金属板材,沥青瓦与金属板材应顺流水方向搭接,搭接缝应用沥青基胶结材料黏结,搭接宽度不应小于 100 mm
女儿墙和山墙	(1)女儿墙的防水构造应符合下列规定: 1)女儿墙压顶可采用混凝土或金属制品。压顶向内排水坡度不应小于 5%,压顶内侧下端应作滴水处理; 2)女儿墙泛水处的防水层下应增设附加层,附加层在平面和立面的宽度均不应小于 250 mm; 3)低女儿墙泛水处的防水层可直接铺贴或涂刷至压顶下,卷材收头应用金属压条钉压固定,并应用密封材料封严;涂膜收头应用防水涂料多遍涂刷(图1-38); 4)高女儿墙泛水处的防水层泛水高度不应小于 250 mm,防水层收头应符合上述3)的规定;泛水上部的墙体应作防水处理(图1-39);

续上表

项　　目	内　　容
女儿墙和山墙	5)女儿墙泛水处的防水层表面,宜采用涂刷浅色涂料或浇筑细石混凝土保护。 (2)山墙的防水构造应符合下列规定: 1)山墙压顶可采用混凝土或金属制品。压顶应向内排水,坡度不应小于 5%,压顶内侧下端应做滴水处理; 2)山墙泛水处的防水层下应增设附加层,附加层在平面和立面的宽度均不应小于 250 mm; 3)烧结瓦、混凝土瓦屋面山墙泛水应采用聚合物水泥砂浆抹成,侧面瓦伸入泛水的宽度不应小于 50 mm(图 1-40); 4)沥青瓦屋面山墙泛水应采用沥青基胶粘材料满粘层沥青瓦片,防水层和沥青瓦收头应用金属压条钉压固定,并应用密封材料封严(图 1-41); 5)金属板屋面山墙泛水应铺钉厚度不小于 0.45 mm 的金属泛水板,并应顺流水方向搭接;金属泛水板与墙体的搭接高度不应小于 250 mm,与压型金属板的搭盖宽度宜为 1~2 波,并应在波峰处采用拉铆钉连接(图 1-42)
水落口	(1)重力式排水的水落口(图 1-43、图 1-44)防水构造应符合下列要求: 1)水落口可采用塑料或金属制品,水落口的金属配件均应做防锈处理; 2)水落口杯应牢固地固定在承重结构上,其埋设标高应根据附加层的厚度及排水坡度加大的尺寸确定; 3)水落口周围直径 500 mm 范围内坡度不应小于 5%,防水层下应增设涂膜附加层; 4)防水层和附加层伸入水落口杯内不应小于 50 mm,并应黏结牢固。 (2)虹吸式排水的水落口防水构造应进行专项设计
变形缝	变形缝防水构造应符合下列规定: (1)变形缝泛水处的防水层下应增设附加层,附加层在平面和立面的宽度不应小于 200 mm,防水层应铺贴或涂刷至泛水墙的顶部; (2)变形缝内应预填不燃保温材料,上部应采用防水卷材封盖,并放置衬垫材料,再在其上干铺一层卷材; (3)等高变形缝顶部宜加扣混凝土或金属盖板(图 1-45); (4)高低跨变形缝在立墙泛水处,应采用有足够变形能力的材料和构造做密封处理(图 1-46)
伸出屋面管道	(1)伸出屋面管道(图 1-47)的防水构造应符合下列规定: 1)管道周围的找平层应抹出高度不小于 30 mm 的排水坡; 2)管道泛水处的防水层下应增设附加层,附加层在平面和立面的宽度均不应小于 250 mm; 3)管道泛水处的防水层泛水高度不应小于 250 mm; 4)卷材收头应用金属箍紧固和密封材料封严,涂膜收头应用防水涂料多遍涂刷。 (2)烧结瓦、混凝土瓦屋面烟囱(图 1-48)的防水构造,应符合下列规定: 1)烟囱泛水处的防水层或防水垫层下应增设附加层,附加层在平面和立面的宽度不应小于 200 mm; 2)屋面烟囱泛水应采用聚合物水泥砂浆抹成; 3)烟囱与屋面的交接处,应在迎水面中部抹出分水线,并高出两侧各 30 mm

续上表

项　目	内　容
屋面出入口	（1）屋面垂直出入口泛水处应增设附加层，附加层在平面和立面的宽度均不应小于250 mm；防水层收头应在混凝土压顶圈下（图1-49）。 （2）屋面水平出入口泛水处应增设附加层和护墙，附加层在平面上的宽度不应小于250 mm；防水层收头应压在混凝土踏步下（图1-50）
反梁过水孔	反梁过水孔构造应符合下列规定： （1）应根据排水坡度留设反梁过水孔，图纸应注明孔底标高； （2）反梁过水孔宜采用预埋管道，其管径不得小于75 mm； （3）过水孔可采用防水涂料、密封材料防水。预埋管道两端周围与混凝土接触处应留凹槽，并应用密封材料封严
设施基座	（1）设施基座与结构层相连时，防水层应包裹设施基座的上部，并应在地脚螺栓周围作密封处理。 （2）在防水层上放置设施时，防水层下应增设卷材附加层，必要时应在其上浇筑细石混凝土，其厚度不应小于50 mm
屋脊	（1）烧结瓦、混凝土瓦屋面的屋脊处应增设宽度不小于250 mm的卷材附加层。脊瓦下端距坡面瓦的高度不宜大于80 mm，脊瓦在两坡面瓦上的搭盖宽度，每边不应小于40 mm；脊瓦与坡瓦面之间的缝隙应采用聚合物水泥砂浆填实抹平（图1-51）。 （2）沥青瓦屋面的屋脊处，应增设宽度不小于250 mm的卷材附加层。脊瓦在两坡面瓦上的搭盖宽度，每边不应小于150 mm（图1-52）。 （3）金属板屋面的屋脊盖板在两坡面金属板上的搭盖宽度每边不应小于250 mm，屋面板端头应设置挡水板和堵头板（图1-53）
屋顶窗	（1）烧结瓦、混凝土瓦与屋顶窗交接处，应采用金属排水板、窗框固定铁脚、窗口附加防水卷材、支瓦条等连接（图1-54）。 （2）沥青瓦屋面与屋顶窗交接处应采用金属排水板、窗框固定铁脚、窗口附加防水卷材等与结构层连接（图1-55）

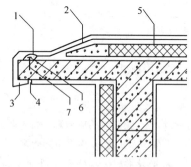

图1-29　卷材防水屋面檐口

1—密封材料；2—卷材防水层；3—鹰嘴；4—滴水槽；
5—保温层；6—金属压条；7—水泥钉

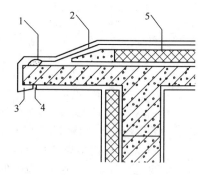

图1-30　涂膜防水屋面檐口

1—涂刷多遍涂料；2—涂膜防水层；3—鹰嘴；
4—滴水槽；5—保温层

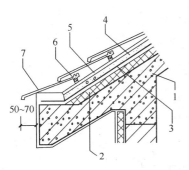

图 1-31 烧结瓦、混凝土瓦屋面檐口(一)
(单位:mm)

1—结构层;2—保温层;3—防水层或防水垫层;4—持钉层;
5—顺水条;6—挂瓦条;7—烧结瓦或混凝土瓦

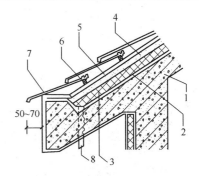

图 1-32 烧结瓦、混凝土瓦屋面檐口(二)
(单位:mm)

1—结构层;2—防水层或防水垫层;3—保温层;
4—持钉层;5—顺水条;6—挂瓦条;
7—烧结瓦或混凝土瓦;8—泄水管

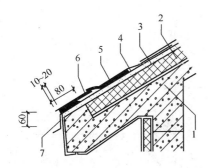

图 1-33 沥青瓦屋面檐口(单位:mm)

1—结构层;2—防水层或防水垫层;3—保温层;
4—持钉层;5—沥青瓦;6—起始层沥青瓦;
7—金属滴水板

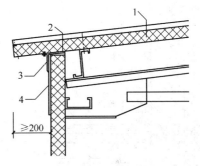

图 1-34 金属板屋面檐口(单位:mm)

1—金属板;2—通长密封条;
3—金属压条;4—金属封檐板

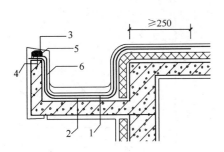

图 1-35 卷材、涂膜防水屋面檐沟(单位:mm)

1—防水层;2—附加层;3—密封材料;
4—水泥钉;5—金属压条;6—保护层

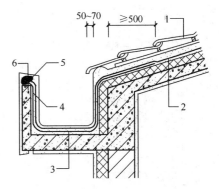

图 1-36 烧结瓦、混凝土瓦屋面檐沟(单位:mm)

1—烧结瓦或混凝土瓦;2—防水层或防水垫层;3—附加层;
4—水泥钉;5—金属压条;6—密封材料

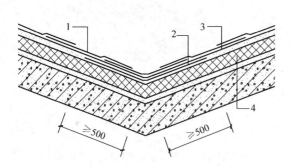

图 1-37　沥青瓦屋面天沟(单位:mm)

1—沥青瓦;2—附加层;

3—防水层或防水垫层;4—保温层

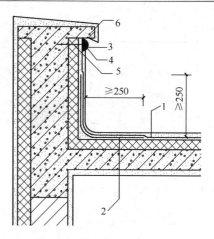

图 1-38　低女儿墙(单位:mm)

1—防水层;2—附加层;3—密封材料;

4—金属压条;5—水泥钉;6—压顶

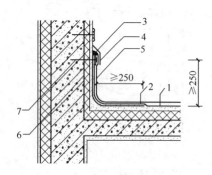

图 1-39　高女儿墙(单位:mm)

1—防水层;2—附加层;3—密封材料;4—金属压条;

5—保护层;6—金属压条;7—水泥钉

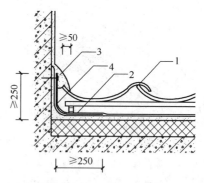

图 1-40　烧结瓦、混凝土瓦屋面山墙(单位:mm)

1—烧结瓦或混凝土瓦;2—防水层或防水垫层;

3—聚合物水泥砂浆;4—附加层

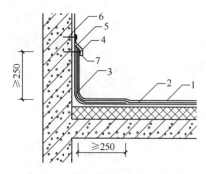

图 1-41　沥青瓦屋面山墙(单位:mm)

1—沥青瓦;2—防水层或防水垫层;3—附加层;

4—金属盖板;5—密封材料;6—水泥钉;7—金属压条

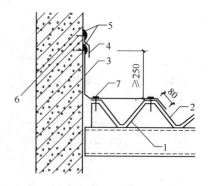

图 1-42　压型金属板屋面山墙(单位:mm)

1—固定支架;2—压型金属板;3—金属泛水板;

4—金属盖板;5—密封材料;6—水泥钉;7—拉铆钉

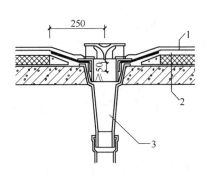

图 1-43　直式水落口（单位：mm）

1—防水层；2—附加层；3—水落斗

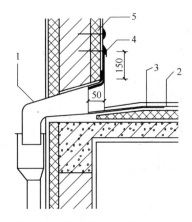

图 1-44　横式水落口（单位：mm）

1—水落斗；2—防水层；3—附加层；

4—密封材料；5—水泥钉

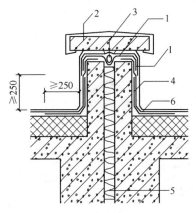

图 1-45　等高变形缝（单位：mm）

1—卷材封盖；2—混凝土盖板；3—衬垫材料；

4—附加层；5—不燃保温材料；6—防水层

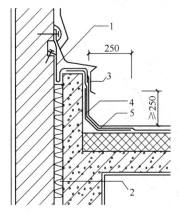

图 1-46　高低跨变形缝（单位：mm）

1—卷材封盖；2—不燃保温材料；3—金属盖板；

4—附加层；5—防水层

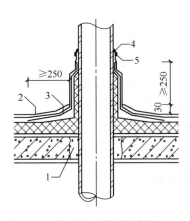

图 1-47　伸出屋面管道（单位：mm）

1—细石混凝土；2—卷材防水层；3—附加层；

4—密封材料；5—金属箍

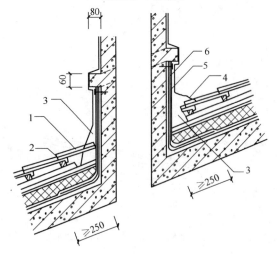

图 1-48　烧结瓦、混凝土瓦屋面烟囱（单位：mm）

1—烧结瓦或混凝土瓦；2—挂瓦条；3—聚合物水泥砂浆；

4—分水线；5—防水层或防水垫层；6—附加层

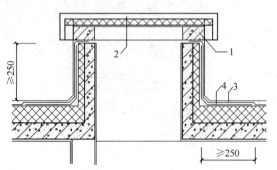

图 1-49 垂直出入口(单位:mm)

1—混凝土压顶圈;2—上人孔盖;

3—防水层;4—附加层

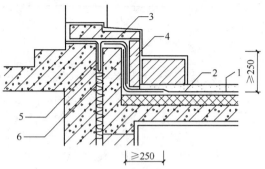

图 1-50 水平出入口(单位:mm)

1—防水层;2—附加层;3—踏步;4—护墙;

5—防水卷材封盖;6—不燃保温材料

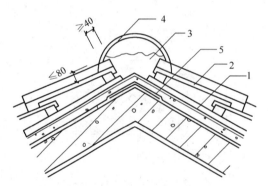

图 1-51 烧结瓦、混凝土瓦屋面屋脊(单位:mm)

1—防水层或防水垫层;2—烧结瓦或混凝土瓦;

3—聚合物水泥砂浆;4—脊瓦;5—附加层

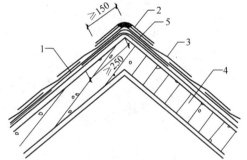

图 1-52 沥青瓦屋面屋脊(单位:mm)

1—防水层或防水垫层;2—脊瓦;3—沥青瓦;

4—结构层;5—附加层

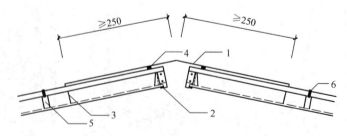

图 1-53 金属板材屋面屋脊(单位:mm)

1—屋脊盖板;2—堵头板;3—挡水板;4—密封材料;5—固定支架;6—固定螺栓

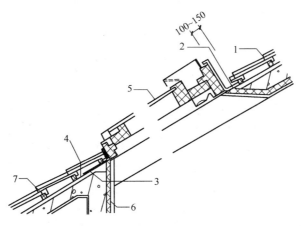

图 1-54 烧结瓦、混凝土瓦屋面屋顶窗（单位：mm）

1—烧结瓦或混凝土瓦；2—金属排水板；3—窗口附加防水卷材；
4—防水层或防水垫层；5—屋顶窗；6—保温层；7—支瓦条

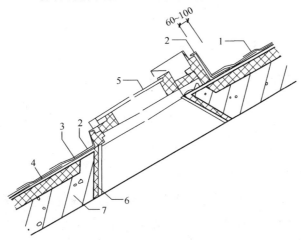

图 1-55 沥青瓦屋面屋顶窗（单位：mm）

1—沥青瓦；2—金属排水板；3—窗口附加防水卷材；
4—防水层或防水垫层；5—屋顶窗；6—保温层；7—结构层

质量问题

天沟、檐沟形成局部积水

质量问题表现

下雨时，天沟、檐沟形成局部积水，加速卷材防水层的霉烂与老化，使用年限大大缩短。

质量问题原因

天沟、檐沟的排水坡度不足，形成倒坡。

质量问题

质量问题预防

檐沟、天沟是有组织排水且雨水集中。由于檐沟、天沟排水坡度较小,因此必须精心施工,檐沟、天沟坡度应用坡度尺检查;为保证沟内无渗漏和积水现象,屋面防水层完成后,应进行雨后观察或淋水、蓄水试验。天沟、檐沟的排水坡度应符合设计要求,其防水构造应符合《屋面工程技术规范》(GB 50345—2012)的规定。

质量问题

泛水节点部位渗漏

质量问题表现

在屋面防水过程中,泛水节点部位发生渗漏。

质量问题原因

泛水节点部位未做防水附加层。

质量问题预防

在铺贴卷材防水层的过程中,必须采用防水涂料,密封材料或防水卷材等对屋面防水层的卷材收头、变形缝、分格缝、水落口、出入口、檐口和女儿墙根、设备根、管道根、烟囱根等泛水节点,重点做好防水附加层处理。并要求做到黏结牢固、封闭严密、并与大面的卷材防水层相连接,形成一个整体全封闭的防水系统。

泛水部位容易产生应力集中导致开裂,因此该部位防水层的泛水高度和附加层铺设应符合设计要求,防止雨水从防水收头处流入室内。附加层在防水层施工前应进行验收,并填写隐蔽工程验收记录。

质量问题

变形缝、水落口部位发生渗漏

质量问题表现

变形缝、水落口部位发生渗漏现象。

质量问题

质量问题原因

变形缝、水落口构造处理不当。

质量问题预防

(1)水落口一般采用塑料制品,也有采用金属制品,由于水落口杯与檐沟、天沟的混凝土材料的线膨胀系数不同,环境温度变化的热胀冷缩会使水落口杯与基层交接处产生裂缝。同时,水落口是雨水集中部位,要求能迅速排水,并在雨水的长期冲刷下防水层应具有足够的耐久能力。验收时对每个水落口均应进行严格的检查。由于防水附加增强处理在防水层施工前完成,并被防水层覆盖,验收时应按每道工序进行质量检查,并做好隐蔽工程验收记录。

(2)水落口杯的安设高度应充分考虑水落口部位增加的附加层和排水坡度加大的尺寸,屋面上每个水落口应单独计算出标高后进行埋设,保证水落口杯上口设置在屋面排水沟的最低处,避免水落口周围积水。为保证水落口处无渗漏和积水现象,屋面防水层施工完成后,应进行雨后观察或淋水、蓄水试验。

(3)水落口的数量和位置是根据当地最大降雨量和汇水面积确定的,施工时应符合设计要求,不得随意增减。水落口杯应用细石混凝土与基层固定牢固。

(4)水落口是排水最集中的部位,由于水落口周围坡度过小,施工困难且不易找准,影响水落口的排水能力。同时,水落口周围的防水层受雨水冲刷是屋面中最严重的,因此水落口周围直径 500 mm 范围内增大坡度为不小于 5%,并按设计要求作附加增强处理。

(5)由于材质的不同,水落口杯与基层的交接处容易产生裂缝,故檐沟、天沟的防水层和附加层伸入水落口内不应小于 50 mm,并黏结牢固,避免水落口处发生渗漏。

第二章 地下防水工程

第一节 防水混凝土施工

一、施工质量验收标准

防水混凝土施工质量验收标准见表 2-1。

表 2-1 防水混凝土施工质量验收标准

项　目	内　容
一般规定	（1）防水混凝土适用于抗渗等级不小于 P6 的地下混凝土结构。不适用于环境温度高于 80℃的地下工程。处于侵蚀性介质中，防水混凝土的耐侵蚀性要求应符合现行国家标准《工业建筑防腐蚀设计规范》（GB 50046—2008）和《混凝土结构耐久性设计规范》（GB/T 50476—2008）的有关规定。 （2）水泥的选择应符合下列规定： 1）宜采用普通硅酸盐水泥或硅酸盐水泥，采用其他品种水泥时应经试验确定； 2）在受侵蚀性介质作用时，应按介质的性质选用相应的水泥品种； 3）不得使用过期或受潮结块的水泥，并不得将不同品种或强度等级的水泥混合使用。 （3）砂、石的选择应符合下列规定： 1）砂宜选用中、粗砂，含泥量不应大于 3.0%，泥块含量不宜大于 1.0%； 2）不宜使用海砂；在没有使用河砂的条件时，应对海砂进行处理后才能使用，且控制氯离子含量不得大于 0.06%； 3）碎石或卵石的粒径宜为 5～40 mm，含泥量不应大于 1.0%，泥块含量不应大于 0.5%； 4）对长期处于潮湿环境的重要结构混凝土用砂、石，应进行碱活性检验。 （4）矿物掺和料的选择应符合下列规定： 1）粉煤灰的级别不应低于 Ⅱ 级，烧失量不应大于 5%； 2）硅粉的比表面积不应小于 15 000 m²/kg，SiO_2 含量不应小于 85%； 3）粒化高炉矿渣粉的品质要求应符合现行国家标准《用于水泥和混凝土中的粒化高炉矿渣粉》（GB/T 18046—2008）的有关规定。 （5）混凝土拌和用水，应符合现行行业标准《混凝土用水标准》（JGJ 63—2006）的有关规定。 （6）外加剂的选择应符合下列规定： 1）外加剂的品种和用量应经试验确定，所有外加剂应符合现行国家标准《混凝土外加剂应用技术规范》（GB 50119—2003）的质量规定； 2）掺加引气剂或引气型减水剂的混凝土，其含气量宜控制在 3%～5%； 3）考虑外加剂对硬化混凝土收缩性能的影响；

项　　目	内　　容
一般规定	4)严禁使用对人体产生危害、对环境产生污染的外加剂。 (7)防水混凝土的配合比应经试验确定,并应符合下列规定: 1)试配要求的抗渗水压值应比设计值提高 0.2 MPa; 2)混凝土胶凝材料总量不宜小于 320 kg/m³,其中水泥用量不宜小于260 kg/m³,粉煤灰掺量宜为胶凝材料总量的 20%～30%,硅粉的掺量宜为胶凝材料总量的 2%～5%; 3)水胶比不得大于 0.50,有侵蚀性介质时水胶比不宜大于 0.45; 4)砂率宜为 35%～40%,泵送时可增至 45%; 5)灰砂比宜为 1∶1.5～1∶2.5; 6)混凝土拌和物的氯离子含量不应超过胶凝材料总量的 0.1%,混凝土中各类材料的总碱量即 Na₂O 当量不得大于 3 kg/m³。 (8)防水混凝土采用预拌混凝土时,入泵坍落度宜控制在 120～160 mm,坍落度每小时损失不应大于 20 mm,坍落度总损失值不应大于 40 mm。 (9)混凝土拌制和浇筑过程控制应符合下列规定: 1)拌制混凝土所用材料的品种、规格和用量,每工作班检查不应少于两次。每盘混凝土组成材料计量结果的允许偏差应符合表 2-2 的规定。 2)混凝土在浇筑地点的坍落度,每工作班至少检查两次,坍落度试验应符合现行国家标准《普通混凝土拌和物性能试验方法标准》(GB/T 50080—2002)的有关规定。混凝土坍落度允许偏差应符合表 2-3 的规定。 3)泵送混凝土在交货地点的入泵坍落度,每工作班至少检查两次。混凝土入泵时的坍落度允许偏差应符合表 2-4 的规定。 4)当防水混凝土拌和物在运输后出现离析,必须进行二次搅拌。当坍落度损失后不能满足施工要求时,应加入原水胶比的水泥浆或掺加同品种的减水剂进行搅拌,严禁直接加水。 (10)防水混凝土抗压强度试件,应在混凝土浇筑地点随机取样后制作,并应符合下列规定: 1)同一工程、同一配合比的混凝土,取样频率与试件留置组数应符合现行国家标准《混凝土结构工程施工质量验收规范》(GB 50204—2002)的有关规定; 2)抗压强度试验应符合现行国家标准《普通混凝土力学性能试验方法标准》(GB/T 50081—2002)的有关规定; 3)结构构件的混凝土强度评定应符合现行国家标准《混凝土强度检验评定标准》(GB/T 50107—2010)的有关规定。 (11)防水混凝土抗渗性能应采用标准条件下养护混凝土抗渗试件的试验结果评定,试件应在混凝土浇筑地点随机取样后制作,并应符合下列规定: 1)连续浇筑混凝土每 500 m³ 应留置一组 6 个抗渗试件,且每项工程不得少于两组;采用预拌混凝土的抗渗试件,留置组数应视结构的规模和要求而定。 2)抗渗性能试验应符合现行国家标准《普通混凝土长期性能和耐久性能试验方法标准》(GB/T 50082—2009)的有关规定。 (12)大体积防水混凝土的施工应采取材料选择、温度控制、保温保湿等技术措施。在设计许可的情况下,掺粉煤灰混凝土设计强度等级的龄期宜为 60 d 或 90 d。

项　目	内　容
一般规定	(13)防水混凝土分项工程检验批的抽样检验数量,应按混凝土外露面积每100 m² 抽查 1 处,每处 10 m²,且不得少于 3 处
主控项目	(1)防水混凝土的原材料、配合比及坍落度必须符合设计要求。 检验方法:检查产品合格证、产品性能检测报告、计量措施和材料进场检验报告。 (2)防水混凝土的抗压强度和抗渗性能必须符合设计要求。 检验方法:检查混凝土抗压强度、抗渗性能检验报告。 (3)防水混凝土结构的施工缝、变形缝、后浇带、穿墙管、埋设件等设置和构造必须符合设计要求。 检验方法:观察检查和检查隐蔽工程验收记录
一般项目	(1)防水混凝土结构表面应坚实、平整,不得有露筋、蜂窝等缺陷;埋设件位置应准确。 检验方法:观察检查。 (2)防水混凝土结构表面的裂缝宽度不应大于 0.2 mm,且不得贯通。 检验方法:用刻度放大镜检查。 (3)防水混凝土结构厚度不应小于 250 mm,其允许偏差应为 $+8$ mm、-5 mm;主体结构迎水面钢筋保护层厚度不应小于 50 mm,其允许偏差应为 ± 5 mm。 检验方法:尺量检查和检查隐蔽工程验收记录

表 2-2　混凝土组成材料计量结果的允许偏差　　　　　　(％)

混凝土组成材料	每盘计量	累计计量
水泥、掺和料	± 2	± 1
粗、细骨料	± 3	± 2
水、外加剂	± 2	± 1

注:累计计量仅适用于微机控制计量的搅拌站。

表 2-3　混凝土坍落度允许偏差　　　(单位:mm)

规定坍落度	允许偏差
≤40	± 10
50~90	± 15
>90	± 20

表 2-4　混凝土入泵时的坍落度允许偏差　　　(单位:mm)

所需坍落度	允许偏差
≤100	± 20
>100	± 30

二、标准的施工方法

（1）防水混凝土施工设计的一般要求见表 2-5。

表 2-5 防水混凝土施工设计的一般要求

项 目	内 容
防水混凝土配合比	防水混凝土可通过调整配合比，或掺加外加剂、掺和料等措施配制而成，防水混凝土配料应按配合比准确称量，其计量允许偏差应符合表 2-2 的规定。其抗渗等级不得小于 P6。 　　防水混凝土的施工配合比应通过试验确定，试配混凝土的抗渗等级应比设计要求提高 0.2 MPa
抗渗等级	防水混凝土应满足抗渗等级要求（表 2-6），并应根据地下工程所处的环境和工作条件，满足抗压、抗冻和抗侵蚀性等耐久性要求
混凝土垫层强度	防水混凝土结构底板的混凝土垫层，强度等级不应小于 C15，厚度不应小于 100 mm，在软弱土层中不应小于 150 mm
防水混凝土结构	防水混凝土的环境温度不得高于 80℃；处于侵蚀性介质中防水混凝土的耐侵蚀要求应根据介质的性质按有关标准执行防水混凝土结构，应符合下列规定： 　　（1）结构厚度不应小于 250 mm； 　　（2）裂缝宽度不得大于 0.2 mm，并不得贯通； 　　（3）钢筋保护层厚度应根据结构的耐久性和工程环境选用，迎水面钢筋保护层厚度不应小于 50 mm

表 2-6 防水混凝土设计抗渗等级

工程埋置深度 H（m）	设计抗渗等级
$H<10$	P6
$10 \leqslant H<20$	P8
$20 \leqslant H<30$	P10
$H \geqslant 30$	P12

注：1. 本表适用于Ⅰ、Ⅱ、Ⅲ类围岩（土层及软弱围岩）。

　　2. 山岭隧道防水混凝土的抗渗等级可按国家现行有关标准执行。

地下防水混凝土渗水

质量问题表现

地下防水混凝土产生裂缝造成渗漏，增加了工程造价。

质量问题原因

混凝土之所以渗水,是由于防水混凝土抗渗等级选择不当,造成下述现象造成的原因是:

(1)混凝土中游离水蒸发后,在水泥石本身和水泥石与砂、石界面处,形成各种形状的缝隙和毛细管;

(2)施工质量不好,形成缝隙、孔洞、蜂窝等;

(3)混凝土拌和物的保水性能不良,浇筑后产生集料下沉、水泥浆上浮,形成泌水,蒸发后,形成连通孔隙;

(4)由于温度、地基下沉或荷载作用,形成裂缝;

(5)混凝土由于受到侵蚀,产生孔洞等。

质量问题预防

防水混凝土的抗渗等级等于或大于P6时,混凝土拌和物中提高了水泥用量,混凝土的和易性、密实性、施工性及其他性能均得到了改善,保证了防水混凝土的质量。同时,由于防水混凝土的抗渗等级是根据素混凝土试件在试验室内测得的,而地下防水工程结构主体为钢筋混凝土,考虑混凝土中钢筋的引水作用及试验室条件与施工现场条件的差别,为确保防水混凝土的防水功能,在进行防水混凝土配合比设计时,其抗渗等级应比设计要求提高 0.2 MPa,具体抗渗等级选择可根据工程埋置深度按表2-6 的要求确定。

(2)防水混凝土标准的施工方法见表2-7。

表 2-7 防水混凝土标准的施工方法

项　　　目	内　　　容
基坑排水和垫层施工	防水混凝土在终凝前严禁被水浸泡,否则会影响正常硬化,降低强度和抗渗性。为此,作业前,需要做好基坑的排水工作。混凝土主体结构施工前,必须做好基础垫层混凝土,使之起到防水辅助防线的作用,同时保证主体结构施工的正常进行。一般做法是,在基坑开挖后,铺设 300～400 mm毛石作垫层,上铺粒径 25～40 mm 的石子,厚约 50 mm,经夯实或碾压,然后浇灌厚100 mm的C15混凝土作找平层
模板支设	(1)模板应平整,拼缝严密,并应有足够的刚度、强度,吸水性要小,支撑牢固,装拆方便,以钢模、木模为宜。 (2)一般不宜用螺栓或铁丝贯穿混凝土墙固定模板,以避免水沿缝隙渗入,在条件适宜的情况下,可采用滑模施工。 (3)固定模板时,严禁用铁丝穿过防水混凝土结构,以防在混凝土内部形成渗水通道。如必须用对拉螺栓来固定模板,则应在预埋套管或螺栓上至少加焊(必须满焊)一个直径为 80～100 mm 的止水环。若止水环是满焊在预埋套管上的,则拆模后,拔出螺栓,用膨胀水泥砂浆封堵套管;若止水环是满焊在螺栓上的,则拆模后,将露出的防水混凝土的螺栓两端多余部分割去,如图 2-1 所示

续上表

项　　　目	内　　　容
钢筋施工	(1)防水混凝土结构内部设置的各种钢筋或绑扎铁丝,不得接触模板。用于固定模板的螺栓必须穿过混凝土结构时,可采用工具式螺栓或螺栓加堵头,螺栓上应加焊方形止水环。拆模后应将留下的凹槽用密封材料封堵密实,并应用聚合物水泥砂浆抹平(图2-2)。 　　(2)摆放垫块,留设钢筋保护层。钢筋保护层厚度,应符合设计要求,不得有负误差。一般为迎水面防水混凝土的钢筋保护层厚度,不得小于35 mm,当直接处于侵蚀性介质中时,不应小于50 mm。 　　留设保护层,应以相同配合比的细石混凝土或水泥砂浆制成垫块,将钢筋垫起,严禁以钢筋垫钢筋,或将钢筋用铁钉、铅丝直接固定在模板上。 　　(3)架设铁马凳,钢筋及绑扎铁丝均不得接触模板,若采用铁马凳架设钢筋时,在不能取掉的情况下,应在铁马凳上加焊止水环
混凝土拌制与运输	混凝土拌和物应采用机械搅拌,搅拌时间不宜小于2 min。掺外加剂时,搅拌时间应根据外加剂的技术要求确定但混凝土搅拌的最短时间,应符合表2-8的规定。 　　混凝土在运输过程中,应防止产生离析及坍落度和含气量的损失。同时要防止漏浆。拌好的混凝土要及时浇筑,常温下应在0.5 h内运至现场,于初凝前浇筑完毕。运送距离远或气温较高时,可掺入缓凝型减水剂。浇筑前发生显著泌水离析现象时,应加入适量的原水灰比的水泥复拌均匀,方可浇筑
混凝土浇筑	浇筑前,应将模板内部清理干净,木模用水湿润模板。浇筑时,若入模自由高度超过1.5 m,则必须用串筒、溜槽或溜管等辅助工具将混凝土送入,以防离析和造成石子滚落堆积,影响质量。 　　在防水混凝土结构中有密集管群穿过处、预埋件或钢筋稠密处、浇筑混凝土有困难时,应采用相同抗渗等级的细石混凝土浇筑;预埋大管径的套管或面积较大的金属板时,应在其底部开设浇筑振捣孔,以利排汽、浇筑和振捣,如图2-3所示。 　　混凝土运输、浇筑及间歇的全部时间不得超过表2-9的规定。当超过时应留置施工缝。 　　防水混凝土应连续浇筑,宜少留施工缝。当留设施工缝时,墙体水平施工缝不应留在剪力最大处或底板与侧墙的交接处,应留在高出底板表面不小于300 mm的墙体上。拱(板)墙结合的水平施工缝,宜留在拱(板)墙接缝线以下150~300 mm处。墙体有预留孔洞时,施工缝距孔洞边缘不应小于300 mm。垂直施工缝应避开地下水和裂隙水较多的地段,并宜与变形缝相结合
混凝土振捣	防水混凝土应采用混凝土振动器进行振捣。当用插入式混凝土振动器时,插点间距不宜大于振动棒作用半径的1.5倍,振动棒与模板的距离,不应大于其作用半径的0.5倍。振动棒插入下层混凝土内的深度应不小于50 mm,每一振点应快插慢拔,使振动棒拔出后,混凝土自然地填满插孔。当采用表面式混凝土振动器时,其移动间距应保证振动器的平板能覆盖已振实部分的边缘。混凝土必须振捣密实,每一振点的振捣延续时间,应使混凝土表面呈现浮浆和不再沉落。 　　施工时的振捣是保证混凝土密实性的关键,浇灌时,必须分层进行,按顺序振捣。采用插入式振捣器时,分层厚度不宜超过30 cm;用平板振捣器时,分层厚度不宜超过20 cm。一般应在下层混凝土初凝前接着浇灌上一层混凝土。通常分层浇灌的时间间隔不超过2 h;气温在30℃以上时,不超过1 h。防水混凝土浇灌高度一般不

续上表

项 目	内 容
混凝土振捣	超过 1.5 m,否则应用串筒和溜槽,或侧壁开孔的办法浇捣。振捣时,不允许用人工振捣,必须采用机械振捣,做到不漏振、欠振,又不重振、多振。防水混凝土密实度要求较高,振捣时间宜为 10～30 s,以混凝土开始泛浆和不冒气泡为止。掺引气型减水剂时应采用高频插入式振捣器振捣。振捣器的插入间距不得大于 500 mm,并贯入下层不小于 50 mm。这对保证防水混凝土的抗渗性和抗冻性更有利
施工缝施工	(1)施工缝防水构造形式宜按图 2-4 至图 2-7 选用,当采用两种以上构造措施时可进行有效组合。 (2)水平施工缝浇筑混凝土前,应将其表面浮浆和杂物清除,然后铺设净浆或涂刷混凝土界面处理剂、水泥基渗透结晶型防水涂料等材料,再铺 30～50 mm 厚的1:1水泥砂浆,并应及时浇筑混凝土。 (3)垂直施工缝浇筑混凝土前,应将其表面清理干净,再涂刷混凝土界面处理剂或水泥基渗透结晶型防水涂料,并应及时浇筑混凝土。 (4)遇水膨胀止水条(胶)应与接缝表面密贴。 (5)选用的遇水膨胀止水条(胶)应具有缓胀性能,7 d 的净膨胀率不宜大于最终膨胀率的 60%,最终膨胀率宜大于 220%。 (6)采用中埋式止水带或预埋式注浆管时,应定位准确、固定牢靠
养护	防水混凝土终凝后应立即进行养护,养护时间必须达到 14 d

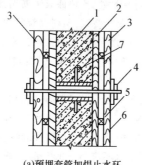
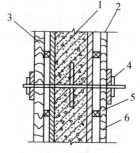

(a)预埋套管加焊止水环　　　　(b)螺栓加焊止水环

图 2-1　对拉螺栓防水处理

1—防水混凝土;2—模板;3—止水环;4—螺栓;

5—大龙骨;6—小龙骨;7—预埋套管

表 2-8　混凝土搅拌的最短时间　　　　　　　　　　　(单位:s)

混凝土坍落度(mm)	搅拌机机型	搅拌机出料量(L)		
		<250	250～500	>500
≤40	强制式	60	90	120
>40 且<100	强制式	60	60	90

续上表

混凝土坍落度 (mm)	搅拌机机型	搅拌机出料量(L)		
		<250	250~500	>500
≥100	强制式	60		

注:1.混凝土搅拌的最短时间系指全部材料装入搅拌头中起,到开始卸料止的时间。

　　2.当搅拌高强混凝土时,搅拌时间应适当延长;采用自落式搅拌机时,搅拌时间宜延长30 s。

　　3.对于双卧轴强制式搅拌机,可在保证搅拌均匀的情况下适当缩短搅拌时间。

　　4.混凝土搅拌时间应每班检查2次。

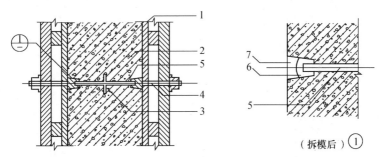

图 2-2　固定模板用螺栓的防水构造

1—模板;2—结构混凝土;3—止水环;4—工具式螺栓;

5—固定模板用螺栓;6—密封材料;7—聚合物水泥砂浆

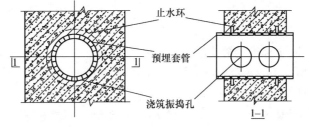

图 2-3　浇筑振捣孔示意图

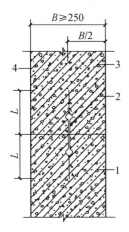

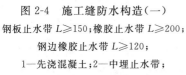

图 2-4　施工缝防水构造(一)

钢板止水带 L≥150;橡胶止水带 L≥200;

钢边橡胶止水带 L≥120;

1—先浇混凝土;2—中埋止水带;

3—后浇混凝土;4—结构迎水面

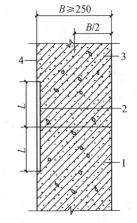

图 2-5　施工缝防水构造(二)

外贴止水带 L≥150;外涂防水涂料 L=200;

外抹防水砂浆 L=200;

1—先浇混凝土;2—外贴止水带;

3—后浇混凝土;4—结构迎水面

表 2-9　混凝土运输、浇筑及间歇的允许时间　　　　　（单位：min）

混凝土强度等级	气　　温	
	不高于 25℃	高于 25℃
不高于 C30	210	180
高于 C30	180	150

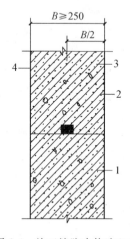

图 2-6　施工缝防水构造（三）
1—先浇混凝土；2—遇水膨胀止水条（胶）；
3—后浇混凝土；4—结构迎水面

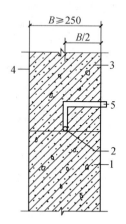

图 2-7　施工缝防水构造（四）
1—先浇混凝土；2—预埋注浆管；3—后浇混凝土；
4—结构迎水面；5—注浆导管

（3）大体积防水混凝土标准的施工方法。

1）在设计许可的情况下，掺粉煤灰混凝土设计强度等级的龄期宜为 60 d 或 90 d。

2）宜选用水化热低和凝结时间长的水泥。

3）宜掺入减水剂、缓凝剂等外加剂和粉煤灰、磨细矿渣粉等掺和料。

4）炎热季节施工时，应采取降低原材料温度、减少混凝土运输时吸收外界热量等降温措施，入模温度不应大于 30℃。

5）混凝土内部预埋管道，宜进行水冷散热。

6）应采取保温保湿养护。混凝土中心温度与表面温度的差值不应大于 25℃，表面温度与大气温度的差值不应大于 20℃，温降梯度不得大于 3℃/d，养护时间不应少于 14 d。

（4）防水混凝土的冬期施工的标准方法见表 2-10。

表 2-10　防水混凝土冬期施工的标准方法

项　　目	内　　容
施工要求	防水混凝土的冬期施工，应符合下列规定： （1）混凝土入模温度不应低于 5℃； （2）混凝土养护应采用综合蓄热法、蓄热法、暖棚法、掺化学外加剂等方法，不得采用电热法或蒸气直接加热法； （3）应采取保湿保温措施
综合蓄热法、蓄热法施工	（1）当室外最低温度不低于 −15℃时，地面的工程或表面系数小于或等于 5 m^{-1} 的结构，宜采用蓄热法养护。对结构易受冻的部位，应加强保温措施。

续上表

项　目	内　容
综合蓄热法、蓄热法施工	(2)当室外最低温度不低于−15℃时,对于表面系数为5~15 m⁻¹的结构,宜采用综合蓄热法养护,围护层散热系数宜控制在50~200 kJ/(m³·h·K)之间。 (3)综合蓄热法施工的混凝土中应掺入早强剂或早强型复合外加剂,并具有减水、引气作用。 (4)混凝土浇筑后应采用塑料布等防水材料对裸露表面覆盖并保温。对边、棱角部位的保温层厚度应增大到面部位的2~3倍。混凝土在养护期间应防风、防失水
暖棚法施工	(1)应设专人监测混凝土及暖棚内温度,暖棚内各测点温度不得低于5℃。测温点应选择具有代表性位置进行布置,在离地面500 mm高度处设点,每昼夜测温不应少于4次。 (2)养护期间应监测暖棚内的相对温度,混凝土不得有失水现象,否则应及时采取增湿措施或在混凝土表面洒水养护。 (3)暖棚的出入口应设专人管理,并采取防止棚内温度下降或引起风口处混凝土受冻的措施。 (4)在混凝土养护期间应将烟火燃烧气体排至棚外,并采取防止烟气中毒和防火的措施
负温养护法施工	(1)负温养护法施工的混凝土应以浇筑后5 d内的预计日最低气温来防冻剂,起始养护温度不应低于5℃。 (2)混凝土浇筑后,裸露表面应采取保湿措施;同时应根据需要采取必要的保温覆盖措施。 (3)负温养护法施工应按《建筑工程冬期施工规程》(JGJ/T 104—2011)的规定加强测温;混凝土内部温度降到防冻剂规定温度之前,混凝土的抗压强度应符合《建筑工程冬期施工规程》(JGJ/T 104—2011)的相关规定

防水混凝土配合比设计不合理

质量问题表现

防水混凝土配合比设计不合理,原材料计量不准确,影响混凝土的匀质性、抗渗性和度等技术性能。

质量问题原因

(1)进行混凝土配合比设计时未按原则进行。
(2)原材料计量不准确或存在偏差超过允许范围。

质量问题预防

(1)普通防水混凝土配合比在设计时,应考虑以下原则。

1)首先应满足抗渗性要求。根据工程要求,如混凝土的抗渗性、耐久性、使用条件及材料情况确定水泥品种;由混凝土强度确定水泥的强度等级,并根据施工性能,适当提高水泥用量。

2)砂、石材料应合理选用,一般应优先选用当地的材料,适当提高砂率及灰砂比。

3)水胶比应根据工程设计要求的抗渗性和施工最佳和易性确定。施工和易性要由结构条件和施工方法综合考虑决定。

(2)拌制混凝土所用材料的品种、规格和用量,每工作班检查不应少于2次。每盘混凝土各组成材料计量结果的允许偏差应符合表2-2的规定。

防水混凝土浇筑后,表面未做相应的养护措施

质量问题表现

防水混凝土浇筑后养护不及时或拆模后直接暴露于大气中,容易造成早期脱水,以致形成表面收缩裂缝。

质量问题原因

(1)养护时间或采用的养护方法不当。
(2)养护环境湿度、温度等不符合要求。
(3)防水混凝土拆模过早。

质量问题预防

防水混凝土的养护比普通混凝土更为严格,必须充分重视,因为混凝土早期脱水或养护过程缺水,抗渗性将大幅度降低。特别是7 d前的养护更为重要,养护期不少于14 d,对火山灰质硅酸盐水泥养护期不少于21 d。浇水养护次数应能保持混凝土充分湿润,每天浇水3~4次或更多次数,并用湿草袋或薄膜覆盖混凝土的表面,应避免暴晒。冬期施工应有保暖、保温措施。因为防水混凝土的水泥用量较大,相应混凝土的收缩性也大,养护不好,极易开裂,降低抗渗能力。因此,当混凝土进入终凝(浇灌后4~6 h)即应覆盖并浇水养护。防水混凝土不宜采用电热法养护。

浇灌成型的混凝土表面覆盖养护不及时,尤其在北方地区夏季炎热干燥情况下,内部水分将迅速蒸发,使水化不能充分进行。而水分蒸发造成毛细管网相互连通,形成渗

水通道;同时混凝土收缩量加大,出现龟裂使抗渗性能下降,丧失抗渗透能力。养护及时使混凝土在潮湿环境中水化,能使内部游离水分蒸发缓慢,水泥水化充分,堵塞毛细孔隙,形成互不连通的细孔,大大提高防水抗渗性。

当环境温度达10℃时可少浇水,因在此温度下养护抗渗性能最差。当养护温度从10℃提高到25℃时,混凝土抗渗压力从0.1 MPa提高到1.5 MPa以上。但养护温度过高也会使抗渗性能降低。当冬期采用蒸汽养护时最高温度不超过50℃,养护时间必须达到14 d。

采用蒸汽养护时,不宜直接向混凝土喷射蒸汽,但应保持混凝土结构有一定的湿度,防止混凝土早期脱水,并应采取措施排除冷凝水和防止结冰。蒸汽养护应按下列规定控制升温与降温速度。

(1)升温速度:对表面系数[指结构的冷却表面积(m²)与结构全部体积(m³)的比值]小于6的结构,不宜超过6℃/h;对表面系数为6和大于6的结构,不宜超过8℃/h;恒温温度不得高于50℃;

(2)降温速度:不宜超过5℃/h 防水混凝土不宜过早拆模。拆模过早,等于养护不良,也会导致开裂,降低防渗能力。拆模时防水混凝土的强度必须超过设计强度的70%,防水混凝土表面温度与周围气温之差不得超过15℃,以防混凝土表面出现裂缝。拆模后应及时回填。回填土应分层夯实,并严格按照施工规范的要求操作。

防水混凝土结构出现宽度大于 0.2 mm 的贯穿裂缝

质量问题表现

防水混凝土结构出现宽度大于0.2 mm的贯穿裂缝,对钢筋锈蚀,对混凝土抗碳化、抗冻融、抗疲劳和抗渗漏等方面有影响。

质量问题原因

(1)防水混凝土配制未按原则进行。
(2)未及时进行混凝土养护与保温。

质量问题预防

工程渗漏的轻重程度主要由裂缝宽度和水头压力决定,当裂缝宽度在0.1～0.2 mm左右,水头压力小于150～200 kPa时,一般混凝土裂缝可以自愈。

当裂缝宽度大于0.2 mm时,不能自愈,因此地下工程防水混凝土结构裂缝宽度不得大于0.2 mm,并不得贯通。

（1）防水混凝土配制应严格按照防水混凝土配制原则进行。在混凝土中掺加适量粉煤灰或减水剂，以降低水泥用量，减少水化热量；选用良好级配集料，并严格控制砂、石含泥量，降低水灰比。

（2）根据工程抗裂性需要，为防止或减少混凝土产生裂缝，配制防水混凝土时可适量加入膨胀剂、钢纤维或合成纤维，以有效地提高防水混凝土的抗裂性能。

（3）防水混凝土施工应严格按规范进行，分层浇筑振捣密实，以提高混凝土的密实性和抗拉强度。

（4）加强混凝土的养护和保温，控制结构与外界温度梯度在 25℃ 范围内，以免温差过大引起裂缝。

（5）对于出现的表面或浅层裂缝，可以涂刷两遍环氧胶泥或贴环氧玻璃布以及抹、喷水泥砂浆等方法进行表面封闭处理；对于深入成贯穿性裂缝，应根据裂缝可灌程度，采用灌水泥浆或化学浆液方法进行裂缝修补，或者灌浆与表面封闭同时采用。

第二节　水泥砂浆防水层施工

一、施工质量验收标准

水泥砂浆防水层施工质量验收标准见表 2-11。

表 2-11　水泥砂浆防水层施工质量验收标准

项　　目	内　　容
一般规定	（1）水泥砂浆防水层适用于地下工程主体结构的迎水面或背水面。不适用于受持续振动或环境温度高于 80℃ 的地下工程。 （2）水泥砂浆防水层应采用聚合物水泥防水砂浆、掺外加剂或掺和料的防水砂浆。 （3）水泥砂浆防水层所用的材料应符合下列规定： 1）水泥应使用普通硅酸盐水泥、硅酸盐水泥或特种水泥，不得使用过期或受潮结块的水泥； 2）砂宜采用中砂，含泥量不应大于 1.0%，硫化物及硫酸盐含量不应大于 1.0%； 3）用于拌制水泥砂浆的水，应采用不含有害物质的洁净水； 4）聚合物乳液的外观为均匀液体，无杂质、无沉淀、不分层； 5）外加剂的技术性能应符合现行国家或行业有关标准的质量要求。 （4）水泥砂浆防水层的基层质量应符合下列规定： 1）基层表面应平整、坚实、清洁，并应充分湿润、无明水； 2）基层表面的孔洞、缝隙，应采用与防水层相同的水泥砂浆堵塞并抹平； 3）施工前应将埋设件、穿墙管预留凹槽内嵌填密封材料后，再进行水泥砂浆防水层施工。 （5）水泥砂浆防水层施工应符合下列规定： 1）水泥砂浆的配制，应按所掺材料的技术要求准确计量；

续上表

项 目	内 容
一般规定	2)分层铺抹或喷涂,铺抹时应压实、抹平,最后一层表面应提浆压光; 3)防水层各层应紧密黏合,每层宜连续施工;必须留设施工缝时,应采用阶梯坡形槎,但与阴阳角处的距离不得小于 200 mm; 4)水泥砂浆终凝后应及时进行养护,养护温度不宜低于 5℃,并应保持砂浆表面湿润,养护时间不得少于 14 d;聚合物水泥防水砂浆未达到硬化状态时,不得浇水养护或直接受雨水冲刷,硬化后应采用于湿交替的养护方法。潮湿环境中,可在自然条件下养护。 (6)水泥砂浆防水层分项工程检验批的抽样检验数量,应按施工面积每 100 mm² 抽查 1 处,每处 10 m²,且不得少于 3 处
主控项目	(1)防水砂浆的原材料及配合比必须符合设计规定。 检验方法:检查产品合格证、产品性能检测报告、计量措施和材料进场检验报告。 (2)防水砂浆的黏结强度和抗渗性能必须符合设计规定。 检验方法:检查砂浆黏结强度、抗渗性能检验报告。 (3)水泥砂浆防水层与基层之间应结合牢固,无空鼓现象。 检验方法:观察和用小锤轻击检查
一般项目	(1)水泥砂浆防水层表面应密实、平整,不得有裂纹、起砂、麻面等缺陷。 检验方法:观察检查。 (2)水泥砂浆防水层施工缝留槎位置应正确,接槎应按层次顺序操作,层层搭接紧密。 检验方法:观察检查和检查隐蔽工程验收记录。 (3)水泥砂浆防水层的平均厚度应符合设计要求,最小厚度不得小于设计厚度的 80%。 检验方法:用针测法检查。 (4)水泥砂浆防水层表面平整度的允许偏差应为 5 mm。 检验方法:用 2 m 靠尺和楔形塞尺检查

二、标准的施工方法

水泥砂浆防水层标准的施工方法见表 2-12。

表 2-12 水泥砂浆防水层标准的施工方法

项 目	内 容
一般要求	(1)防水砂浆应包括聚合物水泥防水砂浆、掺外加剂或掺和料的防水砂浆,宜采用多层抹压法施工。 (2)水泥砂浆的品种和配合比设计应根据防水工程要求确定。 (3)水泥砂浆防水层可用于地下工程主体结构的迎水面或背水面,不应用于受持续振动或温度高于 80℃的地下工程防水。 (4)聚合物水泥防水砂浆厚度单层施工宜为 6～8 mm,双层施工宜为 10～12 mm;掺外加剂或掺和料的水泥防水砂浆厚度宜为 18～20 mm。

项　目	内　　容
一般要求	（5）水泥砂浆防水层应在基础垫层、初期支护、围护结构及内衬结构验收合格后施工。 （6）水泥砂浆防水层的基层混凝土强度或砌体用的砂浆强度均不应低于设计值的 80%
材料要求	（1）用于水泥砂浆防水层的材料，应符合下列规定： 1）应使用硅酸盐水泥、普通硅酸盐水泥或特殊水泥，不得使用过期或受潮结块的水泥。 2）砂宜采用中砂，含泥量不应大于 1%，硫化物和硫酸盐含量不应大于 1%。 3）拌制水泥砂浆用水，应符合国家现行标准《混凝土用水标准》（JGJ 63—2006）的有关规定。 4）聚合物乳液的外观应为均匀液体，无杂质、无沉淀、不分层。聚合物乳液的质量要求应符合国家现行标准《建筑防水涂料用聚合物乳液》（JC/T 1017—2006）的有关规定。 5）外加剂的技术性能应符合现行国家有关标准的质量要求。 （2）防水砂浆主要性能应符合表 2-13 的要求
基层处理	（1）混凝土基层处理。 1）新建混凝土基层，拆模后应立即用钢丝刷将混凝土表面刷毛，并在抹面前浇水冲刷干净。 2）旧混凝土工程补做防水层时，需要将表面凿毛，清理平整后再浇水冲刷干净。 3）混凝土结构的施工缝要沿缝剔成八字形凹槽，用水冲洗后，用素灰打底，水泥砂浆压实抹平，如图 2-8 所示。 （2）砖砌体基层处理。 1）将砖墙面残留的灰浆、污物清除干净，充分浇水湿润。 2）对于用石灰砂浆和混合砂浆砌筑的新砌体，需将砌体灰缝易进 10 mm 深，缝内呈直角（图 2-9），以增强防水层与砌体的黏结力；对水泥砂浆砌筑的砌体、灰缝可不剔除，但已勾缝的需将勾缝砂浆剔除。 3）对于旧砌体，需用钢丝刷或剁斧将松酥表面和残渣清除干净，直至露出坚硬砖面，并浇水冲洗干净。 （3）毛石和料石砌体基层处理。 1）基层处理同混凝土和砖砌体。 2）对石灰砂浆或混合砂浆砌体，其灰缝要剔成 10 mm 深的直角沟槽。 3）对表面凹凸不平的石砌体，清理完后，在基层表面做找平层。其做法是：先在石砌体表面刷水灰比为 0.5 左右的水泥浆一道，厚约 1 mm，再抹 1～1.5 cm 厚的 1∶2.5 水泥砂浆，并将表面扫成毛面。一次不能找平时，要间隔 2 d 分次找平。 基层处理后必须浇水湿润，这是保证防水层和基层结合牢固，不空鼓的重要条件。浇水要按次序反复浇透，使其抹上灰浆后没有吸水现象
防水层施工	（1）防水层构造做法。水泥砂浆防水层的构造做法，如图 2-10 所示。 （2）防水层设置。防水层分为内抹面防水和外抹面防水。地下结构物除考虑地下水渗透外，还应考虑地表水的渗透，为此，防水层的设置高度应高出室外地坪 150 mm 以上，如图 2-11 所示。

续上表

项　目	内　容
防水层施工	(3)混凝土预板与墙面防水层施工。 　第一层：(素灰层,厚 2 mm,水灰比为 0.37～0.4)先将混凝土基层浇水湿润后,抹一层 1 mm 厚素灰,用铁抹子往返抹压 5～6 遍,使素灰填实混凝土基层表面的空隙,以增加防水层与基层的黏结力。随即再抹 1 mm 厚的素灰均匀找平,并用毛刷横向轻轻刷一遍,以便打乱毛细孔通路,并有利于和第二层结合。在其初凝期间做第二层。 　第二层：(水泥砂浆层,厚 4～5 mm,灰砂比为 1∶2.5,水灰比 0.6～0.65)在初凝的素灰层上轻轻抹压,使砂粒能压入素灰层(但注意不能压穿素灰层),以便两层间结合牢固。在水泥砂浆层初凝前,用扫帚将砂浆层表面扫成横向条纹,待其终凝并具有一定强度后(一般隔一夜)做第三层。 　第三层：(素灰层,厚 2 mm)操作方法与第一层相同。如果水泥砂浆层在硬化过程中析出游离的氢氧化钙形成白色薄膜时,需刷洗干净,以免影响黏结。 　第四层：(水泥砂浆层,厚 4～5 mm)按照第二层方法抹水泥砂浆。在水泥砂浆硬化过程中,用铁抹子分次抹压 5～6 遍,以增加密实性,最后再压光。 　第五层：(水泥浆层,厚 1 mm,水灰比 0.55～0.6)当防水层在迎水面时,则需在第四层水泥砂浆抹压两遍后,用毛刷均匀涂刷一道水泥浆,随第四层一并压光。 　混凝土顶板与墙面的防水层施工,一般迎水面采用"五层抹面法",背水面采用"四层抹面法"。具体操作方法见表 2-14。四层抹面做法与五层抹面做法相同,去掉第五层水泥浆层即可。 　(4)砖墙面防水层施工。砖墙面防水层的做法,除第一层外,其他各层操作方法与混凝土墙面操作相同。首先将墙面浇水湿润,然后在墙面上涂刷水泥浆一道,厚度约为 1 mm,涂刷时沿水平方向往返涂刷 5～6 遍,涂刷要均匀,灰缝处不得遗漏。涂刷后,趁水泥浆呈糨糊状时即抹第二层防水层。 　(5)混凝土地面防水层施工。混凝土地面防水层施工与顶板和墙面的不同,主要是素灰层(第一、三层)不是刮抹的方法,而是将搅拌好的素灰倒在地面上,用马连根刷往返用力涂刷均匀。 　第二层和第四层是在素灰初凝前后,将拌好的水泥砂浆均匀铺在素灰层上,按顶板和墙面操作要求抹压,各层厚度也与顶板和墙面防水相同。施工时应由里向外,尽量避免施工时踩踏防水层。 　在防水层表面需做瓷砖或水磨石地面时,可在第四层压光 3～4 遍后,用毛刷将表面扫毛,凝固后再进行装饰面层施工。 　(6)石墙面和拱顶防水层施工。先做找平层(一层素灰、一层砂浆),找平层充分干燥后,在其表面浇水湿润,即可进行防水层施工,防水层操作方法与混凝土基层防水相同
水泥砂浆防水层的养护	水泥砂浆防水层凝结后,应及时用草袋覆盖进行浇水养护。 　(1)防水层施工完,砂浆终凝后,表面呈灰白色时,就可覆盖浇水养护。养护时先用喷壶慢慢喷水,养护一段时间后再用水管浇水。 　(2)养护温度不宜低于 5℃,养护时间不得少于 14 d,夏天应增加浇水次数,但避免在中午最热时浇水养护,对于易风干部分,应每隔 4 h 浇水一次。养护期间应经常保持覆盖物湿润。

项　　目	内　　容
水泥砂浆防水层的养护	（3）防水层施工后，要防止践踏，其他工程施工应在防水层养护完毕后进行，以免破坏防水层。 1）地下室、地下沟道比较潮湿，往往通风不良，可不必浇水养护。 2）聚合物水泥防水砂浆未达到硬化状态时，不得浇水养护或直接受雨水冲刷，硬化后应采用干湿交替的养护方法。潮湿环境中，可在自然条件下养护

表 2-13　防水砂浆主要性能要求

防水砂浆种类	黏结强度（MPa）	抗渗性（MPa）	抗折强度（MPa）	干缩率（%）	吸水率（%）	冻融循环（次）	耐碱性	耐水性（%）
掺外加剂,掺和料的防水砂浆	＞0.6	≥0.8	同普通砂浆	同普通砂浆	≤3	＞50	10% NaOH溶液浸泡 14 d无变化	—
聚合物水泥防水砂浆	＞1.2	≥1.5	≥8.0	≤0.15	≤4	＞50	—	≥80

注:耐水性指标是指砂浆浸水 168 h 后材料的黏结强度及抗渗性的保持率。

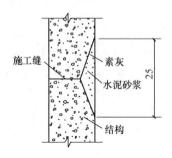

图 2-8　混凝土结构施工缝的处理(单位:mm)

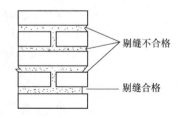

图 2-9　砖砌体的剔缝

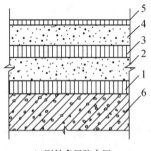

(a)刚性多层防水层

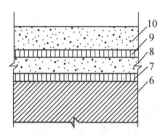

(b)氯化铁防水砂浆防水层

图 2-10　水泥砂浆防水层构造做法

1、3—素灰层;2、4 水泥砂浆层;5、7、9—水泥浆;

6—结构基层;8—防水砂浆垫层;10—防水砂浆面层

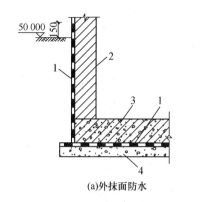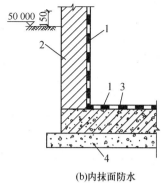

(a)外抹面防水   (b)内抹面防水

图 2-11 防水层的设置(单位:mm)

1—水泥砂浆刚性防水层;2—立墙;3—钢筋混凝土底板;

4—混凝土垫层;5—室外地坪面

表 2-14 五层抹面法

层次	水灰比	厚度(mm)	操作要点	作用
第一层素灰层	0.4～0.5	2	(1)分两次抹压,基层浇水湿润后,先抹 1 mm 厚结合层,用铁抹子往返抹压 5～6 遍,使素灰填实基层表面空隙,其上再抹 1 mm 厚素灰找平。 (2)抹完后用湿毛刷按横向轻轻刷一遍,以便打乱毛细孔通路,增强与第二层的结合	防水层第一道防线
第二层水泥砂浆层	0.4～0.45	4～5	(1)待第一层素灰稍加干燥,至用手指按能进入素灰层 1/4～1/2 深时,再抹水泥砂浆层,抹时用力要适当,既避免破坏素灰层,又要使砂浆层压入素灰层内 1/4 左右,以使第一、二层紧密结合。 (2)在水泥砂浆初凝前后,用扫帚将砂浆层表面扫出横向条纹	起骨架和保护素灰作用
第三层素灰层	0.37～0.4	2	(1)待第二层水泥砂浆凝固并有一定强度后(一般需 24 h),适当浇水湿润,即可进行第三层,操作方法同第一层。 (2)若第二层水泥砂浆层在硬化过程中析出游离的氢氧化钙形成白色薄膜时,应刷洗干净	防水作用
第四层水泥砂浆层	0.4～0.45	4～5	(1)操作方法同第二层,但抹后不扫条纹,在砂浆凝固前后,分次用铁抹子抹压 5～6 遍,以增加密实性,最后压光。 (2)每次抹压间隔时间应视现场湿度大小、气温高低及通风条件而定,一般抹压前三遍的间隔时间为 1～2 h,最后从抹压到压光,夏季 10～12 h 内完成,冬期 14 h 内完成,以免因砂浆凝固后反复抹压而破坏表面的水泥结晶,使强度降低,产生起砂现象	保护第三层素灰层和防水作用

续上表

层次	水灰比	厚度(mm)	操作要点	作用
第五层水泥浆层	0.55~0.6	1	在第四层水泥砂浆抹压两遍后,用毛刷均匀涂刷水泥浆一道,随第四层压光	防水作用

水泥砂浆防水层的基层出现空鼓和透水现象

质量问题表现

砂浆防水层与基层黏结不牢固,出现空鼓和透水现象。

质量问题原因

造成水泥砂浆防水层与基层黏结不牢,发生空鼓和透水现象的原因主要是对基层的处理不当。

质量问题预防

基层处理一般包括清理(将基层油污、残渣清除干净,光滑表面斩毛)、浇水(基层浇水湿润)和补平(将基层凹处补平)等工序,使基层表面达到清洁、平整、潮湿和坚实粗糙,以保证砂浆防水层与基层黏结牢固,不产生空鼓和透水现象。

(1)混凝土基层处理。

1)新建混凝土基层,拆模后应立即用钢丝刷将混凝土表面刷毛,并在抹面前浇水冲刷干净。

2)旧混凝土工程补做防水层时,需要将表面凿毛,清理平整后再浇水冲刷干净。

3)混凝土基层表面凹凸不平、蜂窝孔洞,应根据不同情况分别处理。

①超过10 mm的棱角凹凸不平,应剔成慢坡形,并浇水清洗干净,用素灰和水泥砂浆分层找平。

②混凝土表面的蜂窝孔洞,应先将松散不牢的石子除掉,浇水冲洗干净,用素灰和水泥砂浆交替抹到与基层面齐平。

③混凝土表面的蜂窝麻面不深,石子黏结较牢固,只需用水冲洗干净后,用素灰打底,水泥砂浆压实抹平。

4)混凝土结构的施工缝要沿缝剔成八字形凹槽,用水冲洗后,用素灰打底,水泥砂浆压实抹平。

(2)砖砌体基层处理。

1)将砖墙面残留的灰浆、污物清除干净,充分浇水湿润。

2)对于用石灰砂浆和混合砂浆砌筑的新砌体,需将砌体灰缝剔进10 mm深,缝内呈直角以增强防水层与砌体的黏结力；对水泥砂浆砌筑的砌体，灰缝可不剔除，但已勾缝的需将勾缝砂浆剔除。

3）对于旧砌体，需用钢丝刷或剁斧将松酥表面和残渣清除干净，直至露出坚硬砖面，并浇水冲洗干净。

（3）毛石和料石砌体基层的处理。

1）基层处理同混凝土和砖砌体。

2）对石灰砂浆或混合砂浆砌体，其灰缝要剔成 10 mm 深的直角沟槽。

3）对表面凹凸不平的石砌体，清理完后，在基层表面做找平层。其做法是：先在石砌体表面刷水灰比为 0.5 左右的水泥浆一道，厚约 1 mm，再抹 10～15 mm 厚的 1∶2.5 水泥砂浆，并将表面扫成毛面。一次不能找平时，要间隔两天分次找平。

基层处理后必须浇水湿润，这是保证防水层和基层结合牢固，不空鼓的重要条件。浇水要按次序反复浇透，使其抹上灰浆后没有吸水现象。

水泥砂浆防水层表面起砂

质量问题表现

防水层表面不坚硬，用手擦时，可擦掉粉末或砂粒，显露出砂子颗粒。

质量问题原因

（1）选用的水泥强度等级较低，降低了防水层的强度和耐磨性能；砂子含泥量大，影响了砂浆的强度；砂子颗粒过细，比表面加大，造成水泥用量不足，砂浆泌水现象严重，推迟了压光时间，从而破坏了水泥石结构，同时产生大量的毛细管路，降低了防水层的强度。

（2）养护时间不当，过早使水泥胶质受到浸泡而影响其黏结力和强度的增长；防水层硬化过程中脱水。

（3）过早插入其他工序，由于人员走动等使表面遭受磨损破坏。

质量问题预防

（1）水泥砂浆防水层所用材料应符合下列规定：

1）水泥品种应按设计要求选用，其强度等级不应低于 42.5 级，不得使用过期或受潮结块水泥；

2）砂宜采用中砂，粒径 3 mm 以下，含泥量不得大于 1%，硫化物和硫酸盐含量不得大于 1%；

质量问题

3）水应采用不含有害物质的洁净水；

4）聚合物乳液的外观质量，无颗粒、异物和凝固物；

5）外加剂的技术性能应符合国家或行业标准一等品及以上的质量要求。

（2）在满足施工稠度要求的情况下，力求降低灰浆用水量。在潮湿环境下作业，可采取通风去湿措施。

（3）防水层的压光必须在水泥终凝前完成。压光遍数以3～4遍为宜。

（4）加强养护，防止早期脱水。水泥砂浆防水层凝结后，应及时用草袋覆盖进行浅水养护。

1）防水层施工完，砂浆终凝后，表面呈灰白色时，就可覆盖浇水养护。养护时先用喷壶慢慢喷水，养护一段时间后再用水管浇水。

2）养护温度不宜低于5℃，养护时间不得少于14 d，夏天应增加浇水次数，但避免在中午最热时浇水养护，对于易风干部分，应每隔4 h浇水1次。养护期间应经常保持覆盖物湿润。

3）防水层施工后，要防止践踏，其他工程施工应在防水层养护完毕后进行，以免破坏防水层。

第三节　卷材防水层施工

一、施工质量验收标准

卷材防水层工程施工质量验收标准见表2-15。

表2-15　卷材防水层工程施工质量验收标准

项　目	内　容
一般规定	（1）卷材防水层适用于受侵蚀性介质作用或受震动作用的地下工程；卷材防水层应铺设在主体结构的迎水面。 （2）卷材防水层应采用高聚物改性沥青类防水卷材和合成高分子类防水卷材。所选用的基层处理剂、胶黏剂、密封材料等均应与铺贴的卷材相匹配。 （3）在进场材料检验的同时，防水卷材接缝黏结质量检验应按《地下防水质量验收规范》(GB 50208—2011)中附录D执行。 （4）铺贴防水卷材前，基面应干净、干燥，并应涂刷基层处理剂；当基面潮湿时，应涂刷湿固化型胶黏剂或潮湿界面隔离剂。 （5）基层阴阳角应做成圆弧或45°坡角，其尺寸应根据卷材品种确定；在转角处、变形缝、施工缝、穿墙管等部位应铺贴卷材加强层，加强层宽度不应小于500 mm。 （6）防水卷材的搭接宽度应符合表2-16的要求。铺贴双层卷材时，上下两层和相邻两幅卷材的接缝应错开1/3～1/2幅宽，且两层卷材不得相互垂直铺贴。

续上表

项　　目	内　　容
一般规定	(7)冷黏法铺贴卷材应符合下列规定： 1)胶黏剂应涂刷均匀，不得露底、堆积； 2)根据胶黏剂的性能，应控制胶黏剂涂刷与卷材铺贴的间隔时间； 3)铺贴时不得用力拉伸卷材，排除卷材下面的空气，辊压粘贴牢固； 4)铺贴卷材应平整、顺直，搭接尺寸准确，不得扭曲、皱折； 5)卷材接缝部位应采用专用胶黏剂或胶黏带满黏，接缝口应用密封材料封严，其宽度不应小于 10 mm。 (8)热熔法铺贴卷材应符合下列规定： 1)火焰加热器加热卷材应均匀，不得加热不足或烧穿卷材； 2)卷材表面热熔后应立即滚铺，排除卷材下面的空气，并粘贴牢固； 3)铺贴卷材应平整、顺直，搭接尺寸准确，不得扭曲、皱折； 4)卷材接缝部位应溢出热熔的改性沥青胶料，并粘贴牢固，封闭严密。 (9)自黏法铺贴卷材应符合下列规定： 1)铺贴卷材时，应将有黏性的一面朝向主体结构； 2)外墙、顶板铺贴时，排除卷材下面的空气，辊压粘贴牢固； 3)铺贴卷材应平整、顺直，搭接尺寸准确，不得扭曲、皱折和起泡； 4)立面卷材铺贴完成后，应将卷材端头固定，并应用密封材料封严； 5)低温施工时，宜对卷材和基面采用热风适当加热，然后铺贴卷材。 (10)卷材接缝采用焊接法施工应符合下列规定： 1)焊接前卷材应铺放平整，搭接尺寸准确，搭接缝的结合面应清扫干净； 2)焊接时应先焊长边搭接缝，后焊短边搭接缝； 3)控制热风加热温度和时间，焊接处不得漏焊、跳焊或焊接不牢； 4)焊接时不得损害非焊接部位的卷材。 (11)铺贴聚乙烯丙纶复合防水卷材应符合下列规定： 1)应采用配套的聚合物水泥防水黏结材料； 2)卷材与基层粘贴应采用满黏法，黏结面积不应小于 90%，刮涂黏结料应均匀，不得露底、堆积、流淌； 3)固化后的黏结料厚度不应小于 1.3 mm； 4)卷材接缝部位应挤出黏结料，接缝表面处应涂刮 1.3 mm 厚、50 mm 宽的聚合物水泥黏结料封边； 5)聚合物水泥黏结料固化前，不得在其上行走或进行后续作业。 (12)高分子自黏胶膜防水卷材宜采用预铺反黏法施工，并应符合下列规定： 1)卷材宜单层铺设； 2)在潮湿基面铺设时，基面应平整坚固、无明水； 3)卷材长边应采用自黏边搭接，短边应采用胶黏带搭接，卷材端部搭接区应相互错开； 4)立面施工时，在自黏边位置距离卷材边缘 10~20 mm 内，每隔 400~600 mm 应进行机械固定，并应保证固定位置被卷材完全覆盖；

项　目	内　容
一般规定	5)浇筑结构混凝土时不得损伤防水层。 (13)卷材防水层完工并经验收合格后应及时做保护层。保护层应符合下列规定： 1)顶板的细石混凝土保护层与防水层之间宜设置隔离层。细石混凝土保护层厚度：机械回填时不宜小于 70 mm，人工回填时不宜小于 50 mm； 2)底板的细石混凝土保护层厚度不应小于 50 mm； 3)侧墙宜采用软质保护材料或铺抹 20 mm 厚 1∶2.5 水泥砂浆； (14)卷材防水层分项工程检验批的抽样检验数量，应按铺贴面积每 100 m² 抽查 1 处，每处 10 m²，且不得少于 3 处
主控项目	(1)卷材防水层所用卷材及其配套材料必须符合设计要求。 检验方法：检查产品合格证、产品性能检测报告和材料进场检验报告。 (2)卷材防水层在转角处、变形缝、施工缝、穿墙管等部位做法必须符合设计要求。 检验方法：观察检查和检查隐蔽工程验收记录
一般项目	(1)卷材防水层的搭接缝应粘贴或焊接牢固，密封严密，不得有扭曲、折皱、翘边和起泡等缺陷。 检验方法：观察检查。 (2)采用外防外贴法铺贴卷材防水层时，立面卷材接槎的搭接宽度，高聚物改性沥青类卷材应为 150 mm，合成高分子类卷材应为 100 mm，且上层卷材应盖过下层卷材。 检验方法：观察和尺量检查。 (3)侧墙卷材防水层的保护层与防水层应结合紧密，保护层厚度应符合设计要求。 检验方法：观察和尺量检查。 (4)卷材搭接宽度的允许偏差应为 −10 mm。 检验方法：观察和尺量检查

表 2-16　防水卷材的搭接宽度

卷材品种	搭接宽度(mm)
弹性体改性沥青防水卷材	100
改性沥青聚乙烯胎防水卷材	100
自黏聚合物改性沥青防水卷材	80
三元乙丙橡胶防水卷材	100/60(胶黏剂/胶黏带)
聚氯乙烯防水卷材	60/80(单焊缝/双焊缝)
	100(胶黏剂)
聚乙烯丙纶复合防水卷材	100(黏结料)
高分子自黏胶膜防水卷材	70/80(自黏胶/胶黏带)

二、标准的施工方法

(1)卷材防水层外防外贴法标准的施工方法见表 2-17。

表 2-17 卷材防水层外防外贴法标准的施工方法

项 目	内 容
砌筑永久性保护墙	在结构墙体的设计位置外侧,用 M5 砂浆砌筑半砖厚的永久性保护墙体。墙体应比结构底板高 160 mm 左右
抹水泥砂浆找平层	在垫层和永久性保护墙表面抹 1∶2.5～3 的水泥砂浆找平层。阴阳角处应做成圆弧或 45°坡角,其尺寸应根据卷材品种确定。在阴阳角等特殊部位,应增做卷材加强层,加强层宽度宜为 300～500 mm
涂布基层处理剂	找平层干燥并清扫干净后,按照所用的不同卷材种类,涂布相应的基层处理剂,如系用空铺法,可不涂布基层处理剂。基层处理剂可用喷涂或刷涂法施工,喷涂应均匀一致,不露底。如基面较潮湿时,应涂刷湿固化型胶黏剂或潮湿界面隔离剂
铺贴卷材	卷材防水层应先铺贴平面,后铺贴立面。第一块卷材应铺贴在平面和立面相交接的阴角处,平面和立面各占半幅卷材。待第一块卷材铺贴完后,以后的卷材应根据卷材的搭接宽度(表 2-16),在已铺卷材的搭接边上弹出基准线。 厚度为 3 mm 以下的高聚物改性沥青防水卷材,不得用热熔法施工。 热塑性合成高分子防水卷材的搭接边,可用热风焊法进行黏结。 待胶黏剂基本干燥后,即可铺贴卷材。在平面与立面交界部位,应先铺贴平面部位的半幅卷材,然后沿阴角根部由下向上铺贴立面部位的另一半卷材。自平面折向立面的防水卷材,应与永久性保护墙体紧密贴严。 卷材铺贴完毕后,应用建筑密封材料对长边和短边搭接缝进行嵌缝处理
粘贴封口条	卷材铺贴完毕后,对卷材长边和短边的搭接缝应用建筑密封材料进行嵌缝处理,然后再用封口条作进一步封口密封处理,封口条的宽度为 120 mm,如图 2-12 所示
铺设保护层	平面和立面部位的防水层施工完毕并经检查验收合格后,宜在防水层上虚铺一层沥青防水卷材作保护隔离层,铺设时宜用少量胶黏剂点黏固定,以防在浇筑细石混凝土刚性保护层时发生位移。保护隔离层铺设完毕,即可浇筑 40～50 mm 厚的细石混凝土保护层。在浇筑细石混凝土的过程中,切勿损伤保护隔离层和卷材防水层。如有损伤必须及时对卷材防水层进行修补,修补后再继续浇筑细石混凝土保护层,以免留下渗漏隐患
砌筑临时性保护墙体	在浇筑结构墙体时,对立面部位的防水层和油毡保护层,按传统的临时性处理方法是将它们临时平铺在永久性保护墙体的平面上,然后用石灰砂浆砌筑 3 皮单砖临时性保护墙,压住油毡及卷材

续上表

项 目	内 容
浇筑平面保护层和抹立面保护层	油毡保护层铺设完后,平面部位即可浇筑 40～50 mm 厚的 C20 细石混凝土保护层。 立面部位(永久性保护墙体)防水层表面抹 20 mm 厚 1 : (2.5～3)水泥砂浆找平层加以保护。拌和时宜掺入微膨胀剂。 在细石混凝土及水泥砂浆保护层养护固化后,即可按设计要求绑扎钢筋,支模板进行浇筑混凝土底板和墙体施工
抹水泥砂浆找平层	先拆除临时性保护墙体,然后在外墙表面抹水泥砂浆找平层(图 2-13)
铺贴外墙立面卷材防水层	将甩槎防水卷材上部的保护隔离卷材撕掉,露出卷材防水层,沿结构外墙进行接槎铺贴。混凝土结构完成,铺贴立面卷材时,应先将接槎部位的各层卷材揭开,并应将其表面清理干净,如卷材有局部损伤,应及时进行修补;卷材接槎的搭接长度,高聚物改性沥青类卷材应为 150 mm,合成高分子类卷材应为 100 mm;当使用两层卷材时,卷材应错槎接缝,上层卷材应盖过下层卷材。 卷材防水层甩槎、接槎构造如图 2-14 所示
外墙防水层保护层施工	外墙防水层经检查验收合格,确认无渗漏隐患后,可在卷材防水层的外侧用胶黏剂点黏 5～6 mm 厚聚乙烯泡沫塑料片材或 40 mm 厚聚苯乙烯泡沫塑料保护层。 外墙保护层施工完毕后,即可根据设计要求或施工验收规范的规定,在基坑内分步回填三七灰土,并分步夯实
顶板防水层	顶板防水卷材铺贴同底板垫层上铺贴。铺贴完后应设置厚 70 mm 以上的 C20 细石混凝土保护层,同时在保护层与防水层之间应设虚铺卷材作隔离层,以防止细石混凝土保护层伸缩而破坏防水层
保护层施工	卷材防水层经检查合格后,应及时做保护层,保护层应符合下列规定。 (1)顶板卷材防水层上的细石混凝土保护层,应符合下列规定。 1)采用机械碾压回填土时,保护层厚度不宜小于 70 mm。 2)采用人工回填土时,保护层厚度不宜小于 50 mm。 3)防水层与保护层之间宜设置隔离层。 (2)底板卷材防水层上的细石混凝土保护层厚度不应小于 50 mm。 (3)侧墙卷材防水层宜采用软质保护材料或铺抹 20 mm 厚 1 : 2.5 水泥砂浆层

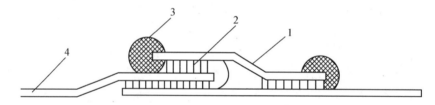

图 2-12 封口条密封处理

1—封口条;2—卷材胶黏剂;3—密封材料;4—卷材防水层

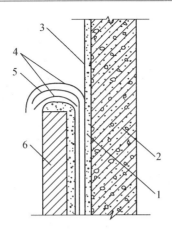

图 2-13 外墙表面抹水泥砂浆找平层

1—油毡保护层表面的找平层；2—结构墙体；3—外墙表面的找平层；

4—油毡保护层；5—防水卷材；6—永久性保护墙体材

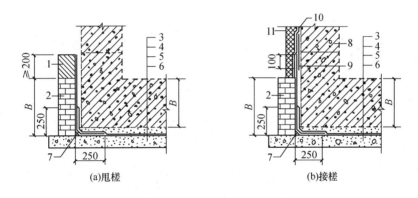

(a)甩槎   (b)接槎

图 2-14 卷材防水层甩槎、接槎构造(单位:mm)

1—临时保护墙；2—永久保护墙；3—细石混凝土保护层；4—卷材防水层；5—水泥砂浆找平层；6—混凝土垫层；

7—卷材加强层；8—结构墙体；9—卷材加强层；10—卷材防水层；11—卷材保护层

(2)卷材防水层外防内贴法标准的施工方法见表 2-18。

表 2-18 卷材防水层外防内贴法标准的施工方法

项　　目	内　　容
做混凝土垫层	如保护墙较高,可采取加大永久性保护墙下垫层厚度做法,必要时可配置加强钢筋
砌永久性保护墙	在垫层上砌永久性保护墙,厚度为一砖厚,其下干铺一层卷材
抹水泥砂浆找平层	在已浇筑的混凝土垫层和砌筑的永久性保护墙体上抹 20 mm 厚1:(2.5~3)掺微膨胀剂的水泥砂浆找平层
涂布基层处理剂	待找平层的强度达到设计要求的强度后,即可在平面和立面部位涂布基层处理剂
铺贴卷材	卷材宜先铺立面后铺平面。立面部位的卷材防水层,应从阴阳角部位逐渐向上铺贴,阴阳角部位的第一块卷材,平面与立面各占半幅,然后在已铺卷材的搭接边上弹出基准线,再按线铺贴卷材。 卷材的铺贴方法、卷材的搭接黏结、嵌缝和封口密封处理方法与外防外贴法相同

项　　目	内　　容
铺设保护隔离层和保护层	施工质量检查验收,确认无渗漏隐患后,先在平面防水层上点黏石油沥纸胎卷材保护隔离层,立面墙体防水层上粘贴5~6 mm厚聚乙烯泡沫塑料片材保护层。施工方法与外防外贴法相同。然后在平面卷材保护隔离层上浇筑厚50 mm以上的C20细石混凝土保护层
浇筑钢筋混凝土结构层	按设计要求绑扎钢筋和浇筑混凝土主体结构,如利用永久性保护墙体代替模板,则应采取稳妥的加固措施
保护层施工	同外防外贴法

(3)高聚物改性沥青卷材防水铺贴标准的施工方法见表2-19。

表 2-19　高聚物改性沥青卷材防水铺贴标准的施工方法

项　　目	内　　容
施工要求	(1)弹性体改性沥青防水卷材和改性沥青聚乙烯胎防水卷材采用热熔法施工应加热均匀,不得加热不足或烧穿卷材,搭接缝部位应溢出热熔的改性沥青。 (2)铺贴自粘聚合物改性沥青防水卷材应符合下列规定: 1)基层表面应平整、干净、干燥、无尖锐突起物或孔隙; 2)排除卷材下面的空气,应辊压粘贴牢固,卷材表面不得有扭曲、皱折和起泡现象; 3)立面卷材铺贴完成后,应将卷材端头固定或嵌入墙体顶部的凹槽内,并应用密封材料封严; 4)低温施工时,宜对卷材和基面适当加热,然后铺贴卷材
冷黏法施工	冷黏法是将冷黏剂(冷玛琋脂、聚合物改性沥青黏结剂等)均匀地涂布在基层表面和卷材搭接边上,使卷材与基层、卷材与卷材牢固地黏结在一起的施工方法。 (1)涂刷黏结剂要均匀、不露底、不堆积。 (2)涂刷黏结剂后,铺贴防水卷材,其间隔时间根据黏结剂的性能确定。 (3)铺贴卷材的同时,要用压辊辊压驱赶卷材下面的空气,使卷材黏牢。 (4)卷材的铺贴应平整顺直,不得有皱褶、翘边、扭曲等现象。卷材的搭接应牢固,接缝处溢出的冷黏结剂随即刮平,或者用热熔法接缝。 (5)卷材接缝口应用密封材料封严,密封材料宽度不应小于10 mm
自粘法施工	自粘法是采用自粘型防水卷材,不须涂刷胶黏剂,只须将卷材表面的隔离纸撕去即可粘贴卷材的方法。自粘法施工简便,容易操作,污染小、效率高、更安全,且不因胶黏剂涂刷不均匀而影响铺贴质量。由于自粘型防水卷材在工厂生产过程中就已在底面涂布了与卷材同性的高效黏结层,较厚的黏结层有一定的蠕变能力,不仅增加了卷材适应基层变形的能力,而且与卷材同步老化,延长了防水层的使用寿命。自粘法施工可以满粘或条粘。 自粘法铺设卷材应符合下列规定: (1)铺贴卷材时,应将有黏性的一面朝向主体结构; (2)外墙、顶板铺贴时,排除卷材下面的空气,并黏结牢固; (3)铺贴卷材应平整、顺直,搭接尺寸准确,不得有扭曲、皱折; (4)立面卷材铺贴完成后,应将卷材端头固定,并应用密封材料封严; (5)低温施工时,宜对卷材和基面采用热风适当加热,然后铺贴卷材

项　　目	内　　容
热熔法施工	热熔法是用火焰喷枪(或喷灯)喷出的火焰烘烤卷材表面和基层(已刷过基层处理剂),待卷材表面熔融至光亮黑色,基层得到预热,立即滚铺卷材。边熔融卷材表面,边滚铺卷材,使卷材与基层、卷材与卷材之间紧密黏结。 　　若防水层为双层卷材,第二层卷材的搭接缝与第一层的搭接缝应错开卷材幅宽的1/3～1/2,以保证卷材的防水效果。 　　(1)喷枪或喷灯等加热器喷出的火焰,距卷材面的距离应适中;幅宽内加热应均匀,不得过分加热或烧穿卷材,以卷材表面熔融至光亮黑色为宜。 　　(2)卷材表面热熔后,应立即滚铺卷材,并用压辊辊压卷材,排除卷材下面空气,使卷材黏结牢固、平整,无皱褶、扭曲等现象。 　　(3)卷材接缝处,用溢出的热熔改性沥青随即刮平封口

(4)合成高分子卷材防水铺贴标准的施工方法见表 2-20。

表 2-20　合成高分子卷材防水铺贴标准的施工方法

项　　目	内　　容
三元乙丙橡胶防水卷材施工	铺贴三元乙丙橡胶防水卷材应采用冷粘法施工,并应符合下列规定: 　(1)基底胶黏剂应涂刷均匀,不应露底、堆积; 　(2)胶黏剂涂刷与卷材铺贴的间隔时间应根据胶黏剂的性能控制; 　(3)铺贴卷材时,应辊压粘贴牢固; 　(4)搭接部位的黏合面应清理干净,并应采用接缝专用胶黏剂或胶粘带黏结
聚氯乙烯防水卷材施工	铺贴聚氯乙烯防水卷材,接缝采用焊接法施工时,应符合下列规定: 　(1)卷材的搭接缝可采用单焊缝或双焊缝。单焊缝搭接宽度应为 60 mm,有效焊接宽度不应小于 30 mm;双焊缝搭接宽度应为 80 mm,中间应留设 10～20 mm 的空腔,有效焊接宽度不宜小于 10 mm; 　(2)焊接缝的结合面应清理干净,焊接应严密; 　(3)应先焊长边搭接缝,后焊短边搭接缝
聚乙烯丙纶复合防水卷材施工	铺贴聚乙烯丙纶复合防水卷材应符合下列规定: 　(1)应采用配套的聚合物水泥防水黏结材料; 　(2)卷材与基层粘贴应采用满粘法,黏结面积不应小于 90%,刮涂黏结料应均匀,不应露底、堆积; 　(3)固化后的黏结料厚度不应小于 1.3 mm; 　(4)施工完的防水层应及时做保护层
高分子自粘胶膜防水卷材施工	高分子自粘胶膜防水卷材宜采用预铺反粘法施工,并应符合下列规定: 　(1)卷材宜单层铺设; 　(2)在潮湿基面铺设时,基面应平整坚固、无明显积水; 　(3)卷材长边应采用自粘边搭接,短边采用胶粘带搭接,卷材端部搭接区应相互错开; 　(4)立面施工时,在自粘边位置距离卷材边缘 10～20 mm 内,应每隔 400～600 mm 进行机械固定,并应保证固定位置被卷材完全覆盖; 　(5)浇筑结构混凝土时不得损伤防水层

地下防水卷材搭接宽度不足

质量问题表现

地下防水卷材搭接后,接缝处容易发生滑移、脱落。

质量问题原因

(1)卷材搭接宽度过小。

(2)卷材搭接缝处理不当。

质量问题预防

(1)卷材防水层的接缝均要求采用搭接的形式,因此足够的接缝宽度是保证接缝质量的基础。防水卷材的搭接宽度应符合表 2-43 的要求。铺贴双层卷材时,上下两层和相邻两幅卷材的接缝应错开 1/3～1/2 幅宽,且两层卷材不得相互垂直铺贴。

采用外防外贴法铺贴卷材防水层时,立面卷材接槎的搭接宽度,高聚物改性沥青类卷材应为 150 mm,合成高分子类卷材应为 100 mm,且上层卷材应盖过下层卷材。

(2)卷材冷粘法施工和热熔法施工时,卷材搭接缝处理如下。

1)冷粘法施工卷材搭接缝处理。卷材接缝部位应采用专用胶黏剂或胶黏带满黏,接缝口应用密封材料封严,其宽度不应小于 10 mm。

2)热熔法施工卷材搭接缝处理。搭接缝处的卷材必须 100% 烘烤,粘铺时必须有熔融沥青从边端挤出,用刮刀将挤出的热熔胶刮平,沿边端封严。操作方法:

①为搭接缝黏结牢固,先将下层卷材(已铺好)表面的防粘隔离层熔掉,为防止烘烤到搭接缝以外的卷材,应使用烫板沿搭接粉线移动,火焰喷枪随烫板移动,由于烫板的挡火作用,则火焰喷枪只将搭接卷材的隔离层熔掉而不影响其他卷材。

②粘贴搭接缝。一手用抹子或刮刀将搭接缝卷材掀起,另一手持火焰喷枪(或汽油喷灯)从搭接缝外斜向里喷火烘烤卷材面,随烘烤熔融随粘贴,并须将熔融的沥青挤出,以抹子(或刮刀)刮平。搭接缝或收头粘贴后,可用火焰及抹子沿搭接缝边缘再行均匀加热抹压封严,或以密封材料沿缝封严,宽度不应小于 10 mm。

卷材防水层空鼓

质量问题表现

铺贴后的卷材表面,经敲击或手感检查,出现空鼓声。

质量问题原因

(1)基层潮湿,找平层表面被泥水沾污,立墙卷材甩槎未加保护措施,卷材沾污。

(2)未认真清理沾污表面,立面铺贴、热作业,操作困难,而导致铺贴不实不严。

质量问题

质量问题预防

(1)各种卷材防水层的基层必须保持找平层表面干燥洁净。严防在潮湿基层上铺贴卷材防水层。地下工程卷材防水基层应符合下列要求:

1)基层必须牢固,无松动现象。

2)基层表面应清洁干净,基层表面的阴阳角处,均应做成圆弧形或钝角。对沥青类卷材圆弧半径应大于 150 mm。

(2)无论采用外贴法或内贴法施工,都应把地下水位降至垫层以下不少于 300 mm 处。应在垫层上抹 1∶2.5 水泥砂浆找平层,防止由于毛细水上升造成基层潮湿。

(3)立墙卷材的铺贴,应精心施工,操作仔细,使卷材铺贴密实、严密、牢固。

(4)铺贴卷材防水层之前,应提前 1～2 d 喷或刷 1～2 道冷底子油,确保卷材与基层表面附着力强,黏结牢固。

(5)铺贴卷材时气温不宜低于 5℃。施工过程应确保胶结材料的施工温度。

(6)采用水泥砂浆找平层时,水泥砂浆抹平收水后应二次压光,充分养护,不得有酥松、起砂、起皮现象。

(7)基层与墙的连接处,均应做成圆弧。

质量问题

卷材防水层受到损坏,失去防水功能

质量问题表现

在主体结构绑扎钢筋、浇筑混凝土及回填土等工序时,容易将卷材防水层损坏,失去防水功能。

质量问题原因

(1)卷材防水层施工后未做保护层。

(2)保护层做法选择不当。

质量问题预防

卷材防水层经检查质量合格后,即可做保护层。下面介绍几种做法,可根据工程需要选用。

(1)细石混凝土保护层,适宜平面、坡面使用。先以氯丁系胶黏剂(如 404 胶等)花粘虚铺 1 层石油沥青纸胎油毡作保护隔离层,再在油毡隔离层上浇筑 40～50 mm 厚的细石混凝土。浇筑混凝土时不得损坏油毡隔离层和卷材防水层,否则,必须及时用卷材接缝胶黏剂补粘 1 块卷材修补牢固,再继续浇筑细石混凝土。

（2）水泥砂浆保护层，适宜立面使用。在三元乙丙等高分子卷材防水层表面涂刷胶黏剂，以胶黏剂撒粘 1 层细砂，并用压辊轻轻滚压使细砂粘牢在防水层表面，然后再抹水泥砂浆保护层，使之与防水层能黏结牢固，起到保护立面卷材防水层的作用。

（3）泡沫塑料保护层，适用于立面。在立面卷材防水层外侧用氯丁系胶黏剂直接粘贴 5～6 mm 厚的聚乙烯泡沫塑料板做保护层。也可以用聚醋酸乙烯乳液粘贴 40 mm 厚的聚苯泡沫塑料做保护层。由于这种保护层为轻质材料，故在施工及使用过程中均不会损坏卷材防水层。

（4）砖墙保护层，适用于立面。在卷材防水层外侧砌筑永久保护墙，并在转角处及每隔 5～6 m 处断开，断开的缝中填以卷材条或沥青麻丝；保护墙与卷材防水层之间的空隙应随时以砌筑砂浆填实。要注意在砌砖保护墙时，切勿损坏已完工的卷材防水层。

第四节　涂料防水层施工

一、施工质量验收标准

涂料防水层施工质量验收标准见表 2-21。

表 2-21　涂料防水层施工质量验收标准

项　目	内　容
一般规定	（1）涂料防水层适用于受侵蚀性介质作用或受震动作用的地下工程；有机防水涂料宜用于主体结构的迎水面，无机防水涂料宜用于主体结构的迎水面或背水面。 （2）有机防水涂料应采用反应型、水乳型、聚合物水泥等涂料；无机防水涂料应采用掺外加剂、掺和料的水泥基防水涂料或水泥基渗透结晶型防水涂料。 （3）有机防水涂料基面应干燥。当基面较潮湿时，应涂刷湿固化型胶结剂或潮湿界面隔离剂；无机防水涂料施工前，基面应充分润湿，但不得有明水。 （4）涂料防水层的施工应符合下列规定： 1）多组份涂料应按配合比准确计量，搅拌均匀，并应根据有效时间确定每次配制的用量； 2）涂料应分层涂刷或喷涂，涂层应均匀，涂刷应待前遍涂层干燥成膜后进行。每遍涂刷时应交替改变涂层的涂刷方向，同层涂膜的先后搭压宽度宜为 30～50 mm； 3）涂料防水层的甩槎处接槎宽度不应小于 100 mm，接涂前应将其甩槎表面处理干净； 4）采用有机防水涂料时，基层阴阳角处应做成圆弧；在转角处、变形缝、施工缝、穿墙管等部位应增加胎体增强材料和增涂防水涂料，宽度不应小于 500 mm； 5）胎体增强材料的搭接宽度不应小于 100 mm。上下两层和相邻两幅胎体的接缝应错开 1/3 幅宽，且上下两层胎体不得相互垂直铺贴。 （5）涂料防水层完工并经验收合格后应及时做保护层。保护层应符合《地下防水工程质量验收规范》（GB 50208—2011）中的相关规定。 （6）涂料防水层分项工程检验批的抽样检验数量，应按涂层面积每 100 m² 抽查 1 处，每处 10 m²，且不得少于 3 处

项　目	内　容
主控项目	(1)涂料防水层所用的材料及配合比必须符合设计要求。 检验方法:检查产品合格证、产品性能检测报告、计量措施和材料进场检验报告。 (2)涂料防水层的平均厚度应符合设计要求,最小厚度不得小于设计厚度的90%。 检验方法:用针测法检查。 (3)涂料防水层在转角处、变形缝、施工缝、穿墙管等部位做法必须符合设计要求。 检验方法:观察检查和检查隐蔽工程验收记录
一般项目	(1)涂料防水层应与基层黏结牢固,涂刷均匀,不得流淌、鼓泡、露槎。 检验方法:观察检查。 (2)涂层间夹铺胎体增强材料时,应使防水涂料浸透胎体覆盖完全,不得有胎体外露现象。 检验方法:观察检查。 (3)侧墙涂料防水层的保护层与防水层应结合紧密,保护层厚度应符合设计要求。 检验方法:观察检查

二、标准的施工方法

涂料防水层标准的施工方法见表 2-22。

表 2-22　涂料防水层标准的施工方法

项　目	内　容
材料要求	(1)防水涂料品种的选择应符合下列规定: 1)潮湿基层宜选用与潮湿基面黏结力大的无机防水涂料或有机防水涂料,也可采用先涂无机防水涂料而后再涂有机防水涂料构成复合防水涂层; 2)冬期施工宜选用反应型涂料; 3)埋置深度较深的重要工程、有振动或有较大变形的工程,宜选用高弹性防水涂料; 4)有腐蚀性的地下环境宜选用耐腐蚀性较好的有机防水涂料,并应做刚性保护层; 5)聚合物水泥防水涂料应选用Ⅱ型产品。 (2)涂料防水层所选用的涂料应符合下列规定: 1)应具有良好的耐水性、耐久性、耐腐蚀性及耐菌性; 2)应无毒、难燃、低污染; 3)无机防水涂料应具有良好的湿干黏结性和耐磨性,有机防水涂料应具有较好的延伸性及较大适应基层变形能力。 (3)无机防水涂料的性能指标应符合表 2-23 的规定,有机防水涂料的性能指标应符合表 2-24 的规定
基层处理	(1)基层表面先用铲刀和笤帚将凸出物、砂浆疙瘩等异物清除,并将尘土杂物清扫干净,如有油污铁锈等要用有机溶剂、钢丝刷、砂纸等清除。 (2)基层平整度要求用 2 m 长的直尺检查,基层与直尺之间的最大空隙不应超过 5 mm,空隙仅允许平缓变化,每米长度内不得多于 1 处。阴阳角用氯丁胶乳砂浆做成 40 mm×40 mm 倒角。

项　目	内　容
基层处理	(3)基层若有裂缝，裂缝宽度小于或等于 0.2 mm 时可不予处理；大于 0.2 mm 并小于或等于 0.5 mm 时应灌注化学浆液；大于 0.5 mm 时，在化学注浆前，要将裂缝凿成宽 6 mm、深 12 mm 的 V 形槽，先用密封材料嵌填深 7 mm，再用聚合物砂浆做 5 mm 厚的保护层。 (4)基层凹坑的直径小于 40 mm，深度小于 7 mm 时，应凿成直径 50 mm、深 10 mm 的漏斗形，先抹 2 mm 厚素灰层，再用氯丁胶乳水泥砂浆抹平。 (5)涂料或卷材施工前，顶板混凝土必须干净、干燥。测定的方法是将 1 m² 的卷材或厚 1.5～2 mm 的橡胶板覆盖在基层上静置 3～4 h，若卷材（橡胶板）内表面或覆盖的基层表面无水印，则可认为基层干燥
涂料防水层施工	(1)涂料防水层构造做法。防水涂料宜采用外防外涂或外防内涂，如图 2-15、图 2-16 所示。 1)外防外涂法是先进行防水结构施工，然后将防水涂料涂刷于防水结构的外表面，再砌永久性保护墙或抹水泥砂浆保护层或粘贴软质泡沫塑料保护层。 2)外防内涂法是在地下垫层施工完毕后，先砌永久性保护墙，然后涂刷防水涂料防水层，再在涂膜防水层上点黏沥青卷材隔离层，该隔离层即可作为主体结构的外模板，最后进行结构主体施工。 (2)涂料防水层施工。涂料防水层的施工应符合下列规定： 1)多组分涂料应按配合比准确计量，搅拌均匀，并应根据有效时间确定每次配制的用量。 2)涂料应分层涂刷或喷涂，涂层应均匀，涂刷应待前遍涂层干燥成膜后进行；每遍涂刷时应交替改变涂层的涂刷方向，同层涂膜的先后搭压宽度宜为 30～50 mm。 3)涂料防水层的甩槎处接缝宽度不应小于 100 mm，接涂前应将甩槎表面处理干净。 4)无机防水涂料基层表面应干净、平整、无浮浆和明显积水。有机防水涂料基层表面应基本干燥，不应有气孔、凹凸不平、蜂窝麻面等缺陷。涂料施工前，基层阴阳角应做成圆弧形。在转角处、变形缝、施工缝、穿墙管等部位应增加胎体增强材料和增涂防水涂料，宽度不应小于 50 mm。 5)胎体增强材料的搭接宽度不应小于 100 mm，上下两层和相邻两幅胎体的接缝应错开 1/3 幅宽，且上下两层胎体不得相互垂直铺贴。铺贴胎体增强材料时，应使胎体层充分浸透防水涂料，不得有露槎及褶皱。 6)涂料防水层严禁在雨天、雾天、五级及以上大风时施工，不得在施工环境温度低于 5℃ 及高于 35℃ 或烈日暴晒时施工。涂膜固化前如有降雨可能时，应及时做好已完涂层的保护工作。 (3)涂料防水层完工并经验收合格后应及时做保护层。保护层应符合下列规定： 1)顶板的细石混凝土保护层与防水层之间宜设置隔离层。细石混凝土保护层厚度：机械回填时不宜小于 70 mm，人工回填时不宜小于 50 mm。 2)底板的细石混凝土保护层厚度不应小于 50 mm。 3)侧墙宜采用软质保护材料或铺抹 20 mm 厚 1∶2.5 水泥砂浆
涂料防水层细部构造做法	(1)涂料防水层甩槎构造。涂膜防水施工属冷作业施工，只适用于地下室结构外防外涂的防水施工作业法，不适用于外防内涂做法。即涂膜防水涂料应涂刷在地下室结构基层面上，所形成的涂膜防水层能够适应结构变形。由于涂膜防水层从底

续上表

项　目	内　容
涂料防水层细部构造做法	板垫层转向外砌块模板墙立面,在转角位置的防水层存在由于地层产生的相对沉降位移,使建筑物与砌块外墙不同步沉降而与防水层产生摩擦拉伸损坏防水层,因此,防水涂料不应涂在永久性保护墙上,必须采取相应的构造措施,确保所形成的涂膜防水层能适应结构在沉降位移时防水层与砌块模板墙自动分离而牢固附属在结构主体上,实现建筑物与防水层同步位移,避免建筑物下沉拉损防水层,具体措施如图 2-17、图 2-18 所示。 (2)阴阳角做法。采用有机防水涂料时,基层阴阳角应做成圆弧形,阴角直径宜大于 50 mm,阳角直径宜大于 10 mm,在底板转角部位应增加胎体增强材料,并应增涂防水涂料。 1)阳角做法。在基层涂布底层涂料之后,先进行增强涂布,同时将玻璃纤维布铺贴好,然后再涂布第一道、第二道涂膜(图 2-19)。 2)阴角做法。步骤同阳角做法(图 2-20)
防水涂料的保护层施工	附加防水层施工完毕后,在一般情况下,涂料防水层需保养 3 d 方可作保护层。 (1)顶板以上地下墙、反梁及其他竖直面,如做砂浆保护层,应先敷黏网格 2 mm×2 mm 麻布,再做 20 mm 厚的 1∶2.5 水泥砂浆层。如做沥青板保护层,应采用该涂料或高稠度胶黏剂固定沥青板,固定点数每 1 m² 不少于 4 点。 (2)平面的涂膜防水层或卷材防水层可做 80 mm 厚的 C20 细石混凝土保护层或如上述固定方法的沥青保护板。 (3)保护层细石混凝土应设置分仓缝,纵横向为 5 m 设置 1 条缝,缝宽不大于 10 mm,深 10 mm,缝口呈三角形,内填 PVC 胶泥,分仓缝应与诱导缝对准。 (4)对于具有大于 150 g/m² 加强层的卷材,可以考虑不设保护层。 (5)保护层应符合下列规定: 1)顶板的细石混凝土保护层厚度应大于 70 mm; 2)底板的细石混凝土保护层厚度应大于 50 mm; 3)侧墙宜采用聚苯乙烯泡沫塑料保护层或砌砖保护墙边砌边填实。 (6)待保护层细石混凝土达到设计要求后,进行回填。 1)宜用灰土,含水量符合压实要求的黏性土回填,但不得含石块、碎石、灰渣及有机物。 2)回填施工应均匀对称进行,并分层夯实。人工夯实每层厚度不大于250 mm,机械夯实每层厚度不大于 300 mm,并应防止损伤防水层。 3)只有在填土厚度超过 500 mm 时,才允许采用机械回填碾压 1 圈。 4)回填土的密实度控制,应符合下列要求: ①在车行道范围内,必须符合相应道路路基密实度标准。 ②在车行道范围外,必须符合过渡式道路面层的土路基密实度标准。 5)填土应预留下沉量,当填土用机械分层夯实时,其预留下沉量不宜超过填土高度的 3%

表 2-23　无机防水涂料的性能指标

涂料种类	抗折强度(MPa)	黏结强度(MPa)	一次抗渗性(MPa)	二次抗渗性(MPa)	冻融循环(次)
掺外加剂、掺和料水泥基防水涂料	>4	>1.0	>0.8	—	>50

续上表

涂料种类	抗折强度 （MPa）	黏结强度 （MPa）	一次抗渗性 （MPa）	二次抗渗性 （MPa）	冻融循环 （次）
水泥基渗透结晶型 防水涂料	≥4	≥1.0	>1.0	>0.8	>50

表 2-24 有机防水涂料的性能指标

涂料 种类	可操作 时间 （min）	潮湿基面 黏结强度 （MPa）	抗渗性（MPa）			浸水 168 h 后拉伸强度 （MPa）	浸水 168 h 后断裂伸 长率（%）	耐水性 （%）	表干 （h）	实干 （h）
			涂膜 （120 min）	砂浆 迎水面	砂浆 背水面					
反应型	≥20	≥0.5	≥0.3	≥0.8	≥0.3	≥1.7	≥400	≥80	≤12	≤24
水乳型	≥50	≥0.2	≥0.3	≥0.8	≥0.3	≥0.5	≥350	≥80	≤4	≤12
聚合物 水泥	≥30	≥1.0	≥0.3	≥0.8	≥0.6	≥1.5	≥80	≥80	≤4	≤12

注：1. 浸水 168 h 后的拉伸强度和断裂伸长率是在浸水取出后只经擦干即进行试验所得的值。

2. 耐水性指标是指材料浸水 168 h 后取出擦干即进行试验，其黏结强度及抗渗性的保持率。

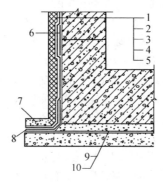

图 2-15 防水涂料外防外涂构造

1—保护墙；2—砂浆保护层；3—涂料防水层；4—砂浆找平层；5—结构墙体；6—涂料防水层加强层；

7—涂料防水加强层；8—涂料防水层搭接部位保护层；9—涂料防水层搭接部位；10—混凝土垫层

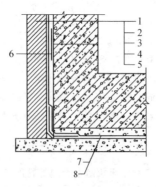

图 2-16 防水涂料外防内涂构造

1—保护墙；2—涂料保护层；3—涂料防水层；4—找平层；5—结构墙体；

6—涂料防水层加强层；7—涂料防水加强层；8—混凝土垫层

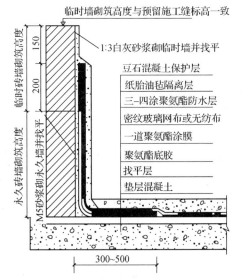

图 2-17 聚氨酯涂膜防水层甩槎构造
（单位：mm）

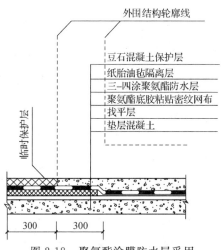

图 2-18 聚氨酯涂膜防水层采用
徊接法甩槎构造（单位：mm）

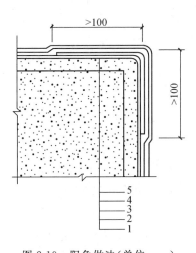

图 2-19 阳角做法（单位：mm）
1—需防水结构；2—水泥砂浆找平层；
3—底涂层（底胶）；4—玻璃纤维布增强涂布层；
5—涂膜防水层

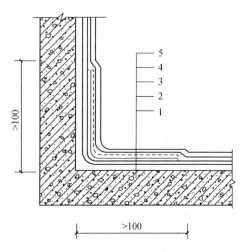

图 2-20 阴角做法（单位：mm）
1—需防水结构；2—水泥砂浆找平层；
3—底涂层（底胶）；4—玻璃纤维布增强涂布层；
5—涂膜防水层

涂料防水层表面有缺陷

质量问题表现

涂料防水层表面有气孔、气泡，端部或细部收头处出现同基层剥离翘边现象。

质量问题原因

(1)混合料搅拌方式或搅拌时间掌握不好,裹入了空气。

(2)基层未处理好,不清洁,不干燥。

(3)基层处理剂黏结力差。

(4)细部收头时,操作不仔细,密封处理不佳。

质量问题预防

(1)混合料搅拌应选择功率大,转速不太快的搅拌器,搅拌容器宜选用圆桶,以利于强烈搅拌均匀,且不会因转速太快而将空气卷入拌和材料中;搅拌时间以 3~5 min 为宜。

(2)涂料防水层的基层应符合下列要求:

1)基层表面先用铲刀和笤帚将凸出物、砂浆疙瘩等异物清除,并将尘土杂物清扫干净,如有油污铁锈等要用有机溶剂、钢丝刷、砂纸等清除。

2)基层平整度要求为:用 2 m 长的直尺检查,基层与直尺之间的最大空隙不应超过 5 mm,空隙仅允许平缓变化,每米长度内不得多于 1 处。阴阳角用氯丁胶乳砂浆做成 40 mm×40 mm 倒角。

3)基层如有裂缝,裂缝宽度 0.2 mm 及以下时可不予处理;大于 0.2 mm 并小于等于 0.5 mm 时应灌注化学浆液;大于 0.5 mm 时,在化学注浆前,要将裂缝凿成宽 6 mm,深 12 mm 的 V 型槽,先用密封材料嵌填深 7 mm,再用聚合物砂浆作 5mm 厚的保护层。

4)基层的凹坑如直径小于 40 mm,深度小于 7 mm,应凿成直径 50 mm,深 10 mm 的漏斗形,先抹 2 mm 厚素灰层再用氯丁胶乳水泥砂浆抹平。

5)涂料或卷材施工前,顶板混凝土必须干净、干燥。测定的方法是将 1m² 的卷材或厚 1.5~2 mm 的橡胶板覆盖在基层上静置 3~4 h,若卷材(橡胶板)内表面或覆盖的基层表面无水印,则可认为基层干燥。

(3)施工时操作要认真仔细,细部施工时要注意做好排水,防止带水操作,对管道周围做增强涂布时,可采用铜线箍扎固定等措施。

(4)每遍涂料固化干燥后,应进行检查,发现有气泡、气孔时必须予以修补。对于气孔,应以橡胶板刮压用力将混合料压入气孔填实,再进行增补涂抹;对于气泡,应将其穿破,除去浮膜,用处理气孔的方法填实,再做增补涂抹。

(5)发现翘边,应先对剥离翘边部分割去,将基层打毛处理干净,再根据基层材质选择与其黏结力强的基层处理剂涂刷基层,然后按增强和增补做法仔细涂布,最后按顺序分层涂刷涂膜防水层。

第五节　塑料板防水层施工

一、施工质量验收标准

塑料板防水层施工质量验收标准见表 2-25。

表 2-25　塑料板防水层施工质量验收标准

项　　目	内　　容
一般规定	(1)塑料防水板防水层适用于经常承受水压、侵蚀性介质或有振动作用的地下工程;塑料防水板宜铺设在复合式衬砌的初期支护与二次衬砌之间。 (2)塑料防水板防水层的基面应平整,无尖锐突出物,基面平整度 D/L 不应大于 1/6。 注:D 为初期支护基面相邻两凸面间凹进去的深度;L 为初期支护基面相邻两凸面间的距离。 (3)初期支护的渗漏水,应在塑料防水板防水层铺设前封堵或引排。 (4)塑料防水板的铺设应符合下列规定: 1)铺设塑料防水板前应先铺缓冲层,缓冲层应用暗钉圈固定在基面上;缓冲层搭接宽度不应小于 50 mm;铺设塑料防水板时,应边铺边用压焊机将塑料防水板与暗钉圈焊接; 2)两幅塑料防水板的搭接宽度不应小于 100 mm,下部塑料防水板应压住上部塑料防水板。接缝焊接时,塑料防水板的搭接层数不得超过 3 层; 3)塑料防水板的搭接缝应采用双焊缝,每条焊缝的有效宽度不应小于 10 mm; 4)塑料防水板铺设时宜设置分区预埋注浆系统; 5)分段设置塑料防水板防水层时,两端应采取封闭措施。 (5)塑料防水板的铺设应超前二次衬砌混凝土施工,超前距离宜为5～20 m。 (6)塑料防水板应牢固地固定在基面上,固定点间距应根据基面平整情况确定,拱部宜为 0.5～0.8 m,边墙宜为 1.0～1.5 m,底部宜为 1.5～2.0 m;局部凹凸较大时,应在凹处加密固定点。 (7)塑料防水板防水层分项工程检验批的抽样检验数量,应按铺设面积每 100 m² 抽查 1 处,每处 10 m²,且不得少于 3 处。焊缝检验应按焊缝条数抽查 5%,每条焊缝为 1 处,且不得少于 3 处
主控项目	(1)塑料防水板及其配套材料必须符合设计要求。 检验方法:检查产品合格证、产品性能检测报告和材料进场检验报告。 (2)塑料防水板的搭接缝必须采用双缝热熔焊接,每条焊缝的有效宽度不应小于 10 mm。 检验方法:双焊缝间空腔内充气检查和尺量检查
一般项目	(1)塑料防水板应采用无钉孔铺设,其固定点的间距应符合《地下防水工程质量验收规范》(GB 50208—2011)的规定。 检验方法:观察和尺量检查。 (2)塑料防水板与暗钉圈应焊接牢靠,不得漏焊、假焊和焊穿。 检验方法:观察检查。 (3)塑料防水板的铺设应平顺,不得有下垂、绷紧和破损现象。 检验方法:观察检查。

续上表

项　　目	内　　容
一般项目	(4)塑料防水板搭接宽度的允许偏差应为—10 mm。 检验方法:尺量检查

二、标准的施工方法

塑料板防水层标准的施工方法见表 2-26。

表 2-26　塑料板防水层标准的施工方法

项　　目	内　　容
材料要求	(1)塑料防水板可选用乙烯醋酸乙烯共聚物、乙烯-沥青共混聚合物、聚氯乙烯、高密度聚乙烯类或其他性能相近的材料。 (2)塑料防水板应符合下列规定: 1)幅宽宜为 2~4 m; 2)厚度不得小于 1.2 mm; 3)应具有良好的耐刺穿性、耐久性、耐水性、耐腐蚀性、耐菌性; 4)塑料防水板主要性能指标应符合表 2-27 的规定。 (3)缓冲层宜采用无纺布或聚乙烯泡沫塑料,缓冲层材料的性能指标应符合表2-28的规定。 (4)暗钉圈应采用与塑料防水板相容的材料制作,直径不应小于 80 mm
塑料板防水层施工	(1)塑料防水板防水层应由塑料防水板与缓冲层组成。 (2)塑料防水板防水层宜用于经常受水压、侵蚀性介质或受震动作用的地下工程防水。可根据工程地质、水文地质条件和工程防水要求,采用全封闭、半封闭或局部封闭铺设。 (3)塑料防水板防水层宜在初期支护结构趋于基本稳定后铺设,宜铺设在复合式衬砌的初期支护和二次衬砌之间。 (4)塑料防水板防水层的基面应平整、无尖锐突出物;基面平整度 D/L 不应大于 1/6。 注:D 为初期支护基面相邻两凸面间凹进去的深度;L 为初期支护基面相邻两凸面间的距离。 (5)铺设塑料防水板前应先铺缓冲层,缓冲层应采用暗钉圈固定在基面上(图 2-21)。 (6)塑料防水板防水层应牢固地固定在基面上,固定点的间距应根据基面平整情况确定,拱部宜为 0.5~0.8 m,边墙宜为 1.0~1.5 m,底部宜为1.5~2.0 m。局部凹凸较大时,应在凹处加密固定点。 (7)塑料防水板的铺设应符合下列规定: 1)铺设塑料防水板时,宜由拱顶向两侧展铺,并应边铺边用压焊机将塑料板与暗钉圈焊接牢靠,不得有漏焊、假焊和焊穿现象。两幅塑料防水板的搭接宽度不应小于 100 mm。搭接缝应为热熔双焊缝,每条焊缝的有效宽度不应小于 10 mm。 2)环向铺设时,应先拱后墙,下部防水板应压住上部防水板。 3)塑料防水板铺设时宜设置分区预埋注浆系统。 4)分段设置塑料防水板防水层时,两端应采取封闭措施。 (8)接缝焊接时,塑料板的搭接层数不得超过三层。 (9)塑料防水板铺设时应少留或不留接头,当留设接头时,应对接头进行保护。

续上表

项 目	内 容
塑料板防水层施工	再次焊接时应将接头处的塑料防水板擦拭干净。 (10)铺设塑料防水板时,不应绷得太紧,宜根据基面的平整度留有充分的余地。 (11)防水板的铺设应超前混凝土施工,超前距离宜为5～20 m,并应设临时挡板防止机械损伤和电火花灼伤防水板。 (12)二次衬砌混凝土施工时应符合下列规定: 　1)绑扎、焊接钢筋时应采取防刺穿、灼伤防水板的措施; 　2)混凝土出料口和振捣棒不得直接接触塑料防水板。 (13)塑料防水板防水层铺设完毕后,应进行质量检查,并应在验收合格后进行下道工序的施工

表 2-27　塑料防水板主要性能指标

项 目	性能指标			
	乙烯-醋酸乙烯共聚物	乙烯-沥青共混聚合物	聚氯乙烯	高密度聚乙烯
拉伸强度(MPa)	≥16	≥14	≥10	≥16
断裂延伸率(%)	≥550	≥500	≥200	≥550
不透水性,120 min(MPa)	≥0.3	≥0.3	≥0.3	≥0.3
低温弯折性	−35℃无裂纹	−35℃无裂纹	−20℃无裂纹	−35℃无裂纹
热处理尺寸变化率(%)	≤2.0	≤2.5	≤2.0	≤2.0

表 2-28　缓冲层材料性能指标

材料名称	性能指标				
	抗拉强度(N/50 mm)	伸长率(%)	质量(g/m²)	顶破强度(kN)	厚度(mm)
聚乙烯泡沫塑料	＞0.4	≥100	—	≥5	≥5
无纺布	纵横向≥700	纵横向≥50	＞300	—	—

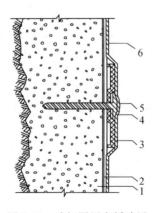

图 2-21　暗钉圈固定缓冲层

1—初期支护;2—缓冲层;3—热塑性暗钉圈;4—金属垫圈;5—射钉;6—塑料防水板

地下工程塑料板防水层防水板变形或损坏

质量问题表现

在二次衬砌浇筑混凝土或初期支护围岩时,防水板发生变形或损坏。

质量问题原因

(1)采用的塑料板抗拉强度低。

(2)塑料板防水层的铺设不符合规范要求。

质量问题预防

(1)常用的塑料板。

1) EVA 膜。EVA 膜是乙烯—醋酸乙烯共聚物,特点是抗拉及抗裂强度较大、相对密度小,具有突出的柔软性和较大的延伸率,施工方便,防水效果优良。

2) LDPE 膜。LDPE 膜是低密度聚乙烯,特点是抗压强度及延伸率大、比较柔软、易于施工,在目前应用的塑料防水板中价格最低;缺点是燃烧速度比 EVA 大,不耐阳光照射。

3) HDPE。HDPE 是高密度聚乙烯,抗拉强度、延伸率等技术指标较高,但产品比较硬,施工困难。

4) ECB。ECB 是乙烯共聚物沥青,板厚 1.0～2.0 mm,其抗拉强度、延伸率、抗刺穿能力等性能均优于 EVA 和 LDPE,在有振动、扭曲等复杂环境下也能实现坚固的防水目的,但铺设稍难,造价也高。

5)PVC。PVC 是聚氯乙烯板,厚度 1～3 mm。PVC 防水板幅宽较小(国内幅宽只有 1 m)、接缝多,相对密度大,不易铺设,尤其是焊接时会产生氯化氢等有害气体,对健康有一定的影响。

(2)塑料板防水层的铺设应符合下列规定:

1)塑料板的缓冲衬垫应用暗钉圈固定在基层上,塑料板边铺边将其与暗钉圈焊接牢固;

2)两幅塑料板的搭接宽度应为 100 mm,下部塑料板应压住上部塑料板;

3)搭接缝宜采用双条焊缝焊接,单条焊缝的有效焊接宽度不应小于 10 mm;

4)复合式衬砌的塑料板铺设与内衬混凝土的施工距离不应小于 5 m。

第六节　金属板防水层施工

一、施工质量验收标准

金属板防水层施工质量验收标准见表2-29。

表 2-29　金属板防水层施工质量验收标准

项　　目	内　　容
一般规定	(1)金属板防水层适用于抗渗性能要求较高的地下工程;金属板应铺设在主体结构迎水面。 (2)金属板防水层所采用的金属材料和保护材料应符合设计要求。金属板及其焊接材料的规格、外观质量和主要物理性能,应符合国家现行有关标准的规定。 (3)金属板的拼接及金属板与工程结构的锚固件连接应采用焊接。金属板的拼接焊缝应进行外观检查和无损检验。 (4)金属板表面有锈蚀、麻点或划痕等缺陷时,其深度不得大于该板材厚度的负偏差值。 (5)金属板防水层分项工程检验批的抽样检验数量,应按铺设面积每10 m² 抽查1处,每处1 m²,且不得少于3处。焊缝表面缺陷检验应按焊缝的条数抽查5%,且不得少于1条焊缝;每条焊缝检查1处,总抽查数不得少于10处
主控项目	(1)金属板和焊接材料必须符合设计要求。 检验方法:检查产品合格证、产品性能检测报告和材料进场检验报告。 (2)焊工应持有有效的执业资格证书。 检验方法:检查焊工执业资格证书和考核日期
一般项目	(1)金属板表面不得有明显凹面和损伤。 检验方法:观察检查。 (2)焊缝不得有裂纹、未熔合、夹渣、焊瘤、咬边、烧穿、弧坑、针状气孔等缺陷。 检验方法:观察检查和使用放大镜、焊缝量规及钢尺检查,必要时采用渗透或磁粉探伤检查。 (3)焊缝的焊波应均匀,焊渣和飞溅物应清除干净;保护涂层不得有漏涂、脱皮和反锈现象。 检验方法:观察检查

二、标准的施工方法

金属板防水层标准的施工方法见表2-30。

表 2-30　金属板防水层标准的施工方法

项　　目	内　　容
材料要求	(1)金属防水层按设计规定选用材料,所用材料应有出厂合格证、质量检验报告和现场抽样试验报告,各项性能指标应符合《碳素结构钢》(GB/T 700—2006)和《低合金高强度结构钢》(GB/T 1591—2008)的要求。

续上表

项　目	内　容
材料要求	（2）金属板防水层所用的连接材料，如焊条、焊剂、螺栓、型钢、铁件等，亦应有出厂合格证和质量检验报告，并符合设计及国家标准的规定。 （3）对于有严重锈蚀、麻点或划痕等缺陷的金属板，均不应用作金属防水层，以避免降低金属防水层的抗渗性
金属板防水层施工	（1）金属板的拼接应采用焊接，拼接焊缝应严密。竖向金属板的垂直接缝，应相互错开。 （2）主体结构内侧设置金属防水层时，金属板应与结构内的钢筋焊牢，也可在金属防水层上焊接一定数量的锚固件（图2-22）。 （3）主体结构外侧设置金属防水层时，金属板应焊在混凝土结构的预埋件上。金属板经焊缝检查合格后，应将其与结构间的空隙用水泥砂浆灌实（图2-23）。 （4）金属板防水层应用临时支撑加固。金属板防水层底板上应预留浇捣孔，并应保证混凝土浇筑密实，待底板混凝土浇筑完后应补焊严密。 （5）金属板防水层如先焊成箱体，再整体吊装就位时，应在其内部加设临时支撑。 （6）金属板防水层应采取防锈措施

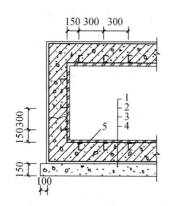

图 2-22　金属板防水层（一）（单位：mm）
1—金属板；2—主体结构；3—防水砂浆；
4—垫层；5—锚固筋

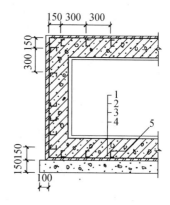

图 2-23　金属板防水层（二）（单位：mm）
1—防水砂浆；2—主体结构；
3—金属板；4—垫层；5—锚固筋

质量问题

地下工程金属板防水层金属板焊接质量差

质量问题表现

地下工程金属板防水层金属板焊接存在缺陷，造成渗漏水隐患，不能使用，甚至在吊运时就可能发生断裂，造成质量安全事故。

质量问题

质量问题原因

(1)焊工技术水平差,甚至无证上岗。

(2)金属板的拼装焊缝未进行无损检验就进行安装。

质量问题预防

从事金属板焊接工作的焊工必须经考试取得合格证,金属板焊接及安装主要有先装法和后装法两种:

(1)先装法(整体或金属防水层)施工。

1)先焊成整体箱套,厚 4 mm 以下钢板接缝可用拼接焊,4 mm 及其以上钢板用对接焊,垂直接缝应互相错开。箱套内侧用临时支撑加固,以防吊装及浇筑混凝土时变形。

2)在结构底板钢筋及四壁外模板安装完后,将箱套整体吊入基坑内预设的混凝土墩或型钢支架上准确就位,箱套作为内模板使用。

3)钢板锚筋应与防水结构的钢筋焊牢,或在钢板上焊以一定数量的锚固件,以使与混凝土连接牢固,如图 2-24(a)所示。

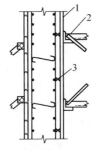 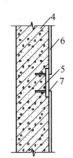

(a)先装钢板箱套支护做法　　　　　(b)后装钢板与埋件焊接成箱套做法

图 2-24　金属板防水层做法

1—钢板箱套;2—临时支撑加固;3—锚爪与结构钢箱焊牢;

4—结构外壁;5—埋设件;6—防水钢板;7—焊缝

4)箱套在安装前,应用超声波、X 射线或气泡法、煤油渗漏法、真空法等检查焊缝的严密性,如发现渗漏,应立即予以修整或补焊。

5)为便于浇筑混凝土,在箱套底板上可开适当孔洞,待混凝土达到 70% 强度后,用比孔稍大钢板将孔洞补焊严密。

(2)后装法(装配式金属防水层)施工。

1)根据钢板尺寸及结构造型,在防水结构内壁和底板上预埋带锚爪的钢板或型钢埋件,与结构钢筋或安装的钢固定架焊牢,并保证位置正确。

2)浇筑结构混凝土,并待混凝土强度达到设计强度要求,紧贴内壁在埋设件上焊钢板防水层内套,要求焊缝饱满,无气孔、夹渣、咬肉、变形等疵病,如图 2-24(b)所示。

3)焊缝经检查合格后,钢板防水层与结构混凝土间的空隙用水泥浆灌满。钢板表面涂刷防腐底漆及面漆保护,或按设计要求铺设预制罩面板、铺砌耐火砖等。

第七节　细部构造防水施工

一、施工质量验收标准

(1)施工缝施工质量验收标准见表 2-31。

表 2-31　施工缝施工质量验收标准

项　目	内　容
主控项目	(1)施工缝用止水带、遇水膨胀止水条或止水胶、水泥基渗透结晶型防水涂料和预埋注浆管必须符合设计要求。 检验方法:检查产品合格证、产品性能检测报告和材料进场检验报告。 (2)施工缝防水构造必须符合设计要求。 检验方法:观察检查和检查隐蔽工程验收记录
一般项目	(1)墙体水平施工缝应留设在高出底板表面不小于 300 mm 的墙体上。拱、板与墙结合的水平施工缝,宜留在拱、板与墙交接处以下 150～300 mm 处;垂直施工缝应避开地下水和裂隙水较多的地段,并宜与变形缝相结合。 检验方法:观察检查和检查隐蔽工程验收记录。 (2)在施工缝处继续浇筑混凝土时,已浇筑的混凝土抗压强度不应小于 1.2 MPa。 检验方法:观察检查和检查隐蔽工程验收记录。 (3)水平施工缝浇筑混凝土前,应将其表面浮浆和杂物清除,然后铺设净浆、涂刷混凝土界面处理剂或水泥基渗透结晶型防水涂料,再铺 30～50 mm 厚的 1∶1 水泥砂浆,并及时浇筑混凝土。 检验方法:观察检查和检查隐蔽工程验收记录。 (4)垂直施工缝浇筑混凝土前,应将其表面清理干净,再涂刷混凝土界面处理剂或水泥基渗透结晶型防水涂料,并及时浇筑混凝土。 检验方法:观察检查和检查隐蔽工程验收记录。 (5)中埋式止水带及外贴式止水带埋设位置应准确,固定应牢靠。 检验方法:观察检查和检查隐蔽工程验收记录。 (6)遇水膨胀止水条应具有缓膨胀性能;止水条与施工缝基面应密贴,中间不得有空鼓、脱离等现象;止水条应牢固地安装在缝表面或预留凹槽内;止水条采用搭接连接时,搭接宽度不得小于 30 mm。 检验方法:观察检查和检查隐蔽工程验收记录。 (7)遇水膨胀止水胶应采用专用注胶器挤出黏结在施工缝表面,并做到连续、均匀、饱满,无气泡和孔洞,挤出宽度及厚度应符合设计要求;止水胶挤出成形后,固化期内应采取临时保护措施;止水胶固化前不得浇筑混凝土。 检验方法:观察检查和检查隐蔽工程验收记录。 (8)预埋注浆管应设置在施工缝断面中部,注浆管与施工缝基面应密贴并固定牢靠,固定间距宜为 200～300 mm;注浆导管与注浆管的连接应牢固、严密,导管埋入混凝土内的部分应与结构钢筋绑扎牢固,导管的末端应临时封堵严密。 检验方法:观察检查和检查隐蔽工程验收记录

（2）变形缝施工质量验收标准见表 2-32。

表 2-32　变形缝施工质量验收标准

项　目	内　容
主控项目	（1）变形缝用止水带、填缝材料和密封材料必须符合设计要求。 检验方法：检查产品合格证、产品性能检测报告和材料进场检验报告。 （2）变形缝防水构造必须符合设计要求。 检验方法：观察检查和检查隐蔽工程验收记录。 （3）中埋式止水带埋设位置应准确，其中间空心圆环与变形缝的中心线应重合。 检验方法：观察检查和检查隐蔽工程验收记录
一般项目	（1）中埋式止水带的接缝应设在边墙较高位置上，不得设在结构转角处；接头宜采用热压焊接，接缝应平整、牢固，不得有裂口和脱胶现象。 检验方法：观察检查和检查隐蔽工程验收记录。 （2）中埋式止水带在转弯处应做成圆弧形；顶板、底板内止水带应安装成盆状，并宜采用专用钢筋套或扁钢固定。 检验方法：观察检查和检查隐蔽工程验收记录。 （3）外贴式止水带在变形缝与施工缝相交部位宜采用十字配件；外贴式止水带在变形缝转角部位宜采用直角配件。止水带埋设位置应准确，固定应牢靠，并与固定止水带的基层密贴，不得出现空鼓、翘边等现象。 检验方法：观察检查和检查隐蔽工程验收记录。 （4）安设于结构内侧的可卸式止水带所需配件应一次配齐，转角处应做成45°坡角，并增加紧固件的数量。 检验方法：观察检查和检查隐蔽工程验收记录。 （5）嵌填密封材料的缝内两侧基面应平整、洁净、干燥，并应涂刷基层处理剂；嵌缝底部应设置背衬材料；密封材料嵌填应严密、连续、饱满，黏结牢固。 检验方法：观察检查和检查隐蔽工程验收记录。 （6）变形缝处表面粘贴卷材或涂刷涂料前，应在缝上设置隔离层和加强层。 检验方法：观察检查和检查隐蔽工程验收记录

（3）后浇带施工质量验收标准见表 2-33。

表 2-33　后浇带施工质量验收标准

项　目	内　容
主控项目	（1）后浇带用遇水膨胀止水条或止水胶、预埋注浆管、外贴式止水带必须符合设计要求。 检验方法：检查产品合格证、产品性能检测报告和材料进场检验报告。 （2）补偿收缩混凝土的原材料及配合比必须符合设计要求。 检验方法：检查产品合格证、产品性能检测报告、计量措施和材料进场检验报告。 （3）后浇带防水构造必须符合设计要求。 检验方法：观察检查和检查隐蔽工程验收记录。 （4）采用掺膨胀剂的补偿收缩混凝土，其抗压强度、抗渗性能和限制膨胀率必须符合设计要求。 检验方法：检查混凝土抗压强度、抗渗性能和水中养护 14 d 后的限制膨胀率检验报告

项　　目	内　　容
一般项目	(1)补偿收缩混凝土浇筑前,后浇带部位和外贴式止水带应采取保护措施。 检验方法:观察检查。 (2)后浇带两侧的接缝表面应先清理干净,再涂刷混凝土界面处理剂或水泥基渗透结晶型防水涂料;后浇混凝土的浇筑时间应符合设计要求。 检验方法:观察检查和检查隐蔽工程验收记录。 (3)遇水膨胀止水条的施工应符合《地下防水工程质量验收规范》(GB 50208—2011)的规定;遇水膨胀止水胶的施工应符合《地下防水工程质量验收规范》(GB 50208—2011)的规定;预埋注浆管的施工应符合《地下防水工程质量验收规范》(GB 50208—2011)的规定;外贴式止水带的施工应符合《地下防水工程质量验收规范》(GB 50208—2011)的规定。 检验方法:观察检查和检查隐蔽工程验收记录。 (4)后浇带混凝土应一次浇筑,不得留设施工缝;混凝土浇筑后应及时养护,养护时间不得少于 28 d。 检验方法:观察检查和检查隐蔽工程验收记录

(4)穿墙管施工质量验收标准见表 2-34。

表 2-34　穿墙管施工质量验收标准

项　　目	内　　容
主控项目	(1)穿墙管用遇水膨胀止水条和密封材料必须符合设计要求。 检验方法:检查产品合格证、产品性能检测报告和材料进场检验报告。 (2)穿墙管防水构造必须符合设计要求。 检验方法:观察检查和检查隐蔽工程验收记录
一般项目	(1)固定式穿墙管应加焊止水环或环绕遇水膨胀止水圈,并作好防腐处理;穿墙管应在主体结构迎水面预留凹槽,槽内应用密封材料嵌填密实。 检验方法:观察检查和检查隐蔽工程验收记录。 (2)套管式穿墙管的套管与止水环及翼环应连续满焊,并作好防腐处理;套管内表面应清理干净,穿墙管与套管之间应用密封材料和橡胶密封圈进行密封处理,并采用法兰盘及螺栓进行固定。 检验方法:观察检查和检查隐蔽工程验收记录。 (3)穿墙盒的封口钢板与混凝土结构墙上预埋的角钢应焊严,并从钢板上的预留浇筑孔注入改性沥青密封材料或细石混凝土,封填后将浇筑孔口用钢板焊接封闭。 检验方法:观察检查和检查隐蔽工程验收记录。 (4)当主体结构迎水面有柔性防水层时,防水层与穿墙管连接处应增设加强层。 检验方法:观察检查和检查隐蔽工程验收记录。 (5)密封材料嵌填应密实、连续、饱满,黏结牢固。 检验方法:观察检查和检查隐蔽工程验收记录

(5)埋设件施工质量验收标准见表 2-35。

表 2-35　埋设件施工质量验收标准

项　目	内　容
主控项目	(1)埋设件用密封材料必须符合设计要求。 检验方法:检查产品合格证、产品性能检测报告、材料进场检验报告。 (2)埋设件防水构造必须符合设计要求。 检验方法:观察检查和检查隐蔽工程验收记录
一般项目	(1)埋设件应位置准确,固定牢靠;埋设件应进行防腐处理。 检验方法:观察、尺量和手扳检查。 (2)埋设件端部或预留孔、槽底部的混凝土厚度不得小于 250 mm;当混凝土厚度小于 250 mm 时,应局部加厚或采取其他防水措施。 检验方法:尺量检查和检查隐蔽工程验收记录。 (3)结构迎水面的埋设件周围应预留凹槽,凹槽内应用密封材料填实。 检验方法:观察检查和检查隐蔽工程验收记录。 (4)用于固定模板的螺栓必须穿过混凝土结构时,可采用工具式螺栓或螺栓加堵头,螺栓上应加焊止水环。拆模后留下的凹槽应用密封材料封堵密实,并用聚合物水泥砂浆抹平。 检验方法:观察检查和检查隐蔽工程验收记录。 (5)预留孔、槽内的防水层应与主体防水层保持连续。 检验方法:观察检查和检查隐蔽工程验收记录。 (6)密封材料嵌填应密实、连续、饱满,黏结牢固。 检验方法:观察检查和检查隐蔽工程验收记录

(6)预留通道接头施工质量验收标准见表 2-36。

表 2-36　预留通道接头施工质量验收标准

项　目	内　容
主控项目	(1)预留通道接头用中埋式止水带、遇水膨胀止水条或止水胶、预埋注浆管、密封材料和可卸式止水带必须符合设计要求。 检验方法:检查产品合格证、产品性能检测报告、材料进场检验报告。 (2)预留通道接头防水构造必须符合设计要求。 检验方法:观察检查和检查隐蔽工程验收记录。 (3)中埋式止水带埋设位置应准确,其中间空心圆环与通道接头中心线应重合。 检验方法:观察检查和检查隐蔽工程验收记录
一般项目	(1)预留通道先浇筑混凝土结构、中埋式止水带和预埋件并应及时保护,预埋件应进行防锈处理。 检验方法:观察检查。 (2)遇水膨胀止水条的施工应符合《地下防水工程质量验收规范》(GB 50208—2011)的规定;遇水膨胀止水胶的施工应符合《地下防水工程质量验收规范》(GB 50208—2011)的规定;预埋注浆管的施工应符合《地下防水工程质量验收规范》(GB 50208—2011)的规定。

项　目	内　容
一般项目	检验方法:观察检查和检查隐蔽工程验收记录。 (3)密封材料嵌填应密实、连续、饱满,黏结牢固。 检验方法:观察检查和检查隐蔽工程验收记录。 (4)用膨胀螺栓固定可卸式止水带时,止水带与紧固件压块以及止水带与基面之间应结合紧密。采用金属膨胀螺栓时,应选用不锈钢材料或进行防锈处理。 检验方法:观察检查和检查隐蔽工程验收记录。 (5)预留通道接头外部应设保护墙。 检验方法:观察检查和检查隐蔽工程验收记录

(7)桩头施工质量验收标准见表 2-37。

表 2-37　桩头施工质量验收标准

项　目	内　容
主控项目	(1)桩头用聚合物水泥防水砂浆、水泥基渗透结晶型防水涂料、遇水膨胀止水条或止水胶和密封材料必须符合设计要求。 检验方法:检查产品合格证、产品性能检测报告和材料进场检验报告。 (2)桩头防水构造必须符合设计要求。 检验方法:观察检查和检查隐蔽工程验收记录。 (3)桩头混凝土应密实,如发现渗漏水应及时采取封堵措施。 检验方法:观察检查和检查隐蔽工程验收记录
一般项目	(1)桩头顶面和侧面裸露处应涂刷水泥基渗透结晶型防水涂料,并延伸到结构底板垫层150 mm处;桩头四周300 mm范围内应抹聚合物水泥防水砂浆过渡层。 检验方法:观察检查和检查隐蔽工程验收记录。 (2)结构底板防水层应做在聚合物水泥防水砂浆过渡层上并延伸至桩头侧壁,其与桩头侧壁接缝处应采用密封材料嵌填。 检验方法:观察检查和检查隐蔽工程验收记录。 (3)桩头的受力钢筋根部应采用遇水膨胀止水条或止水胶,并应采取保护措施。 检验方法:观察检查和检查隐蔽工程验收记录。 (4)遇水膨胀止水条的施工应符合《地下防水工程质量验收规范》(GB 50208—2011)的规定;遇水膨胀止水胶的施工应符合《地下防水工程质量验收规范》(GB 50208—2011)的规定。 检验方法:观察检查和检查隐蔽工程验收记录。 (5)密封材料嵌填应密实、连续、饱满,黏结牢固。 检验方法:观察检查和检查隐蔽工程验收记录

(8)孔口施工质量验收标准见表 2-38。

表 2-38　孔口施工质量验收标准

项　目	内　容
主控项目	(1)孔口用防水卷材、防水涂料和密封材料必须符合设计要求。

项　　目	内　　容
主控项目	检验方法:检查产品合格证、产品性能检测报告、材料进场检验报告。 (2)孔口防水构造必须符合设计要求。 检验方法:观察检查和检查隐蔽工程验收记录
一般项目	(1)人员出入口高出地面不应小于 500 mm;汽车出入口设置明沟排水时,其高出地面宜为150 mm,并应采取防雨措施。 检验方法:观察和尺量检查。 (2)窗井的底部在最高地下水位以上时,窗井的墙体和底板应作防水处理,并宜与主体结构断开。窗台下部的墙体和底板应做防水层。 检验方法:观察检查和检查隐蔽工程验收记录。 (3)窗井或窗井的一部分在最高地下水位以下时,窗井应与主体结构连成整体,其防水层也应连成整体,并应在窗井内设置集水井。窗台下部的墙体和底板应做防水层。 检验方法:观察检查和检查隐蔽工程验收记录。 (4)窗井内的底板应低于窗下缘 300 mm。窗井墙高出室外地面不得小于500 mm;窗井外地面应做散水,散水与墙面间应采用密封材料嵌填。 检验方法:观察检查和尺量检查。 (5)密封材料嵌填应密实、连续、饱满,黏结牢固。 检验方法:观察检查和检查隐蔽工程验收记录

(9)坑、池施工质量验收标准见表 2-39。

表 2-39　坑、池施工质量验收标准

项　　目	内　　容
主控项目	(1)坑、池防水混凝土的原材料、配合比及坍落度必须符合设计要求。 检验方法:检查产品合格证、产品性能检测报告、计量措施和材料进场检验报告。 (2)坑、池防水构造必须符合设计要求。 检验方法:观察检查和检查隐蔽工程验收记录。 (3)坑、池、储水库内部防水层完成后,应进行蓄水试验。 检验方法:观察检查和检查蓄水试验记录
一般项目	(1)坑、池、储水库宜采用防水混凝土整体浇筑,混凝土表面应坚实、平整,不得有露筋、蜂窝和裂缝等缺陷。 检验方法:观察检查和检查隐蔽工程验收记录。 (2)坑、池底板的混凝土厚度不应小于 250 mm;当底板的厚度小于250 mm时,应采取局部加厚措施,并应使防水层保持连续。 检验方法:观察检查和检查隐蔽工程验收记录。 (3)坑、池施工完后,应及时遮盖和防止杂物堵塞。 检验方法:观察检查

二、标准的施工方法

(1)变形缝标准的施工方法见表 2-40。

表 2-40　变形缝标准的施工方法

项　目	内　容
材料要求	(1)变形缝用橡胶止水带的物理性能应符合表 2-41 的要求。 (2)密封材料应采用混凝土建筑接缝用密封胶,不同模量的建筑接缝用密封胶的物理性能应符合表 2-42 的要求
变形缝施工	(1)一般要求。 1)变形缝应满足密封防水、适应变形、施工方便、检修容易等要求。 2)用于伸缩的变形缝宜少设,可根据不同的工程结构类别、工程地质情况采用后浇带、加强带、诱导缝等替代措施。 3)变形缝处混凝土结构的厚度不应小于 300 mm。 4)用于沉降的变形缝最大允许沉降差值不应大于 30 mm。 5)变形缝的宽度宜为 20～30 mm。 (2)防水构造形式。变形缝的防水措施可根据工程开挖方法、防水等级按表2-43、表 2-44 的要求选用。变形缝的几种复合防水构造形式,如图 2-25 至图 2-27 所示。 (3)中埋式止水带施工。 1)环境温度高于 50℃处的变形缝,中埋式止水带可采用金属制作(图 2-28)。 2)止水带埋设位置应准确,其中间空心圆环应与变形缝的中心线重合。 3)止水带应固定,顶、底板内止水带应呈盆状安设。 4)中埋式止水带先施工一侧混凝土时,其端模应支撑牢固,并应严防漏浆。 5)止水带的接缝宜为 1 处,应设在边墙较高位置上,不得设在结构转角处,接头宜采用热压焊接。 6)中埋式止水带在转弯处应做成圆弧形,(钢边)橡胶止水带的转角半径不应小于 200 mm,转角半径应随止水带的宽度增大而相应加大。 7)变形缝与施工缝均用外贴式止水带(中埋式)时,其相交部位宜采用十字配件(图 2-29)。变形缝用外贴式止水带的转角部位宜采用直角配件(图2-30)。 (4)密封材料嵌填。 1)缝内两侧基面应平整干净、干燥,并应刷涂与密封材料相容的基层处理剂。 2)嵌缝底部应设置背衬材料。 3)嵌填应密实连续、饱满,并应黏结牢固

表 2-41　橡胶止水带物理性能

项　目	性能要求		
	B 型	S 型	J 型
硬度(邵尔 A,度)	60±5	60±5	60±5
拉伸强度(MPa)	≥15	≥12	≥10
拉断伸长率(%)	≥380	≥380	≥300

续上表

项　　目		性能要求		
		B 型	S 型	J 型
压缩永久变形	70℃×24 h(%)	≤35	≤35	≤25
	23℃×168 h(%)	≤20	≤20	≤20
撕裂强度(kN/m)		≥30	≥25	≥25
脆性温度(℃)		≤-45	≤-40	≤-40
热空气老化	70℃×168 h 硬度变化(邵尔 A,度)	+8	+8	—
	70℃×168 h 拉伸强度(MPa)	≥12	≥10	—
	70℃×168 h 扯断伸长率(%)	≥300	≥300	—
	100℃×168 h 硬度变化(邵尔 A,度)	—	—	+8
	100℃×168 h 拉伸强度(MPa)	—	—	≥9
	100℃×168 h 扯断伸长率(%)	—	—	≥250
橡胶与金属黏合		断面在弹性体内		

注:1. B 型适用于变形缝用止水带,S 型适用于施工缝用止水带,J 型适用于有特殊耐老化要求的接缝用止水带。

2. 橡胶与金属黏合指标仅适用于具有钢边的止水带。

表 2-42　建筑接缝用密封胶物理性能

项　　目			性能要求			
			25(低模量)	25(高模量)	20(低模量)	20(高模量)
流动性	下垂度 (N 型)	垂直(mm)	≤3			
		水平(mm)	≤3			
	流平性(S 型)		光滑平整			
挤出性(mL/min)			≥80			
弹性恢复率(%)			≥80		≥60	
拉伸模量(MPa)	23℃ -20℃		≤0.4 和 ≤0.6	>0.4 或 >0.6	≤0.4 和 ≤0.6	>0.4 或 >0.6
定伸黏结性			无破坏			
浸水后定伸黏结性			无破坏			
热压冷拉后黏结性			无破坏			
体积收缩率(%)			≤25			

注:体积收缩率仅适用于乳胶型和溶剂型产品。

表 2-43 明挖法地下工程防水设防要求

工程部位		主体结构							施工缝						后浇带					变形缝(诱导缝)					
防水措施		防水混凝土	防水卷材	防水涂料	塑料防水板	膨润土防水材料	防水砂浆	金属防水板	遇水膨胀止水条(胶)	外贴式止水带	中埋式止水带	外抹防水砂浆	外涂防水涂料	水泥基渗透结晶型防水涂料	补偿收缩混凝土	外贴式止水带	预埋注浆管	遇水膨胀止水条(胶)	防水密封材料	中埋式止水带	外贴式止水带	可卸式止水带	防水密封材料	外贴防水卷材	外涂防水涂料
防水等级	一级	应选	应选一至两种						应选两种						应选	应选两种			应选	应选一至两种					
	二级	应选	应选一种						应选一至两种						应选	应选一至两种			应选	应选一至两种					
	三级	应选	宜选一种						宜选一至两种						应选	应选一至两种			应选	应选一至两种					
	四级	宜选	—						宜选一种						应选	宜选一种			应选	宜选一种					

表 2-44 暗挖法地下工程防水设防要求

工程部位			衬砌结构						内衬砌施工缝						内衬砌变形缝(诱导缝)				
防水措施			防水混凝土	塑料防水板	防水砂浆	防水涂料	防水卷材	金属防水层	外贴式止水带	预埋注浆管	遇水膨胀止水条(胶)	防水密封材料	中埋式止水带	水泥基渗透结晶型防水涂料	中埋式止水带	外贴式止水带	可卸式止水带	防水密封材料	遇水膨胀止水条(胶)
防水等级	一级	必选	应选一至两种						应选一至两种					应选	应选一至两种				
	二级	应选	应选一种						应选一种					应选	应选一种				
	三级	宜选	宜选一种						宜选一种					应选	宜选一种				
	四级	宜选	宜选一种						宜选一种					应选	宜选一种				

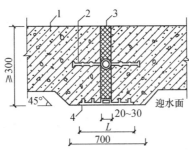

图 2-25　中埋式止水带与外贴式防水层复合使用(单位:mm)

外贴式止水带 L≥300;外贴防水卷材 L≥400;外涂防水涂层 L≥400

1—混凝土结构;2—中埋式止水带;3—填缝材料;4—外贴止水带

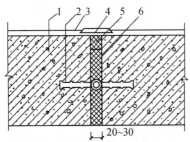

图 2-26　中埋式止水带与嵌缝材料复合使用(单位:mm)

1—混凝土结构;2—中埋式止水带;3—防水层;4—隔离层;5—密封材料;6—填缝材料

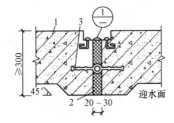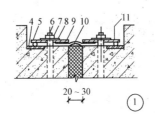

图 2-27　中埋式止水带与可卸式止水带复合使用(单位:mm)

1—混凝土结构;2—填缝材料;3—中埋式止水带;4—预埋钢板;5—紧固件压板;

6—预埋螺栓;7—螺母;8—垫圈;9—紧固件压块;10—Ω形止水带;11—紧固件圆钢

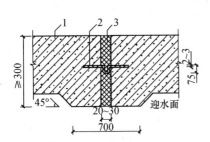

图 2-28　中埋式金属止水带(单位:mm)

1—混凝土结构;2—金属止水带;3—填缝材料

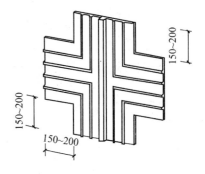

图 2-29　外贴式止水带在施工缝
与变形缝相交处的十字配件(单位:mm)

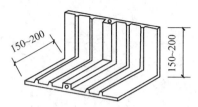

图 2-30 外贴式止水带在转角处的直角配件(单位:mm)

施工缝渗漏水

质量问题表现

地下工程施工缝发生渗漏水现象,防水效果受到影响。

质量问题原因

(1)防水层留槎混乱,层次不清,甩槎长度不够,无法分层接槎,使素灰层不连续,有的没有按要求留斜坡阶梯形槎而留成直槎,接槎后,由于新槎收缩产生微裂缝而造成渗漏水。

(2)施工缝的留设离阴阳角不足 200 mm,使甩槎、接槎操作困难,影响施工质量,形成施工缝渗漏。

(3)施工缝防水施工不符合规范要求。

质量问题预防

(1)施工缝的留槎应符合下列规定:

1)平面留槎采用阶梯坡形槎,接槎要依层次顺序操作,层层搭接紧密(图 2-31)。接槎位置一般应留在地面上,亦可留在墙面上,但需离开阴阳角处 200 mm。在接槎部位继续施工时,需在阶梯形槎面上均匀涂刷水泥浆或抹素灰一道,使接头密实不漏水;

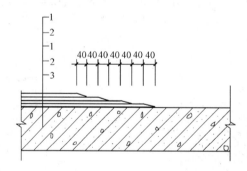

图 2-31 平面留槎示意(单位:mm)
1—砂浆层;2—水泥浆层;3—围护结构

质量问题

2）基础面与墙面防水层转角接槎，如图2-32所示。

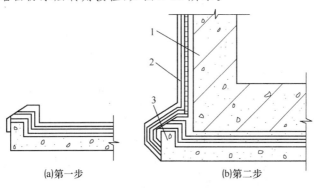

(a)第一步　　　　　　(b)第二步

图2-32　转角留槎示意（单位：mm）

1—围护结构；2—水泥砂浆防水层；3—混凝土垫层

（2）施工缝防水施工应符合下列要求：

1）水平施工缝浇筑混凝土前，应将其表面浮浆和杂物清除，铺水泥砂浆或涂刷混凝土界面处理剂并及时浇筑混凝土；

2）垂直施工缝浇筑混凝土前，应将其表面清理干净，涂刷混凝土界面处理剂并及时浇筑混凝土；

3）施工缝采用遇水膨胀橡胶腻子止水条时，应将止水条牢固地安装在缝表面预留槽内；

4）施工缝采用中埋止水带时，应确保止水带位置准确、固定牢靠。

（2）后浇带标准的施工方法见表2-45。

表2-45　后浇带标准的施工方法

项　　目	内　　容
材料要求	（1）用于补偿收缩混凝土的水泥、砂、石、拌和水及外加剂、掺和料等应符合《地下防水工程验收规范》(GB 50208—2011)的相关规定。 （2）混凝土膨胀剂的物理性能应符合表2-46的要求
后浇带施工	（1）一般要求。 1）后浇带宜用于不允许留设变形缝的工程部位。 2）后浇带应在其两侧混凝土龄期达到42 d后再施工；高层建筑的后浇带施工应按规定时间进行。 3）后浇带应采用补偿收缩混凝土浇筑，其抗渗和抗压强度等级不应低于两侧混凝土。 4）后浇带应设在受力和变形较小的部位，其间距和位置应按结构设计要求确定，宽度宜为700～1 000 mm。 （2）防水构造形式。后浇带两侧可做成平直缝或阶梯缝，其防水构造形式宜采用，如图2-33至图2-35所示。 （3）后浇带施工。 1）补偿收缩混凝土的配合比除应符合表2-47的规定外，还应符合下列要求：

项 目	内 容
后浇带施工	①膨胀剂掺量不宜大于12%； ②膨胀剂掺量应以胶凝材料总量的百分比表示。 　2)采用掺膨胀剂的补偿收缩混凝土，水中养护14 d后的限制膨胀率不应小于0.015%，膨胀剂的掺量应根据不同部位的限制膨胀率设定值经试验确定。 　3)后浇带混凝土施工前，后浇带部位和外贴式止水带应防止落入杂物和损伤外贴止水带。 　4)后浇带两侧的接缝处理应符合下列规定： ①水平施工缝浇筑混凝土前，应将其表面浮浆和杂物清除，然后铺设净浆或涂刷混凝土界面处理剂、水泥基渗透结晶型防水涂料等材料，再铺30~50 mm厚的1∶1水泥砂浆，并应及时浇筑混凝土； ②垂直施工缝浇筑混凝土前，应将其表面清理干净，再涂刷混凝土界面处理剂或水泥基渗透结晶型防水涂料，并应及时浇筑混凝土； ③遇水膨胀止水条(胶)应与接缝表面密贴； ④选用的遇水膨胀止水条(胶)应具有缓胀性能，7 d的净膨胀率不宜大于最终膨胀率的60%，最终膨胀率宜大于220%； ⑤采用中埋式止水带或预埋式注浆管时，应定位准确、固定牢靠。 　5)采用膨胀剂拌制补偿收缩混凝土时，应配合比准确计量。 　6)后浇带混凝土应一次浇筑，不得留设施工缝；混凝土浇筑后应及时养护，养护时间不得少于28 d。 　7)后浇带需超前止水时，后浇带部位的混凝土应局部加厚，并应增设外贴式或中埋式止水带(图2-36)

表 2-46　混凝土膨胀剂的物理性能

项 目			性能指标
细度	比表面积(m²/kg)		≥250
	0.08 mm 筛余(%)		≤12
	1.25 mm 筛余(%)		≤0.5
凝结时间	初凝(min)		≥45
	终凝(h)		≤10
限制膨胀率(%)	水中	7 d	≥0.025
		28 d	≤0.10
	空气中	21 d	≥-0.020
抗压强度(MPa)	7 d		≥25.0
	28 d		≥45.0
抗折强度(MPa)	7 d		≥4.5
	28 d		≥6.5

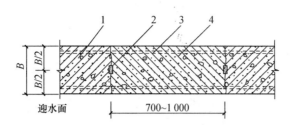

图 2-33 后浇带防水构造(一)(单位:mm)

1—先浇混凝土;2—遇水膨胀止水条(胶);3—结构主筋;4—后浇补偿收缩混凝土

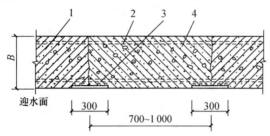

图 2-34 后浇带防水构造(二)(单位:mm)

1—先浇混凝土;2—结构主筋;3—外贴式止水带;4—后浇补偿收缩混凝土

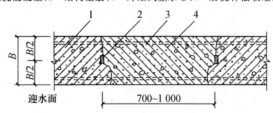

图 2-35 后浇带防水构造(三)(单位:mm)

1—先浇混凝土;2—遇水膨胀止水条(胶);3—结构主筋;4—后浇补偿收缩混凝土

表 2-47 混凝土配合比要求

项　　目	要　　求
胶凝材料用量	胶凝材料用量应根据混凝土的抗渗等级和强度等级等选用,其总用量不宜小于320 kg/m³;当强度要求较高或地下水有腐蚀性时,胶凝材料用量可通过试验调整
水泥用量	在满足混凝土抗渗等级、强度等级和耐久性条件下,水泥用量不宜小于260 kg/m³
砂率	砂率宜为35%～40%,泵送时可增至45%
灰砂比	灰砂比宜为1:1.5～1:2.5
水胶比	水胶比不得大于0.50,有侵蚀性介质时水胶比不宜大于0.45
坍落度	防水混凝土采用预拌混凝土时,入泵坍落度宜控制在120～160 mm,坍落度每小时损失值不应大于20 mm,坍落度总损失值不应大于40 mm
混凝土含气量	掺加引气剂或引气型减水剂时,混凝土含气量应控制在3%～5%
预拌混凝土的初凝时间	预拌混凝土的初凝时间宜为6～8 h

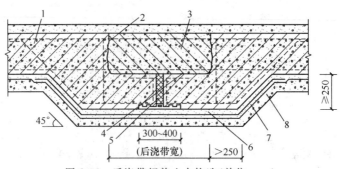

图 2-36 后浇带超前止水构造(单位:mm)

1—混凝土结构;2—钢丝网片;3—后浇带;4—填缝材料;

5—外贴式止水带;6—细石混凝土保护层;7—卷材防水层;8—垫层混凝土

(3)穿墙管(盒)见表 2-48。

表 2-48 穿墙管(盒)标准的施工方法

项 目	内 容
防水构造形式	(1)结构变形或管道伸缩量较小时,穿墙管可采用主管直接埋入混凝土内的固定式防水法,主管应加焊止水环或环绕遇水膨胀止水圈,并应在迎水面预留凹槽,槽内应采用密封材料嵌填密实。其防水构造形式,如图 2-37、图 2-38 所示。 (2)结构变形或管道伸缩量较大或有更换要求时,应采用套管式防水法,套管应加焊止水环(图 2-39)
单管穿墙防水处理	(1)单管穿过刚性防水层。地下防水工程墙体和底板上所有的预埋管道及预埋件,必须在浇筑混凝土前按设计要求予以固定,并经检查合格后,浇筑于混凝土内。 单管穿过刚性防水层时,有两种处理方法,一种是固定法,一种是预留孔法。固定法适用于水压较小的地方,这时的防水处理比较简单,一般是在墙体内预埋一段钢管,钢管上焊一止水环。预留孔法适用于水压较大的地方,其构造,如图 2-40 所示。 预留孔法防水较好,但焊接手续麻烦,更换修补比较困难,施工步骤如下: 1)浇灌混凝土时,按管道尺寸预留孔洞,并在孔洞四周预埋套管及止水法兰盘; 2)拆膜后,安装管道,待校正位置后,管道的出入口处用钢板封口,管道、钢板和预埋件间均焊牢,防止铁件和混凝土间产生缝隙; 3)在管道出口处钢板上开孔,灌热沥青玛琋脂,然后将孔口焊接封闭; 4)在浇灌混凝土前,按图示埋设带法兰的套管; 5)混凝土硬化后,将穿墙管插入预留孔,在填料隔板的迎水面管缝间填嵌柔性填料,在背水面一侧安装橡胶圈,然后套上支座压紧环; 6)均匀拧紧螺栓,使橡胶圈充分挤实。 穿墙管道预埋套管应该设置止水环,止水环必须满焊严密,如图 2-41 所示。 固定法施工有现浇和预留洞后浇两种做法。虽然构造简单、施工方便,但均不能适应变形,且不便更换,一般不宜采用,如图 2-42 所示。 (2)单管穿过柔性防水层。单管穿过柔性防水层时,有固定式结合和活动式结合两种。固定式结合,如图 2-43 所示。这种结合法适用于无沉陷的结构中。活动式结合,如图 2-44 所示,适用在结构变形较大,或因温度变化影响使管道有较大的伸缩的结构中。 如果穿墙部位是砖结构,则预埋管的附近应用混凝土浇筑。

项　目	内　容
单管穿墙防水处理	如果是热力管道,则必须考虑其伸缩时不致拉坏防水层,一般采用加套管的方法,利用两管间隙中填塞的柔性防水材料调剂管道的伸缩,由于这种防水构造很复杂,施工时特别要保证质量。 　　卷材防水层与穿过防水层的管道连接处,如预埋套管道带有法兰盘,粘贴宽度至少为100 mm,并用夹板将卷材压紧。粘贴前应将金属配件表面的尘垢和铁锈清除干净,刷上沥青。夹紧卷材的压紧板或夹板下面应用软金属片、石棉纸板、再生胶油毡或沥青玻璃布油毡衬垫。卷材防水层与管道预埋件的连接方法,如图2-45(a)所示。 　　卷材防水层与穿过防水层的管道的连接处,如预埋套管无法兰盘时,应逐层增设卷材附加层,如图2-45所示。在铺贴卷材前必须将预埋套管上的铁锈、杂物清理干净。在第一层卷格铺贴后,随即铺贴一层圆环形及长条形卷材附加层,并用沥青麻丝缠牢,照此方法铺贴第二层及以后各层卷材和卷材附加层。最后一层卷材和卷材附加层做完后,应缠上沥青麻丝,并涂上一层热沥青。穿墙管与套管之间封口可用铅捻口或石棉水泥打口
群管穿墙防水处理	(1)群管钢板封口。穿墙管线较多时,宜相对集中,并应采用穿墙盒法。穿墙盒的封口钢板应与墙上的预埋角钢焊严,并应从钢板上的预留浇筑孔注入柔性密封材料或细石混凝土(图2-46),其施工步骤如下: 　　1)浇灌混凝土时先预埋角钢; 　　2)将封口钢板焊接在角钢上; 　　3)将管道分别穿过封口钢板上的预留孔,并加焊管圈固定; 　　4)向封口钢板的预留孔中灌筑沥青玛瑞脂,以填塞麻刀间的空隙。 　　(2)群管金属箱封口。金属箱封口法,是在群管的出口处焊1个金属箱。群管穿过金属箱时,群管间的空隙用沥青麻丝填塞,或用沥青油嵌膏实(图2-47)。适用在电缆封口处。 　　(3)群管集中放在管沟中穿墙。当管道比较集中时,单个处理每根管的穿墙将很复杂,这时可以将各种管道放在管沟中,这样只要集中处理好沟与墙交接处的防水即可,其做法与单管穿墙做法或主体工程和连接通道间的变形缝做法相同

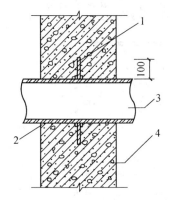

图2-37　固定式穿墙管防水构造(一)(单位:mm)

1—止水环;2—密封材料;3—主管;4—混凝土结构

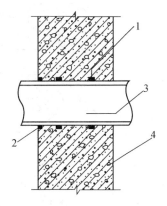

图2-38　固定式穿墙管防水构造(二)(单位:mm)

1—遇水膨胀止水圈;2—密封材料;

3—主管;4—混凝土结构

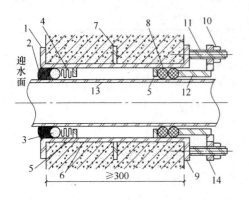 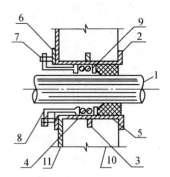

图 2-39　套管式穿墙管防水构造

1—翼环；2—密封材料；3—背衬材料；

4—充填材料；5—挡圈；6—套管；7—止水环；

8—橡胶圈；9—翼盘；10—螺母；11—双头螺栓；

12—短管；13—主管；14—法兰盘

图 2-40　单管穿墙预留孔法防水构造

1—穿墙管；2—沥青麻刀；3—法兰盘；4—橡胶圈；

5—预埋套管；6—金属垫板；7—压紧螺栓；8—压紧环；

9—填料隔板；10—需防水的结构；11—钢板防水层

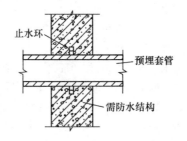

图 2-41　单管固定套管设置止水环

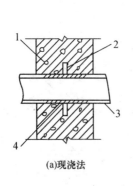 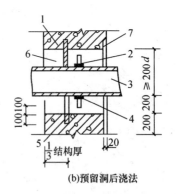

(a)现浇法　　　　　　　(b)预留洞后浇法

图 2-42　穿墙管两种防水做法（单位：mm）

1—防水结构；2—止水环；3—穿墙管；4—焊接；5—止水钢环；

6—预留洞（二次浇筑混凝土）；7—水泥砂浆四层或五层抹面做法

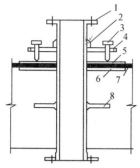

图 2-43　单管穿过柔性防水层时固定式结合

1—法兰盘；2—固定块；3—螺栓；4—支承环；

5—压紧环；6—固定环；7—防水层；8—止水环

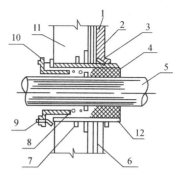

图 2-44　单管穿过柔性防水层时活动式结合

1—半砖保护墙；2—压紧支承环；3—压紧支撑；

4—麻刀沥青；5—管道；6—卷材防水层；

7—法兰盘；8—沥青麻刀；9—压紧螺栓；

10—压紧环；11—须防水的结构；12—套管埋设件

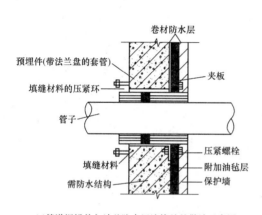

(a)管道埋设件与油毡防水层连接处的做法示意图

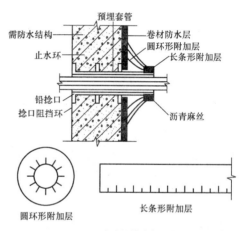

(b)穿墙管铺贴卷材和附加卷材示意图

图 2-45　单管穿过柔性防水层做法示意图

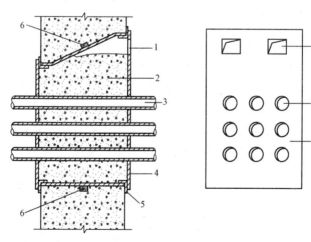

图 2-46　穿墙群管防水构造

1—浇筑孔；2—柔性材料或细石混凝土；3—穿墙管；4—封口钢板；

5—固定角钢；6—遇水膨胀止水条；7—预留孔

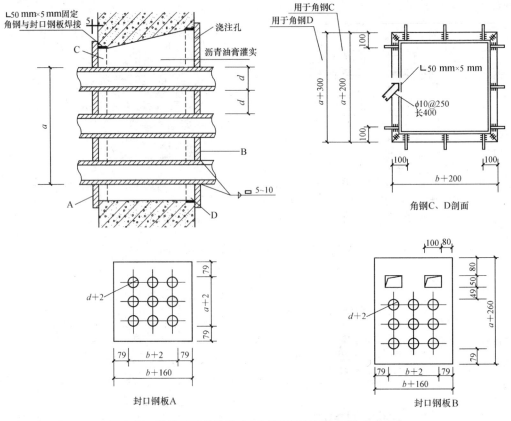

图 2-47　群管穿墙构造防水(金属箱封口)要求(单位:mm)

电源管路渗漏

质量问题表现

线盒或电闸箱槽内漏水,线管内或线管穿墙处漏水。

质量问题原因

(1)线盒、闸箱等采取预埋方法,其背面和侧面墙体未做任何防水处理。

(2)穿线管多为有缝管,密封性能差,水从暗埋管路的接缝、接头等处渗入,沿穿线管漏入室内。此外,埋设时穿线管破损或弯曲处开裂,都是造成渗漏水的潜在因素。

(3)穿线管外露端头、电缆出入口等部位缺乏相应的防水处理,造成周边渗漏。

质量问题预防

(1)地下工程的电源线路宜采用明线装置,以便于防水处理和检修维护。穿透砖砌内墙的线管应选用密封性能良好的金属管,两端头要按穿墙管道做法处理。

质量问题

(2)暗线装置的穿线管必须是封闭的,埋设时不得有任何破损,线管端头外露处按穿墙管道做法处理。线盒、电闸箱等应先拆除,在槽内做好防水层以后再装入。

(3)地下工程通过电缆线路的部位,要采取刚柔结合做法进行处理,如图 2-48 所示。

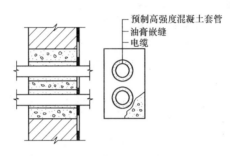

图 2-48 电缆穿墙部位处理方法示意

(4)穿墙管道的防水施工应符合下列要求:

1)穿墙管止水环与主管或翼环与套管应连续满焊,并做好防腐处理;

2)穿墙管处防水层施工前,应将套管内表面清理干净;

3)套管内的管道安装完毕后,应在两管间嵌入内衬填料,端部用密封材料填缝;柔性穿墙时,穿墙内侧应用法兰压紧;

4)穿墙管外侧防水层应铺设严密,不留接槎;增铺附加层时,应按设计要求施工。

(4)其他细部构造施工见表 2-49。

表 2-49 其他细部构造施工

项 目	内 容
埋设件	(1)结构上的埋设件应采用预埋或预留孔(槽)等。 (2)埋设件端部或预留孔(槽)底部的混凝土厚度不得小于 250 mm,当厚度小于 250 mm 时,应采取局部加厚或其他防水措施(图 2-49)。 (3)预留孔(槽)内的防水层,宜与孔(槽)外的结构防水层保持连续
·预留通道接头	(1)预留通道接头处的最大沉降差值不得大于 30 mm。 (2)预留通道接头应采取变形缝防水构造形式(图 2-50、图 2-51)。 (3)预留通道接头的防水施工应符合下列规定: 1)中埋式止水带、遇水膨胀橡胶条(胶)、预埋注浆管、密封材料、可卸式止水带的施工应符合相关的规定; 2)预留通道先施工部位的混凝土、中埋式止水带和防水相关的预埋件等应及时保护,并应确保端部表面混凝土和中埋式止水带清洁,埋设件不得锈蚀; 3)采用图 2-50 的防水构造时,在接头混凝土施工前应将先浇混凝土端部表面凿毛,露出钢筋或预埋的钢筋接驳器钢板,与待浇混凝土部位的钢筋焊接或连接好后再行浇筑; 4)当先浇混凝土中未预埋可卸式止水带的预埋螺栓时,可选用金属或尼龙的膨胀螺栓固定可卸式止水带。采用金属膨胀螺栓时,可选用不锈钢材料或用金属涂膜、环氧涂料等涂层进行防锈处理

项　目	内　容
桩头	(1)桩头防水设计应符合下列规定： 1)桩头所用防水材料应具有良好的黏结性、湿固化性； 2)桩头防水材料应与垫层防水层连为一体。 (2)桩头防水施工应符合下列规定： 1)应按设计要求将桩顶剔凿至混凝土密实处，并应清洗干净； 2)破桩后如发现渗漏水，应及时采取堵漏措施； 3)涂刷水泥基渗透结晶型防水涂料时，应连续、均匀，不得少涂或漏涂，并应及时进行养护； 4)采用其他防水材料时，基面应符合施工要求； 5)应对遇水膨胀止水条(胶)进行保护。 (3)桩头防水构造形式应符合图 2-52 和图 2-53 的规定
孔口	(1)地下工程通向地面的各种孔口应采取防地面水倒灌的措施。人员出入口高出地面的高度宜为 500 mm，汽车出入口设置明沟排水时，其高度宜为 150 mm，并应采取防雨措施。 (2)窗井的底部在最高地下水位以上时，窗井的底板和墙应做防水处理，并宜与主体结构断开(图 2-54)。 (3)窗井或窗井的一部分在最高地下水位以下时，窗井应与主体结构连成整体，其防水层也应连成整体，并应在窗井内设置集水井(图 2-55)。 (4)无论地下水位高低，窗台下部的墙体和底板应做防水层。 (5)窗井内的底板，应低于窗下缘 300 mm。窗井墙高出地面不得小于 500 mm。窗井外地面应做散水，散水与墙面间应采用密封材料嵌填。 (6)通风口应与窗井同样处理，竖井窗下缘离室外地面高度不得小于 500 mm
坑、池	(1)坑、池、储水库宜采用防水混凝土整体浇筑，内部应设防水层。受震动作用时应设柔性防水层。 (2)底板以下的坑、池，其局部底板应相应降低，并应使防水层保持连续(图 2-56)

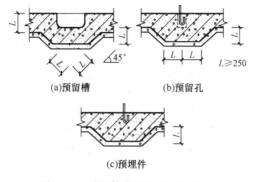

(a)预留槽　　　　(b)预留孔　　　　$L \geqslant 250$

(c)预埋件

图 2-49　预埋件或预留孔(槽)处理

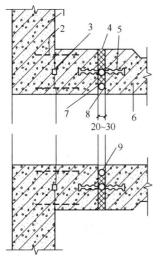

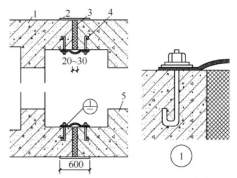

图 2-50 预留通道接头防水构造(一)(单位:mm)

1—先浇混凝土结构;2—连接钢筋;3—遇水膨胀止水条(胶);

4—填缝材料;5—中埋式止水带;6—后浇混凝土结构;

7—遇水膨胀橡胶条(胶);8—密封材料;9—填充材料

图 2-51 预留通道接头防水构造(二)(单位:mm)

1—先浇混凝土结构;2—防水涂料;3—填缝材料;

4—可卸式止水带;5—后浇混凝土结构

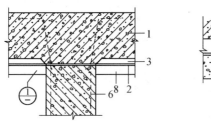

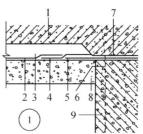

图 2-52 桩头防水构造(一)

1—结构底板;2—底板防水层;3—细石混凝土保护层;4—防水层;

5—水泥基渗透结晶型防水涂料;6—桩基受力筋;

7—遇水膨胀止水条(胶);8—混凝土垫层;9—桩基混凝土

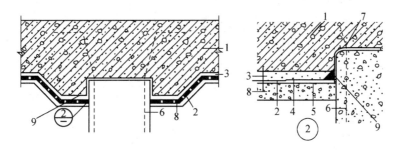

图 2-53 桩头防水构造(二)

1—结构底板;2—底板防水层;3—细石混凝土保护层;

4—聚合物水泥防水砂浆;5—水泥基渗透结晶型防水涂料;

6—桩基受力筋;7—遇水膨胀止水条(胶);8—混凝土垫层;9—密封材料

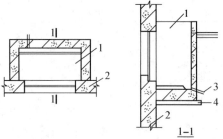

图 2-54　窗井底板和墙的防水构造
1—窗井;2—主体结构;3—排水管;4—垫层

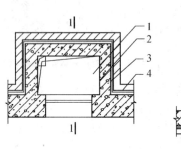

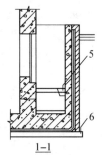

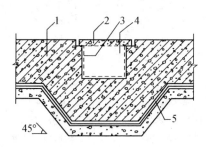

图 2-55　窗井内设置集水井防水构造
1—窗井;2—防水层;3—主体结构;
4—防水层保护层;5—集水井;6—垫层

图 2-56　底板下坑、池的防水构造
1—底板;2—盖板;3—坑、池防水层;
4—坑、池;5—主体结构防水层

> **质量问题**

预埋件渗漏

质量问题表现

地下工程预埋件发生渗漏水现象。

质量问题原因

(1)预埋件除锈处理不净,防水层抹压不仔细,底部出现漏抹现象,使防水层与预埋件接触不严。

(2)预埋件周边抹压遍数少,素灰层过厚,使周边防水层产生收缩裂缝。

(3)预埋件埋设不牢,施工期间或使用时受振而松动。

质量问题预防

(1)预埋件的锈蚀必须清理干净,采用金属膨胀螺栓时,可用不锈钢材料或金属涂膜、环氧涂料进行防锈处理。

(2)防水混凝土外观平整,无露筋,无蜂窝、麻面、孔洞等缺陷,预埋件位置准确。

(3)预埋件按设计要求进行埋设牢固,施工期间避免碰撞。防水混凝土结构内部设置的各种钢筋或绑扎钢丝,不得接触模板。

（4）预埋件周边渗漏水，应将其周边剔成环形沟槽，清除预埋件锈蚀，并用水冲刷干净，再采用嵌填速凝材料或灌注浆液等方法进行封堵处理。

（5）对于受振动而造成预埋件周边出现的渗漏水，宜凿除预埋件，将预埋位置剔成凹槽，将替换的混凝土预制块表面抹防水层后，固定于凹槽内，周边应用速凝材料嵌填密实，分层抹压聚合物水泥防水砂浆防水层至表面齐平（图2-57）。

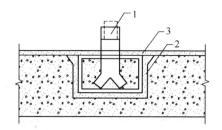

图2-57　受振动的预埋件部位渗漏水维修

1—预埋件及预制块；2—速凝材料；3—防水砂浆

第三章　特殊施工法防水工程

第一节　锚喷支护施工

一、施工质量验收标准

锚喷支护工程施工质量验收标准,见表 3-1。

表 3-1　锚喷支护工程施工质量验收标准

项　　目	内　　容
一般规定	(1)锚喷支护适用于暗挖法地下工程的支护结构及复合式衬砌的初期支护。 (2)喷射混凝土施工前,应根据围岩裂隙及渗漏水的情况,预先采用引排或注浆堵水。 (3)喷射混凝土所用原材料应符合下列规定: 　1)选用普通硅酸盐水泥或硅酸盐水泥; 　2)中砂或粗砂的细度模数宜大于 2.5,含泥量不应大于 3.0%;干法喷射时,含水率宜为 5%～7%; 　3)采用卵石或碎石,粒径不应大于 15 mm,含泥量不应大于 1.0%;使用碱性速凝剂时,不得使用含有活性二氧化硅的石料; 　4)不含有害物质的洁净水; 　5)速凝剂的初凝时间不应大于 5 min,终凝时间不应大于 10 min。 (4)混合料必须计量准确,搅拌均匀,并应符合下列规定: 　1)水泥与砂石质量比宜为 1:4～1:4.5,砂率宜为 45%～55%,水胶比不得大于 0.45,外加剂和外掺料的掺量应通过试验确定; 　2)水泥和速凝剂称量允许偏差均为 ±2%,砂、石称量允许偏差均为 ±3%; 　3)混合料在运输和存放过程中严防受潮,存放时间不应超过 2 h;当掺入速凝剂时,存放时间不应超过 20 min。 (5)喷射混凝土终凝 2 h 后应采取喷水养护,养护时间不得少于 14 d;当气温低于 5℃时,不得喷水养护。 (6)喷射混凝土试件制作组数应符合下列规定: 　1)地下铁道工程应按区间或小于区间断面的结构,每 20 延米拱和墙各取抗压试件一组;车站取抗压试件两组。其他工程应按每喷射 50 m³ 同一配合比的混合料或混合料小于 50 m³ 的独立工程取抗压试件一组。 　2)地下铁道工程应按区间结构每 40 延米取抗渗试件一组;车站每 20 延米取抗渗试件一组。其他工程当设计有抗渗要求时,可增做抗渗性能试验。 (7)锚杆必须进行抗拔力试验。同一批锚杆每 100 根应取一组试件,每组 3 根,不足 100 根也取 3 根。同一批试件抗拔力平均值不应小于设计锚固力,且同一批试件抗拔力的最小值不应小于设计锚固力的 90%。

项 目	内 容
一般规定	(8)锚喷支护分项工程检验批的抽样检验数量,应按区间或小于区间断面的结构每 20 延米抽查 1 处,车站每 10 延米抽查 1 处,每处 10 m²,且不得少于 3 处
主控项目	(1)喷射混凝土所用原材料、混合料配合比及钢筋网、锚杆、钢拱架等必须符合设计要求。 检验方法:检查产品合格证、产品性能检测报告、计量措施和材料进场检验报告。 (2)喷射混凝土抗压强度、抗渗性能和锚杆抗拔力必须符合设计要求。 检验方法:检查混凝土抗压强度、抗渗性能检验报告和锚杆抗拔力检验报告。 (3)锚喷支护的渗漏水量必须符合设计要求。 检验方法:观察检查和检查渗漏水检测记录
一般项目	(1)喷层与围岩以及喷层之间应黏结紧密,不得有空鼓现象。 检验方法:用小锤轻击检查。 (2)喷层厚度有 60% 以上检查点不应小于设计厚度,最小厚度不得小于设计厚度的 50%,且平均厚度不得小于设计厚度。 检验方法:用针探法或凿孔法检查。 (3)喷射混凝土应密实、平整,无裂缝、脱落、漏喷、露筋。 检验方法:观察检查。 (4)喷射混凝土表面平整度 D/L 不得大于 1/6。 检验方法:尺量检查

二、标准的施工方法

(1)喷射混凝土的施工工艺流程如图 3-1 所示。

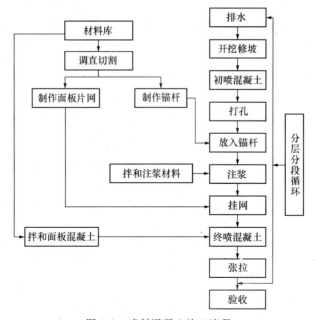

图 3-1 喷射混凝土施工流程

(2)喷射混凝土施工的原材料要求见表 3-2。

表 3-2　喷射混凝土施工的原材料要求

项　　目	内　　容
水泥	水泥,应优先选用硅酸盐水泥或普通硅酸盐水泥 也可选用矿渣硅酸盐水泥或火山灰质硅酸盐水泥必要时采用特种水泥的强度等级不应低于 32.5 MPa
砂	砂,应采用坚硬耐久的中砂或粗砂细度模数宜大于 2.5。干法喷射时砂的含水率宜控制在 5% ～7% 当采用防粘料喷射机时砂含水率可为 7% ～10%
石	石,应采用坚硬耐久的卵石或碎石粒径不宜大于 15 mm 当使用碱性速凝剂时不得使用含有活性二氧化硅的石材
集料	喷射混凝土用的集料级配宜控制在表 3-3 的范围内
外加剂	应采用符合质量要求的外加剂,掺外加剂后的喷射混凝土性能必须满足设计要求。在使用速凝剂前应做与水泥的相容性试验及水泥净浆凝结效果试验初凝不应大于 5 min,终凝不应大于 10 min 在采用其他类型的外加剂或几种外加剂复合使用时也应做相应的性能试验和使用效果试验
外掺料	当工程需要采用外掺料时,其掺量应通过试验确定加外掺料后的喷射混凝土性能必须满足设计要求
混合水	混合水中不应含有影响水泥正常凝结与硬化的有害杂质 不得使用污水及 pH 值小于 4 的酸性水和含硫酸盐量按 SO^{-4} 计算超过混合用水重量 1% 的水

表 3-3　喷射混凝土集料通过各筛径的累积重量百分数　　　　　（%）

项　　目　 骨料粒径(mm)	0.15	0.30	0.60	1.20	2.50	5.00	10.00	15.00
优	5～7	10～15	17～22	23～31	34～43	50～60	78～82	100
良	4～8	5～22	13～31	18～41	26～54	40～70	62～90	100

(3)喷射混凝土强度与锚杆性能见表 3-4。

表 3-4　喷射混凝土强度与锚杆性能

项　　目	内　　容
喷射混凝土施工质量控制	(1)喷射混凝土施工中应达到的平均抗压强度可按下式计算: $$f_{ek} = f_e + S$$ 式中　f_{ek}——施工阶段喷射混凝土应达到的平均抗压强度(MPa); 　　　f_e——喷射混凝土抗压强度设计值(MPa); 　　　S——标准差(MPa)。 (2)喷射混凝土的匀质性,可以现场 28 d 龄期喷射混凝土抗压强度的标准差和变异系数,按表 3-5 的控制水平表示。 (3)重要工程的喷射混凝土施工,宜根据喷射混凝土现场 28 d 龄期抗压强度的试验结果,绘制抗压强度质量图,控制喷射混凝土抗压强度。 1)喷射混凝土施工中的强度质量控制图应包括单次试验强度图、平均强度动态

续上表

项　　目	内　　容
喷射混凝土施工质量控制	图和平均极差动态图(图 3-2)。 2)单次试验强度图绘制时,应将全部强度试验结果按制取的先后顺序标点绘制,图上应有设计强度等级线和施工应达到的平均强度线作控制。 3)平均强度动态图绘制中,每个点所标绘的应是以前 5 组的平均强度,并应以设计强度等级线作下限。 4)平均极差动态图绘制时,每个点所标绘的应是前 10 组的平均极差值,并应以最大的平均极差作上限
锚杆质量检查	(1)检查端头锚固型和摩擦型锚杆质量必须做抗拔力试验。试验数量:每 300 根锚杆必须抽样一组;设计变更或材料变更时,应另做一组,每组锚杆不得少于 3 根。 (2)锚杆质量合格条件为: $$P_{An} \geqslant P_A$$ $$P_{Amin} \geqslant 0.9P_A$$ 式中　P_{An}——同批试件抗拔力的平均值(kN); 　　　P_A——锚杆设计锚固力(kN); 　　　P_{Amin}——同批试件抗拔力的最小值(kN)。 (3)锚杆抗拔力不符合要求时,可用加密锚杆的方法予以补强。 (4)全长黏结型锚杆,应检查砂浆密实度,注浆密实度大于 75% 为合格

表 3-5　喷射混凝土的匀质性指标

施工控制水平		优	良	及格	差
标准差 (MPa)	母体的离散	<4.5	4.5~5.5	5.5~6.5	>6.5
	一次试验的离散	<2.2	2.2~2.7	2.7~3.2	>3.2
变异系数 (%)	母体的离散	<15	15~20	20~25	>25
	一次试验的离散	<7	7~9	9~11	>11

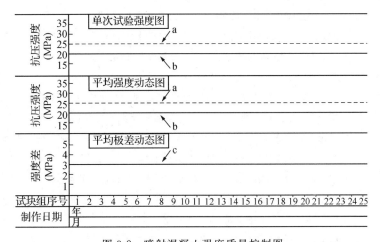

图 3-2　喷射混凝土强度质量控制图

a—施工应达到的平均强度;b—设计强度等级;c—最大的平均差

(4)喷射混凝土前对围岩的渗水处理标准的施工方法见表 3-6。

表 3-6　喷射混凝土前对围岩的渗水处理标准的施工方法

项　　目	内　　容
直喷法	坚硬岩石渗水很小,渗水压力不大时,可直接往围岩上喷射混凝土。喷射前应用高压水冲洗净岩面,以增加黏结力。第一层喷射混凝土可适当增加速凝剂用量,但要严格控制加水量,水灰比宜小不宜大,喷射手要距作业面近,以增大喷射压力,喷层厚度应控制在 20 mm 左右。第一层喷射快凝水泥砂浆,如掺加 15％的 ES 水泥效果较好。 对软弱围岩,渗水会使围岩强度下降,喷射混凝土时,可能会和围岩一起脱落,应挂细孔钢筋网,然后再喷射
导水法	喷射混凝土可以提高岩石的承载能力,并对裂隙水起到堵塞作用,但因喷射混凝土较薄,又有细微裂缝,故其本身防水性能较差;围岩渗水较大,无法实施直喷法时,可先导后喷。为提高喷射混凝土的防水性能,通常采取以下方法进行排水处理。 (1)弹簧管法排水处理。弹簧管法适用在裂隙水成线型分布的地段。制作弹簧管时,首先用12～14 号镀锌钢丝绕成弹簧,直径视裂隙水量的大小而定。弹簧圈外包塑料布(或玻璃布),塑料布外用铁窗纱保护,将弹簧用 14～20 号铝丝固定在裂隙处形成导水管。弹簧两侧用速凝水泥砂浆封闭,然后进行喷射混凝土作业,如图 3-3 所示。为防止弹簧管外的喷射混凝土开裂,可增设一层直径 4 mm 的钢筋网。 (2)半圆铁皮法排水处理。半圆铁皮法适用于裂隙水量较大,而岩壁比较平整的部位。将薄铁皮做成半圆形,固定在岩壁裂隙处,两侧用速凝水泥砂浆封闭,用 14 号钢丝固定,然后喷射混凝土,其结构如图 3-4 所示。 (3)钻孔引流排水处理。当围岩有明显渗漏点时,可先在漏水处钻孔或凿槽,将漏水引流集中,然后用速凝止水材料封闭,插入导管,将水集中导出,如图 3-5 所示。 (4)边喷边排法处理。在喷射混凝土的同时,用速凝材料将橡皮管固定在岩壁上,然后边喷射混凝土边抽去橡皮管,这样喷射混凝土与岩壁间形成渗水通道,使裂隙水从渗水道中排出。 (5)玻璃棉引水带法处理。对于大面积的片状渗漏水,可用玻璃棉做成引水带,贴在岩壁的渗漏处,将水引至侧墙的排水沟,如图 3-6 所示。由于玻璃棉具有孔隙多,不易腐烂,容易敷贴在岩壁上,与喷射混凝土结合,具有良好排水性能,但造价较高。 (6)喷涂快凝材料作为内防水层法处理。对于无明显渗漏水或间歇性渗漏水地段,可在两层喷射混凝土层中,喷涂氯丁胶乳沥青等材料。 需要说明的是上述导水方法的使用有一定条件,同时存在一些缺陷:第一,凿槽很费工时;第二,封堵导水管的速凝止水材料一般强度都比较低,长期抗渗性差,喷射混凝土在这些地段不能密贴岩面,强度和抗渗性都较低,易造成渗漏;第三,由于喷射混凝土和岩石中 $Ca(OH)_2$ 的析出,导水管会逐渐堵塞而失去效用,因此,导水管仅能作为施工中的临时导水措施,无法起到长期排水的作用。因此,只有提高喷射混凝土的抗渗性才能长期排水,这就要求导水管和封堵材料尽量不影响喷射混凝土的强度和抗渗性

续上表

项　目	内　容
导水法	为此,导水槽应尽量凿深一些,宽度小一些,封堵材料尽量限制在槽内,糊的范围不要太大,而且最好选用强度和抗渗性都比较好的 ES 水泥、快凝快硬水泥配制封堵导水管的胶泥,不用或少用石膏水泥或水玻璃胶泥。 　　不凿槽找准漏水点埋管引水的方法,比较简单,效果也较好。引水管要在喷射混凝土达到强度后才能拔掉。水压比较小,可用快凝快硬水泥直接堵塞;水压比较大,应采用注浆法封堵
注浆法	漏水量比较大的破碎围岩,应采用先进行作业面预注浆、再喷射混凝土、而后作业面积注浆或后注浆的方法。 　　围岩完整的成片渗水,节理发育而裂缝细小(5 mm 以下),渗水压力不大时,可直接在片漏地段布孔注浆,孔距 1 m 左右,孔深 0.5～2 m,按梅花形排列。注入浆液,在吸浆量较大时,应先压注速凝水泥浆或水泥水玻璃浆液,经过 24 h,检查仍有渗水时,可根据情况补孔注入丙凝浆液堵住渗水

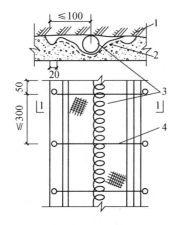

图 3-3　弹簧管排水(单位:mm)

1—快凝水泥浆(通常封住);2—铁窗纱夹玻璃布(塑料薄膜)

3—12~14 号镀锌铁丝绕制弹簧;4—20 号镀锌铁丝固定导水管

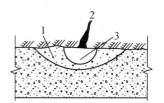

图 3-4　半圆铁皮法排水

1—快凝水泥砂浆;2—裂隙;

3—裂隙水渗漏处半圆铁管

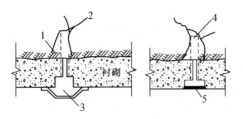

图 3-5　钻孔引流

1—快凝水泥砂浆;2—裂隙;3—环向导水槽;

4—钻孔;5—橡胶条

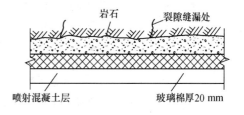

图 3-6　玻璃棉引水带导水

(5)喷射混凝土标准的施工方法见表3-7。

表 3-7　喷射混凝土标准的施工方法

项　目	内　容
锚杆施工	(1)锚杆施工要求。 1)钻锚杆孔前,应根据设计要求和围岩情况,定出孔位,做出标记。 2)锚杆孔距的允许偏差为150 mm,预应力锚杆孔距的允许偏差为200 mm。 3)预应力锚杆的钻孔轴线与设计轴线的偏差不应大于3%,其他锚杆的钻孔轴线应符合设计要求。 4)锚杆孔深应符合下列要求: ①水泥砂浆锚杆孔深允许偏差宜为50 mm; ②树脂锚杆和快硬水泥卷锚杆的孔深不应小于杆体有效长度,且不应大于杆体有效长度30 mm; ③摩擦型锚杆孔深应比杆体长10～50 mm。 5)锚杆孔径应符合下列要求: ①水泥砂浆锚杆孔径应大于杆体直径15 mm; ②树脂锚杆和快硬水泥卷锚杆孔径宜为42～50 mm,小直径锚杆孔直径宜为28～32 mm; ③水胀式锚杆孔直径宜为42～45 mm; ④其他锚杆的孔径应符合设计要求。 6)锚杆安装前应做好下列检查工作: ①锚杆原材料型号 规格品种以及锚杆各部件质量和技术性能应符合设计要求; ②锚杆孔位、孔径、孔深及布置形式应符合设计要求; ③孔内积水和岩粉应吹洗干净。 7)在Ⅳ、Ⅴ级围岩及特殊地质围岩中开挖隧洞 应先喷混凝土再安装锚杆并应在锚杆孔钻完后及时安装锚杆杆体。 8)锚杆尾端的托板应紧贴壁面 未接触部位必须楔紧锚杆杆体露出岩面的长度不应大于喷射混凝土的厚度。 9)对于不稳定的岩质边坡,应随边坡自上而下分阶段边开挖、边安设锚杆。 (2)全长黏结型锚杆施工。 1)水泥砂浆锚杆的原材料及砂浆配合比应符合下列要求: ①锚杆杆体使用前应平直、除锈、除油; ②宜采用中细砂,粒径不应大于2.5 mm 使用前应过筛; ③砂浆配合比:水泥比砂宜为1∶1～1∶2(重量比)水灰比宜为0.38～0.45。 2)砂浆应拌和均匀,随拌随用一次拌和的砂浆应在初凝前用完,并严防石块、杂物混入。 3)注浆作业应遵守下列规定: ①注浆开始或中途停止超过30 min 时,应用水或稀水泥浆润滑注浆罐及其管路; ②注浆时注浆管应插至距孔底50～100 mm,随砂浆的注入缓慢匀速拔出;杆体插入后若孔口无砂浆溢出应及时补注。 4)杆体插入孔内长度不应小于设计规定的95% ,锚杆安装后不得随意敲击。 (3)端头锚固型锚杆施工。 1)树脂锚杆的树脂卷贮存和使用应遵守下列规定:

项　　目	内　　容
锚杆施工	①树脂卷宜存放在阴凉、干燥和温度在 5℃～25℃ 的防火仓库中； ②树脂卷应在规定的贮存期内使用。使用前应检查树脂卷质量，变质者不得使用；超过使用期者，应通过试验合格后，方可使用。 2) 树脂锚杆的安装应遵守下列规定： ①锚杆安装前，施工人员应先用杆体量测孔深，做出标记，然后用锚杆杆体将树脂卷送至孔底； ②搅拌树脂时，应缓慢推进锚杆杆体； ③树脂搅拌完毕后，应立即将锚杆杆体临时固定； ④安装托板应在搅拌完毕 15 min 后进行。当现场温度低于 5℃ 时，安装托板的时间可适当延长。 3) 快硬水泥卷的贮存应严防受潮，不得使用受潮结块的水泥卷。 4) 快硬水泥卷锚杆的安装除应遵守上述 2) 条的规定外，还应符合下列要求： ①水泥卷浸水后，应立即用锚杆杆体送至孔底，并在水泥初凝前将杆体送入，搅拌完毕； ②连续搅拌水泥卷的时间宜为 30～60 s； ③安装托板和紧固螺帽必须在水泥石的强度达到 10 MPa 后进行。 5) 安装端头锚固型锚杆的托板时，螺帽的拧紧扭矩不应小于 100 N·m。托板安装后，应定期检查其紧固情况，如有松动，应及时处理。 (4) 摩擦型锚杆施工。 1) 缝管锚杆、楔管锚杆和水胀锚杆钻孔前，应检查钻头规格，以确保孔径符合设计要求。 2) 缝管锚杆的安装应遵守下列规定： ①向钻孔内推入锚杆杆体，可使用风动凿岩机和专用连接器； ②凿岩机的工作风压不应小于 0.4 MPa； ③锚杆杆体被推进过程中，应使凿岩机、锚杆杆体和钻孔中心线在同一轴线上； ④锚杆杆体应全部推入钻孔。当托板抵紧壁面时，应立即停止推压。 3) 楔管锚杆的安装除应遵守上述 2) 条的规定外 还应符合下列要求： ①安装顶锚下楔块时，伸入圆管段内之钢钎直径不应大于 26 mm； ②下楔块应推至要求部位，并与上楔块完全搂紧。 4) 水胀锚杆安装应遵守下列规定： ①锚杆应轻拿轻放，严禁损伤锚杆末端的注液嘴； ②安装锚杆前，对安装系统进行全面检查，确保其良好的状态； ③高压泵试运转，压力宜为 15～30 MPa； ④锚杆送入钻孔中 应使托板与岩面紧贴。 (5) 预应力锚杆施工。 1) 锚杆体的制作。 ①预应力筋表面不应有污物、铁锈或其他有害物质，并严格按设计尺寸下料。 ②锚杆体在安装前应妥善保护，以免腐蚀和机械损伤。 ③杆体制作时，应按设计规定安放套管隔离架、波形管、承载体、注浆管和排气管。杆体内的绑扎材料不宜采用镀锌材料。

项　　目	内　　容
锚杆施工	2)钻孔。 ①钻孔的孔深、孔径均应符合设计要求。钻孔深度不宜比规定值大 200 mm 以上。钻头直径不应比规定的钻孔直径小 3.0 mm 以上。 ②钻孔与锚杆预定方位的允许偏差为 1°～3°。 3)孔口承压垫座应符合下列要求： ①钻孔孔口必须设有平整、牢固的承压垫座； ②承压垫座的几何尺寸、结构强度必须满足设计要求,承压面应与锚孔轴线垂直。 4)锚杆的安装与灌浆。 ①预应力锚杆在运输机安装过程中应防止明显的弯曲、扭转,并不得破坏隔离架、防腐套管、注浆管、排气导管及其他附件。 ②锚杆体放入锚孔前,应清除钻孔内的石屑与岩粉；检查注浆管、排气管是否通畅,止浆器是否完好。 ③灌浆料可采用水灰比为 0.45～0.50 的纯水泥浆,也可采用灰砂比为 1∶1、水灰比为 0.45～0.50 的水泥砂浆。 ④当使用自由段带套管的预应力筋时,宜在锚固段长度和自由段长度内采取同步灌浆。 ⑤当采用自由段无套管的预应力筋时,应进行两次灌浆。第一次灌浆时,必须保证锚固段长度内灌满,但浆液不得流入自由段。预应力筋张拉锚固后,应对自由段进行第二次灌浆。 ⑥永久性预应力锚杆应采用封孔灌浆,应用浆体灌满自由段长度顶部的孔隙。 ⑦灌浆后,浆体强度未达到设计要求前,预应力筋不得受扰动。 5)锚杆张拉与锁定。 ①预应力筋张拉前,应对张拉设备进行率定。 ②预应力筋张拉应按规定程序进行,在编排张拉程序时,应考虑相邻钻孔预应力筋张拉的相互影响。 ③预应力筋正式张拉前,应取 20% 的设计张拉荷载,对其预张拉 1～2 次,使其各部位接触紧密钢丝或钢绞线完全平直。 ④压力分散型或拉力分散型锚杆应按张拉设计要求先分别对单元锚杆进行张拉,当各单元锚杆在同等荷载条件下因自由段长度不等而引起的弹性伸长差得以补偿后,再同时张拉各单元锚杆。 ⑤预应力筋正式张拉时,应张拉至设计荷载的 105%～110%,再按规定值进行锁定。 ⑥预应力筋锁定后 48 h 内,若发现预应力损失大于锚杆拉力设计值的 10% 时,应进行补偿张拉。 6)灌浆材料达到设计强度时,方可切除外露的预应力筋,切口位置至外锚具的距离不应小于 100 mm。 7)在软弱破碎和渗水量大的围岩中施作永久性预应力锚杆,施工前应根据需要对围岩进行固结灌浆处理。 (6)自钻式锚杆的施工。 1)自钻式锚杆安装前,应检查锚杆体中孔和钻头的水孔是否畅通,若有异物堵

续上表

项　目	内　容
锚杆施工	塞,应及时清理。 　2)锚杆体钻进至设计深度后,应用水和空气洗孔直至孔口返水或返气,方可将钻机和连接套卸下,并及时安装垫板、螺母,以便临时固定杆体。 　3)锚杆灌浆料宜采用纯水泥浆或1:1水泥砂浆,水灰比宜为0.4～0.5。采用水泥砂浆时砂的粒径不应大于1.0 mm。 　4)灌浆料应由杆体中孔灌入,水泥浆体强度达5.0 MPa后,可上紧螺母
喷射混凝土施工	(1)喷射作业规定。 　1)喷射作业应遵守下列规定: 　①喷射作业应分段分片依次进行,喷射顺序应自下而上; 　②素喷混凝土一次喷射厚度应按照表3-8选用; 　③分层喷射时,后一层喷射应在前一层混凝土终凝后进行,若终凝1 h后再进行喷射时,应先用风水清洗喷层表面; 　④喷射作业紧跟开挖工作面时,混凝土终凝到下一循环放炮时间不应小于3 h。 　2)喷射机司机的操作应遵守下列规定: 　①作业开始时,应先送风,后开机,再给料;结束时,应待料喷完后,再关风; 　②向喷射机供料应连续均匀;机器正常运转时,料斗内应保持足够的存料; 　③喷射机的工作风压,应满足喷头处的压力在0.1 MPa左右; 　④喷射作业完毕或因故中断喷射时,必须将喷射机和输料管内的积料清除干净。 　3)喷射手的操作应遵守下列规定: 　①喷射手应经常保持喷头具有良好的工作性能; 　②喷头与受喷面应垂直,宜保持0.60～1.00 m的距离; 　③干法喷射时,喷射手应控制好水灰比,保持混凝土表面平整,呈湿润光泽、无干斑或滑移流淌现象。 　4)竖井喷射作业应遵守下列规定: 　①喷射机宜设置在地面;喷射机如置于井筒内时,应设置双层吊盘; 　②采用管道下料时,混合料应随用随下; 　③喷射与开挖单行作业时,喷射区段高宜与掘进段高相同,在每一段高内,可分成1.50～2.00 m的小段,各小段的喷射作业应由下而上进行。 　5)喷射混凝土养护。 　①喷射混凝土终凝2 h后,应喷水养护。养护时间,一般不得少于7 d,重要工程的养护时间不得少于14 d。 　②气温低于+5℃时,不得喷水养护。 　6)冬期施工。 　①喷射作业区的气温不应低于+5℃。 　②混合料进入喷射机的温度不应低于+5℃。 　③喷射混凝土强度在下列数值时,不得受冻:普通硅酸盐水泥配制的喷射混凝土低于设计强度等级30%时;矿渣水泥配制的喷射混凝土低于设计强度等级40%时。 　(2)钢纤维喷射混凝土施工。

项　　目	内　　容
喷射混凝土施工	1）钢纤维喷射混凝土的原材料除应符合《锚杆喷射混凝土支护技术规范》（GB 50086—2001）的有关规定外，还应符合下列规定： ①钢纤维长度偏差不应超过长度公称值的±5%； ②钢纤维不得有明显的锈蚀和油渍及其他妨碍钢纤维与水泥黏结的杂质；钢纤维内含有的因加工不良造成的粘连片、铁屑及杂质的总重量不应超过钢纤维重量的1%； ③集料粒径不宜大于10 mm。 2）钢纤维喷射混凝土施工除应遵守《锚杆喷射混凝土支护技术规范》（GB 50086—2001）有关规定外，还应符合下列规定： ①搅拌混合料时，宜采用钢纤维播料机往混合料中添加钢纤维搅拌时间不宜小于180 s； ②钢纤维在混合料中应分布均匀，不得成团； ③在钢纤维喷射混凝土的表面宜再喷射一层厚度为10 mm的水泥砂浆，其强度等级不应低于钢纤维喷射混凝土的强度等级。 （3）钢筋网喷射混凝土施工。 1）喷射混凝土中钢筋网的铺设要遵守下列规定： ①钢筋使用前应清除污锈； ②钢筋网宜在岩面喷射一层混凝土后铺设，钢筋与壁面的间隙宜为30 mm； ③采用双层钢筋网时，第二层钢筋网应在第一层钢筋网被混凝土覆盖后铺设； ④钢筋网应与锚杆或其他锚定装置联结牢固，喷射时钢筋不得晃动。 2）钢筋网喷射混凝土作业除应符合《锚杆喷射混凝土支护技术规范》（GB 50086—2001）的有关规定外，还应符合下列规定： ①开始喷射时，应减小喷头与受喷面的距离，并调节喷射角度，以保证钢筋与壁面之间混凝土的密实性； ②喷射中如有脱落的混凝土被钢筋网架住，应及时清除。 （4）钢架喷射混凝土施工。 1）架设钢架应遵守下列规定： ①安装前，应检查钢架制作质量是否符合设计要求； ②钢架安装允许偏差，横向和高程均为50 mm，垂直度为±2℃； ③钢架立柱埋入底板深度应符合设计要求，并不得置于浮渣上； ④钢架与壁面之间必须搂紧，相邻钢架之间应连接牢靠。 2）钢架喷射混凝土施工除应符合《锚杆喷射混凝土支护技术规范》（GB 50086—2001）的有关规定外，还应遵守下列规定： ①钢架与壁面之间的间隙必须用喷射混凝土充填密实； ②喷射顺序，应先喷射钢架与壁面之间的混凝土后喷射钢架之间的混凝土； ③除可缩性钢架的可缩节点部位外，钢架应被喷射混凝土覆盖。 （5）泥裹砂喷射混凝土施工。 1）水泥裹砂喷射混凝土施工所用设备，除应遵守《锚杆喷射混凝土支护技术规范》（GB 50086—2001）的规定外，还应符合下列要求。 ①砂浆输送泵宜选用液压双缸式、螺旋式或挤压式，也可采用单缸式。砂浆泵的

项　　目	内　　容
喷射混凝土施工	砂浆输送能力不应小于 4 m³/h;砂浆输送能力在 0.4 m³/h 内宜为无级可调;砂浆输出压力应能保证施工过程中输料管叉管处砂浆的压力不小于 0.3 MPa;使用单缸式砂浆输送泵时,应保证喷射作业时砂浆的输送脉冲间隔时间不超过 0.4 s。 ②砂浆拌制设备宜采用反向双转式或行星式水泥裹砂机,也可以采用强制式混凝土搅拌机。 2)水泥裹砂喷射混凝土的配合比,除应遵守《锚杆喷射混凝土支护技术规范》(GB 50086—2001)的有关规定外,还应符合下列要求: ①水泥用量宜为 350～400 kg/m³; ②水灰比宜为 0.4～0.52; ③砂率宜为 55%～70%; ④裹砂砂浆内的含砂量宜为总用砂量的 50%～75%; ⑤裹砂砂浆内的水泥用量宜为总水泥用量的 90%,砂浆内宜掺高效减水剂。 3)水泥裹砂砂浆的拌制应遵守下列规定: ①水泥裹砂造壳时的水灰比宜为 0.2～0.3,造壳搅拌时间为 60～150 s。二次加水后的搅拌时间宜为 30～90 s,减水剂应在二次加水时加入搅拌机; ②使用掺合料时 则掺合料应与水泥同时加入搅拌机。 4)混合料的拌制应遵守《锚杆喷射混凝土支护技术规范》(GB 50086—2001)的相关的规定。 5)水泥裹砂喷射混凝土作业除应遵守《锚杆喷射混凝土支护技术规范》(GB 50086—2001)的有关规定外,还应遵守下列规定: ①作业开始时,喷射机先送风砂浆泵按预定输送量送裹砂砂浆待喷头开始喷出砂浆时喷射机输送混合料; ②调整砂浆泵的压力,使喷出的混凝土具有适宜的稠度; ③喷射作业结束时,喷射机先停止送料后,砂浆泵停止输送砂浆待喷头处没有物料喷出时停止送风; 6)一次喷射厚度可按表 3-8 的规定增加 20%
喷射混凝土与围岩黏结强度试验	(1)喷射混凝土与围岩的黏结强度试验应在现场进行。当条件不具备时,也可在试验室用岩块近似地测定其黏结强度。 (2)喷射混凝土与围岩的黏结强度的试验可采用预留试件拉拔法或钻芯拉拔法。 (3)当采用预留试件拉拔法时,试验应在隧洞的边墙或拱部进行。试件应为圆柱体,直径宜为 200～500 mm,高可为 100 mm,试验应符合下列步骤: 1)在预定试验部位,施工的喷层厚度应在 100 mm 以上,其表面宜平整; 2)试件部位的混凝土喷射后,应立即用铲刀沿试件轮廓挖出宽 50 mm 的槽,试件与四周的喷射混凝土应完全脱离,仅底面与围岩黏结; 3)试验前,应将钢拉杆埋入试件中心并用环氧树脂砂胶黏结,设计的钢拉杆,应使其抗拔力大于喷射混凝土与岩石的黏结力; 4)用适宜的拉拔设备将试件拉拔至破坏,根据拉拔力和黏结面积,进行黏结强度的计算。 (4)当采用钻芯拉拔法时,应符合下列要求。 1)主要设备应采用混凝土钻芯机、拉拔器和测力计。 2)试验按下列步骤进行:

续上表

项　目	内　容
喷射混凝土围岩黏结强度试验	①用金刚石钻机在工程欲测部位垂直钻进喷层并深入围岩数厘米,形成芯样; ②将卡套插入芯样与围岩的空隙中,推压弹簧内套,使卡套卡紧芯样; ③安装拉拔器与测力仪; ④以每秒 20～40 N 的速度缓慢加力,直到芯样断裂; ⑤按下列公式计算喷射混凝土与围岩的黏结强度 $$f_{cr} = \frac{P_c}{A_c}\cos\alpha$$ 式中　f_{cr}——喷射混凝土与岩石的黏结强度(MPa); 　　　P_c——芯样拉断时的荷载(N); 　　　A_c——芯样断裂面积(mm²); 　　　α——断裂面与芯样横截面交角(°)。 (5)喷射混凝土与岩石块的黏结强度试验应符合下列要求。 1)模板规格和形式:模板尺寸为 450 mm×350 mm×120 mm(长×宽×高),其尺寸较小的一边为敞开状。 2)试件制作应符合下列规定: ①在预定进行黏结强度试验的隧洞区段,选择厚约 50 mm、长宽尺寸略小于模板尺寸的岩块; ②将选择好的岩块置于模板内,在与实际结构物相同的条件下喷上混凝土,喷射前,先用水冲洗岩块表面; ③喷成后,在与实际结构物相同的条件下养护至 7 d 龄期,用切割法去掉周边,加工成边长为 100 mm 的立方体试块(其中岩石和混凝土的厚度各为50 mm 左右),养护至 28 d 龄期,在岩块与混凝土结合面处,用劈裂法求得混凝土与岩块的黏结强度值

表 3-8　素喷混凝土一次喷射厚度　　　　　　　　　　(单位:mm)

喷射方法	部位	掺速凝剂	不掺速凝剂
干法	边墙	70～100	50～70
	拱部	50～60	30～40
湿法	边墙	80～150	—
	拱部	60～100	—

锚杆安设施工不规范

质量问题表现

锚杆安设施工不符合规范要求,造成渗漏。

质量问题

质量问题原因

(1)锚杆孔施工不符合要求,锚杆孔深度、孔径等超过允许值。

(2)锚杆安装前未做好准备工作。

(3)未对锚杆孔进行防水处理。

质量问题预防

(1)施工前,应认真检查和处理锚喷支护作业区的危石施工机具应布置在安全地带。在Ⅳ、Ⅴ级围岩中进行锚喷支护施工时应遵守下列规定:

1)锚喷支护必须紧跟开挖工作面

2)应先喷后锚,喷射混凝土厚度不应小于 50 mm,喷射作业中应有人随时观察围岩变化情况。

3)锚杆施工宜在喷射混凝土终凝 3 h 后进行。

4)施工中,应定期检查电源线路和设备的电器部件,确保用电安全。

5)喷射机、水箱、风包、注浆罐等应进行密封性能和耐压试验,合格后方可使用。喷射混凝土施工作业中,要经常检查出料弯头、输料管和管路接头等有无磨薄、击穿或松脱现象,发现问题,应及时处理。

(2)处理机械故障时,必须使设备断电、停风。向施工设备送电送风前,应通知有关人员。

(3)喷射作业中处理堵管时,应将输料管顺直,必须紧按喷头,疏通管路的工作风压不得超过 0.4 MPa。

(4)喷射混凝土施工用的工作台架应牢固可靠,并设置安全栏杆。

(5)向锚杆孔注浆时,注浆罐内应保持一定数量的砂浆,以防罐体放空,砂浆喷出伤人。处理管路堵塞前,应消除罐内压力。

(6)非操作人员不得进入正进行施工的作业区。施工中,喷头和注浆管前方严禁站人。

(7)施工操作人员的皮肤应避免与速凝剂、树脂胶泥直接接触、严禁树脂卷接触明火。

(8)钢纤维喷射混凝土施工中,应采取措施,防止钢纤维扎伤操作人员。

(9)检验锚杆锚固力应遵守下列规定:

1)拉力计必须固定牢靠;

2)拉拔锚杆时,拉力计前方或下方严禁站人;

3)锚杆杆端一旦出现颈缩时,应及时卸荷。

第二节　地下连续墙施工

一、施工质量验收标准

地下连续墙工程施工质量验收标准见表 3-9。

表 3-9　地下连续墙工程施工质量验收标准

项　目	内　容
一般规定	（1）地下连续墙适用于地下工程的主体结构、支护结构以及复合式衬砌的初期支护。 （2）地下连续墙应采用防水混凝土。胶凝材料用量不应小于 400 kg/m³，水胶比不得大于 0.55，坍落度不得小于 180 mm。 （3）地下连续墙施工时，混凝土应按每一个单元槽段留置一组抗压试件，每 5 个槽段留置一组抗渗试件。 （4）叠合式侧墙的地下连续墙与内衬结构连接处，应凿毛并清洗干净，必要时应作特殊防水处理。 （5）地下连续墙应根据工程要求和施工条件减少槽段数量；地下连续墙槽段接缝应避开拐角部位。 （6）地下连续墙如有裂缝、孔洞、露筋等缺陷，应采用聚合物水泥砂浆修补；地下连续墙槽段接缝如有渗漏，应采用引排或注浆封堵。 （7）地下连续墙分项工程检验批的抽样检验数量，应按每连续 5 个槽段抽查 1 个槽段，且不得少于 3 个槽段
主控项目	（1）防水混凝土的原材料、配合比及坍落度必须符合设计要求。 检验方法：检查产品合格证、产品性能检测报告、计量措施和材料进场检验报告。 （2）防水混凝土的抗压强度和抗渗性能必须符合设计要求。 检验方法：检查混凝土的抗压强度、抗渗性能检验报告。 （3）地下连续墙的渗漏水量必须符合设计要求。 检验方法：观察检查和检查渗漏水检测记录
一般项目	（1）地下连续墙的槽段接缝构造应符合设计要求。 检验方法：观察检查和检查隐蔽工程验收记录。 （2）地下连续墙墙面不得有露筋、露石和夹泥现象。 检验方法：观察检查。 （3）地下连续墙墙体表面平整度，临时支护墙体允许偏差应为 50 mm，单一或复合墙体允许偏差应为 30 mm。 检验方法：尺量检查

二、标准的施工方法

（1）地下连续墙的构造及截面形式见表 3-10。

表 3-10 地下连续墙的构造

项 目	内 容
构造形式	目前,我国建筑工程中应用最多的还是现浇钢筋混凝土壁板式连续墙;壁板式地下墙既可作为临时性的挡土结构,也可兼作地下工程永久性结构的一部分。其构造形式又可分为四种,如图 3-7 所示。其中分离式、整体式、重壁式均是由基坑开挖以后再浇筑一层内衬而成,内衬厚度可取 20~40 cm
地下墙的截面形式	地下墙体结构有现浇或预制两种,地下连续墙的截面可采用板型、T 型和钻孔排桩型等(图 3-8),也有圆形的。预制地下连续墙的截面一般采用矩形

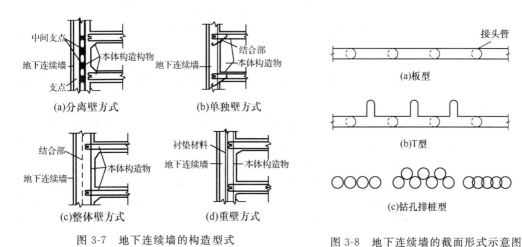

图 3-7 地下连续墙的构造型式

图 3-8 地下连续墙的截面形式示意图

(2)施工工艺流程。

地下连续墙施工工艺流程如图 3-9 所示。

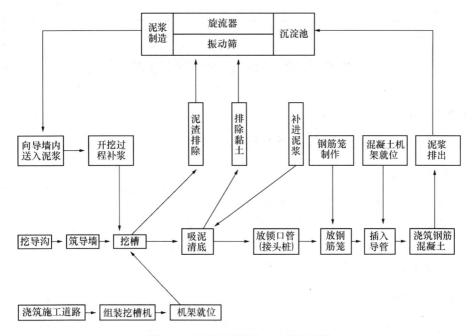

图 3-9 地下连续墙施工工艺流程图

(3)导墙施工见表 3-11。

表 3-11 导墙施工

项 目	内 容
导墙的作用	导墙应具备下列功能: (1)能准确标示地下连续墙墙体平面位置; (2)能作为高程测量的基准; (3)能为成槽机械和灌注混凝土机架导向; (4)能储存泥浆并稳定槽内液面
构筑导墙	槽段开挖前,应沿地下连续墙面两侧构筑导墙,其净距应大于地下连续墙设计尺寸 40～60 mm。导墙可采用现浇或预制钢筋混凝土结构
设置导墙结构	道情结构应建于坚实的地基上,并能承受水土压力和施工机械设备等附加荷载
预制导墙连接	预制导墙连接必须牢固。现浇钢筋混凝土导墙养护期间,重型机械设备不得在其附近施工作业或停置
导墙的高度及施工允许偏差	(1)导墙高度宜为 1.5～2 m,顶部高出地面不应小于 100 mm,外侧墙应夯实,导墙不得移位和变形。 (2)导墙施工的允许偏差应符合下列规定: 1)内墙面与地下连续墙纵轴线平行度为±10 mm; 2)内外导墙间距为±10 mm; 3)导墙内墙面垂直度为 5‰; 4)导墙内墙面平整度为 3 mm; 5)导墙顶面平整度为 5 mm

地面水渗入槽内,使槽段塌方

质量问题表现

地面水从导墙背后渗入槽内,造成槽段塌方。

质量问题原因

(1)导墙外侧的回填土没有分层夯填密实。

(2)导墙面与自然地面齐平,地面水流入槽内污染泥浆,造成槽内泥浆指标达不到成槽要求。

(3)泥浆配合化选择不当,泥浆性能达不到成槽要求。

质量问题预防

(1)为防止地面水从导墙背后渗入槽内,应采取下列措施:

　　1)当表土层较好,在导墙施工期间能保持外侧土壁垂直自立时,则以土壁代替模板,避免回填土,以防槽外地表水渗入槽内。

　　2)如表土开挖后外侧土壁不能垂直自立时,则外侧需设立模板,导墙外侧的回填土应用黏土分皮回填夯实,防止地面水从导墙背后渗入槽内,引起槽段塌方。

　　3)导墙的基底应和土面密贴,以防槽内泥浆渗入导墙后面。导墙外侧地面应用混凝土封严,既可作为操作场地,又可防止地面水渗入导墙背面。

　　(2)修筑导墙前应首先平整场地。导墙顶面应至少高出施工场地100 mm,在地下水位高的地方,导墙面应高出地下水位1.5 m,以保证槽内泥浆液面高出地下水位1 m以上的压差要求,以防止槽壁坍塌,此时需在导墙周边填土。

　　(3)配制的泥浆必须具备物理稳定性、化学稳定性,合适的流动性,良好的泥皮形成能力和适当的密度等性能。确定泥浆配合比时,先根据为保持槽壁稳定所需的黏度来确定膨润土的掺量(一般为6%～9%)和增粘剂CMC的掺量(一般为0.013%～0.08%)。为了使泥浆的性能适合于地下连续墙挖槽施工要求,通常要在泥浆中加入适当的外加剂(表3-12),其中分散剂常用纯碱,掺量一般为0%～0.5%,加重剂应用最多的为重晶石,其掺量根据泥浆所需密度经计算确定,防漏剂通常根据挖槽过程中泥浆漏失情况而逐渐掺加,常用掺量为0.5%～1.0%。泥浆配制时,根据原材料特性,先参考常用配合比进行试配,如试配出的泥浆符合规定要求则可投入使用,否则经过不断修正以最后确定适用的配合比。

表 3-12　泥浆中外加剂的种类和使用目的

外加剂种类	使用目的
分散剂	(1)防止盐类、水泥等对泥浆的污染。 (2)经盐类、水泥等污染之后,用于泥浆的再生。 (3)防止槽壁坍陷。 (4)提高泥水的分离性能
增黏剂	(1)防止槽壁坍陷。 (2)提高挖槽效率。 (3)在盐类、水泥污染时能保持膨润土的凝胶性能
加重剂	增加泥浆密度,提高槽壁的稳定性
防漏剂	防止泥浆在沟槽中经土壤漏失

　　(4)地下连续墙的施工要求见表3-13。

表 3-13　地下连续墙的施工要求

项　　目	内　　容
地下连续墙的施工方法及施工顺序	地下连续墙的施工方法是利用专门的成槽机械在所定位置开挖1条狭长的深槽,再使用膨润土泥浆进行护壁;当一定长度的深槽开挖结束,形成1个单元槽段后,在槽内吊入钢筋笼,以导管法浇筑混凝土,完成1个单元的墙段;各单元墙段之间以各种特定的接头方式相互联结,形成一道连续的现浇地下防水墙。 　　地下连续墙的施工顺序,如图3-10所示

项　　目	内　　容
地下连续墙 主体结构的规定	（1）单层地下连续墙不应直接用于防水等级为一级的地下工程墙体。单墙用于地下工程墙体时，应使用高分子聚合物泥浆护壁材料。 （2）墙的厚度宜大于 600 mm。 （3）应根据地质条件选择护壁泥浆及配合比，遇有地下水含盐或受化学污染时，泥浆配合比应进行调整。 （4）单元槽段整修后墙面平整度的允许偏差不宜大于 50 mm。 （5）浇筑混凝土前应清槽、置换泥浆和清除沉渣，沉渣厚度不应大于100 mm，并应将接缝面的泥皮、杂物清理干净。 （6）钢筋笼浸泡泥浆时间不应超过 10 h，钢筋保护层厚度不应小于 70 mm。 （7）幅间接缝应采用工字钢或十字钢板接头，锁口管应能承受混凝土浇筑时的侧压力，浇筑混凝土时不得发生位移和混凝土绕管。 （8）胶凝材料用量不应少于 400 kg/m³，水胶比应小于 0.55，坍落度不得小于180 mm，石子粒径不宜大于导管直径的 1/8。浇筑导管埋入混凝土深度宜为 1.5～3 m，在槽段端部的浇筑导管与端部的距离宜为 1～1.5 m，混凝土浇筑应连续进行。冬期施工时应采取保温措施，墙顶混凝土未达到设计强度 50% 时，不得受冻。 （9）支撑的预埋件应设置止水片或遇水膨胀止水条（胶），支撑部位及墙体的裂缝、孔洞等缺陷应采用防水砂浆及时修补；墙体幅间接缝如有渗漏，应采用注浆、嵌填弹性密封材料等进行防水处理，并应采取引排措施。 （10）底板混凝土应达到设计强度后方可停止降水，并应将降水井封堵密实。 （11）墙体与工程顶板、底板、中楼板的连接处均应凿毛，并应清洗干净，同时应设置 1～2 道遇水膨胀止水条（胶），接驳器处宜喷涂水泥基渗透结晶型防水涂料或涂抹聚合物水泥防水砂浆

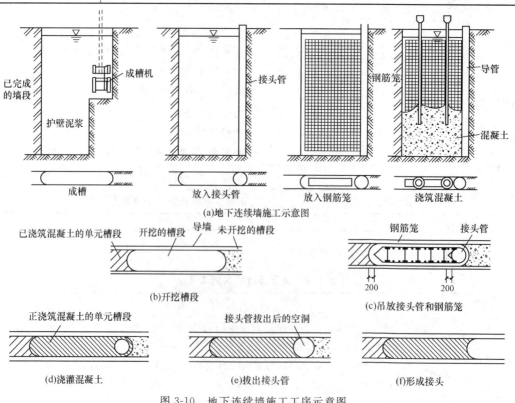

(a)地下连续墙施工示意图

(b)开挖槽段

(c)吊放接头管和钢筋笼

(d)浇灌混凝土

(e)拔出接头管

(f)形成接头

图 3-10　地下连续墙施工工序示意图

(5)单元槽段的划分与挖掘顺序见表 3-14。

表 3-14　单元槽段的划分与挖掘顺序

项　目	内　容
单元槽段的划分	地下槽的施工沿墙长划分为许多某种长度的施工单元,称此为单元槽段。划分单元槽段就是把单元槽段的长度分配在墙体平面图上。单元槽段越长,接头越少,可提高墙体的连续性及防水防渗能力。但因各种因素,单元槽段的长度受到一定限制。决定单元槽段长度的因素包括设计条件(使用目的、形状,墙厚与墙高)和施工条件
槽的挖掘顺序	槽壁的稳定性,对相邻构筑物的影响,挖槽机最小挖槽长度,钢筋笼的重量及尺寸,混凝土的供应,泥浆贮浆池容量,作业占地面积,连续作业时间限制等均影响着单元槽段的长度。关键因素是槽壁的稳定,除此尚应考虑以下几个重要因素:限制挖槽长度、极软弱的地层、易液化的砂土层、相邻处荷载大、拐角等处。一般槽段长度最大不宜超过 4～8 m。一般采用 2～4 个掘削单元组成 1 个槽段,掘削顺序多采用图 3-11 做法,可防止第二掘削段向已掘削段一侧倾斜,形成上大下小的槽形

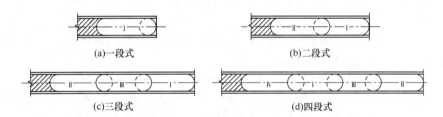

图 3-11　多头钻单元槽段的组成及挖掘顺序
Ⅰ—已完槽段;Ⅱ、Ⅲ、Ⅳ—挖掘顺序

(6)槽孔泥浆护壁施工见表 3-15。

表 3-15　槽孔泥浆护壁施工

项　目	内　容
护壁方法	护壁泥浆是指在挖槽过程中使槽壁稳定而不致坍塌的一种泥浆。泥浆的作用是护壁。当槽内泥浆的液面高出地下水位一定高度时,泥浆对槽壁就产生一定的静水压力,它相当于一种液体支撑,防止槽壁滑坍;同时,泥浆渗入槽壁形成一层泥皮,也有助于维护槽壁的稳定。泥浆的工作状态可分为静置式、正循环式和反循环式(图 3-12)。在正循环和反循环式中都以泥作为挖掘土砂的携带媒质,借泥浆流动将挖掘土砂运出槽外。反循环方式是当前施工中普通应用的方式,它是将所钻削的土砂和泥浆混合在一起,从钻头处通过空心钻杆或另外设置的管道吸出槽外并送到土砂分离系统,而经处理的泥浆则被送到槽口补充送入的泥浆。 制备护壁泥浆应按以下规定: (1)地下墙成槽应用泥浆护壁。泥浆可采用以膨润土或黏土为主要成分进行配制。当采用黏土时,宜选用黏土颗粒含量大于 50%、塑性指数大于 20 的黏土。 (2)在一般软土中成槽时,泥浆的性能指标可参照表 3-16 选用。泥浆使用前应结合工程现场的土性进行室内性能试验。表中所列性能指标,是在一般软土层成槽应满足的基本参数,在特殊地质条件下,尚需做适当调整。

项　　目	内　　容
护壁方法	（3）在泥浆容易渗漏的土层中成槽，为防止泥浆很快流失，使泥浆液面下降，造成塌方，应适当提高泥浆的浓度。同时为能及时补充流失的泥浆，使泥浆液面保护预定高度，应适当提高泥浆的储备量。 （4）膨润土或黏土水化需一定时间，新配制的泥浆，应存放 24 h 以上，或添加分散剂使膨润土或黏土充分水化后，具有足够的浓度，方可使用。 （5）在软土地基中成槽施工过程中，应对循环泥浆进行试验，其控制指标应符合表 3-16 的规定。 （6）重复使用的泥浆应进行净化处理。 （7）废弃泥浆和渣土的处理应符合环保要求
泥浆的配制	配制泥浆的主要材料是膨润土和水。膨润土颗粒一般呈片状，最大外形尺寸不超过 2 μm，厚度不超过 0.1 μm。膨润土颗粒大小对泥浆性能起重要作用，膨润土是一种颗粒极细小、遇水显著膨胀（在水中膨胀后的重量可增加到原来干重的 600%～700%）、黏性和可塑性都很大的特殊黏土。膨润土是理想的造浆材料。 　　配制泥浆的水，可因地制宜采用自来水、湖水或井水，pH 值在 7～7.5 之间。 　　为了使泥浆有良好的适应性能，需在泥浆中加入处理剂。我国目前已有几十个品种用于处理泥浆，如加重剂重晶石、珍珠岩、铁砂等；增黏剂 CMC；分散剂铁铬木质矾盐钠（FCL）等。 　　泥浆的配合比为：水 100，膨润土 2～3，增黏剂 CMC0.05～0.20，分散剂 FCL0.10～0.30。对于不同地层中的泥浆配合比可参考表 3-17 选用，泥浆应根据地质和地面沉降控制要求经试配确定，并应符合表 3-19 的要求。 　　地下连续墙槽孔所需泥浆量很大，施工前必须备足黏土和各种处理剂。泥浆一般用搅拌机搅拌，常用的有立式搅拌机和双轴式泥浆搅拌机。配合泥浆时，先向搅拌机注水，然后加入黏土和处理剂，浸泡一定时间后开始搅拌。根据黏土质量及对泥浆的要求，一般须搅拌 30～40 min，取样性能合格后即可使用
泥浆配合比及性能检验	泥浆是挖槽过程中保证不坍壁的重要因素。泥浆必须具备物理、化学的稳定性，适当的比重，适当的流动性，良好的泥皮形成性。一般采用泥浆是膨润土及其他外加剂和水的混合液。泥浆性能应根据地质条件和施工机械等不同而有差异，通常应当做实验确定配合比，以满足工程的需要。 　　（1）拌制泥浆宜选用膨润土，使用前取样进行泥浆配合比试验。如采用其他黏土时，应进行物理、化学分析和矿物鉴定，其黏粒含量应大于 50%、塑性指数大于 20、含砂量小于 5%、二氧化硅与三氧化二铝含量的比值宜为 3～4。 　　（2）泥浆拌制和使用时必须检验，不合格应及时处理。拌制泥浆应存放 24 h 以上或加分散剂、使膨润土或黏土充分水化后方可使用。 　　（3）泥浆回收，可采用振动筛、旋流器、沉淀池或其他方法净化处理后可重复使用。 　　（4）在施工中，要加强泥浆的管理，经常测试泥浆的性能和调整泥浆配合比，保证顺利施工。对新浆拌制后静置 24 h，要测其性能指标（含砂量除外）。成槽过程中，每进尺 3～5 m 或每 1 h 测定一次泥浆比重和黏度；在清槽前后，各测一次比重、黏度；在灌筑混凝土前测一次比重。取样位置在槽段底部、中部及上口，对失水量、泥皮厚度和 pH 值，应在每槽段的中部和底部各测一次。发现不符合规定指标要求的，应随时进行调整

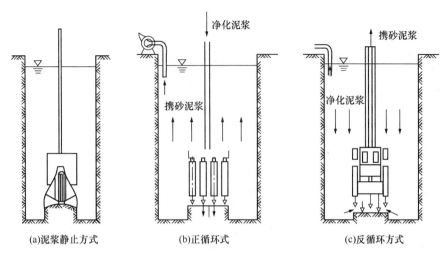

图 3-12 不同成槽方式的泥浆流动状态

表 3-16 泥浆性能指标

序 号	项 目	指 标
1	重度(kN/m³)	10.5～12.0
2	黏度(s)	18～25
3	失水量(mg/30min)	＜30
4	泥皮厚度(mm/30min)	1～3
5	稳定性(g/cm³)	＜0.02
6	pH 值	7～9

表 3-17 不同地层中的泥浆配合比

地 层	膨润土(%)	增黏剂 CMC(%)	分散剂 FCL(%)	其 他
黏性土	5～8	0～0.02	0～0.5	—
砂	5～8	0～0.05	0～0.5	—
砂砾	8～12	0.05～0.1	0～0.5	堵漏剂

表 3-18 泥浆的配制和管理性能指标

泥浆性能	新配制		循环泥浆		废弃泥浆		检验方法
	黏性土	砂性土	黏性土	砂性土	黏性土	砂性土	
比色(g/cm³)	1.04～1.05	1.06～1.08	＜1.10	＜1.15	＞1.25	＞1.35	比重计
黏度(s)	20～24	25～30	＜25	＜35	＞50	＞60	漏斗计
含砂率(%)	＜3	＜4	＜4	＜7	＞8	＞11	洗砂瓶
pH 值	8～9	8～9	＞8	＞8	＞14	＞14	试纸

泥浆质量控制疏漏

质量问题表现

拌制的泥浆不能满足成槽要求、槽壁稳定性不足、抗渗性差等。

质量问题原因

施工各阶段,未根据泥浆的使用状态对新拌制的泥浆,贮存泥浆池的泥浆、沟槽内泥浆、挖槽过程中循环使用的泥浆及被浇筑的混凝土置换出来的泥浆的指标进行检验。

质量问题预防

在地下连续墙施工过程中,应在适当的时间和地点对泥浆进行试验,并根据试验结果分别对泥浆采取再生处理,修正配合比或舍弃等措施。

泥浆质量控制试验的试验项目及取样方法见表 3-19。

表 3-19　泥浆质量控制试验的试验项目及取样方法

泥浆使用状态		取样时间和次数	取样位置	试验项目
新拌制的泥浆		搅拌泥浆达 100 m³ 时取样 1 次,拌制时和放置 1 d 后各取 1 次	搅拌机内	稳定性、密度、漏斗黏度、失水量、pH 值(含砂率)
贮存池(罐)中的泥浆	循环法	每一标准槽段挖槽过程中,每掘进 5～10 m 取样 1 次	泥浆池的送浆泵吸入口	稳定性、密度、漏斗黏度、失水量、pH 值、含砂率(含盐量)
	静止法	每挖一个标准槽段长度,挖槽前、挖至一半深度和接近结束时各取样 1 次	泥浆池的送浆泵吸入口	稳定性、密度、漏斗黏度、失水量、pH 值、含砂率(含盐量)
沟槽中的泥浆	挖槽过程中 循环法	仅在特殊情况时	—	—
	挖槽过程中 静止法	每挖一个标准槽段长度,挖至一半深度和接近结束时各取样 1 次	在槽内泥浆的上部,受供给泥浆影响较小的地方	稳定性、密度、漏斗黏度、失水量、pH 值、含砂率(含盐量)
	静置时间	在挖槽结束时,钢筋笼吊入后或者浇筑混凝土之前取样	槽内泥浆的上、中、下三个位置	稳定性、密度、漏斗黏度、失水量、pH 值、含砂率(含盐量)
挖槽过程中正在使用的泥浆	经物理再生处理的泥浆	每一标准槽段挖槽过程中,每掘进 5～10 m 取样 1 次	在向振动筛、旋流筛、沉淀池内流入的前后	稳定性、密度、漏斗黏度、失水量、pH 值、含砂率(含盐量)
	经再生调制的泥浆	调制前和调制后	调制前和调制后	

质量问题

续上表

泥浆使用状态			取样时间和次数	取样位置	试验项目
被浇筑的混凝土置换出来的泥浆	判断泥浆能否继续使用		开始浇筑混凝土时和每浇筑数米混凝土	化学再生装置的流入口,或者向槽内送浆的泵吸入口	漏斗黏度、失水量、密度、含砂率(稳定性)、(含盐量)
	再生处理的泥浆	化学再生处理	处理前和处理后	处理前和处理后	漏斗黏度、失水量、密度、含砂率(pH值)(稳定性)、(含盐量)
	再生调制的泥浆		调制前和调制后	调制前和调制后	稳定性、密度、漏斗黏度、失水量、pH值、含砂率(含盐量)

(7)清槽施工见表 3-20。

表 3-20　清槽施工

项　　目	内　　容
反循环成槽	成槽达到要求深度后,停止钻进,使钻头空转 4~6 min,将槽底残留的泥块破碎,用吸力泵或砂石泵用反循环方式抽吸 10 min,将钻渣清除干净,使泥浆相对密度控制在 1.1~1.2 范围内
正循环成槽	当用正循环成槽时,则将钻头提离槽底200 mm左右进行空转,中速压入相对密度 1.05~1.10 的稀泥浆把槽内悬浮渣及稠泥浆置换出来
自成泥浆成槽	当采用自成泥浆成槽,终槽后,可使钻头空转不进尺,同时射水,待排出泥浆相对密度降到1.1 左右即合格。清渣一般在钢筋笼安装前进行,在混凝土浇筑前,再测定一次槽底泥浆和沉淀物,如不符合要求,再清槽一次,这时可利用混凝土导管压入清水或新鲜泥浆将槽底泥渣置换出来
清槽的质量标准	清槽的质量标准是,清槽后 1 h,测定槽底沉淀物淤积厚度不大于 200 mm;槽底 200 mm 处的泥浆相对密度不大于 1.2 为合格

(8)钢筋笼的加工与吊放见表 3-21。

表 3-21　钢筋笼的加工与吊放

项　　目	内　　容
钢筋笼的制作	(1)钢筋笼的尺寸应根据单元槽段的尺寸、墙段的接头形式和施工起重设备能力等确定。1 个单元槽段的钢筋笼如需分幅分段,应征得设计同意。 (2)钢筋笼应在平台上制作成型,并符合下列要求: 1)钢筋笼纵向应预留导管位置,并上下贯通; 2)钢筋笼底端应在 0.5 m 范围内的厚度方向上做收口处理; 3)吊点焊接应牢固,并保证钢筋笼起吊刚度;

项　目	内　容
钢筋笼的制作	4)钢筋笼应设定位垫块,其深度方向间距为 3～5 m,每层设 2～3 块; 5)预埋件应与主筋连接牢固,外露面包扎严密; 6)分节制作钢筋笼应试拼装,其主筋接头搭接长度应符合设计要求,如采用焊接或机械连接时,应按相应的技术规定执行。 (3)钢筋笼制作的精度应符合表 3-22 的要求
加焊保护层垫板	为保证墙体具有可靠的保护层,应在钢筋笼两侧加焊保护层垫板,一般水平向设两列,每列垫板竖向间距为 5 m,垫板可用 3 mm 厚钢板制作。为防止钢筋笼在吊装过程中产生不可恢复的变形,影响顺利入槽,可采取加焊钢筋桁架及主筋平面斜向拉条等措施来加大笼体的刚度
吊装钢筋笼前的检查	为确保钢筋笼能顺利吊装入槽及灌筑混凝土质量,在吊装钢筋笼入槽前,应对挖槽进行全面检查,符合质量标准后,方可吊钢筋笼入槽
钢筋笼的吊装	对长度小于 15 m 的钢筋笼,可用起重机整体吊放,先 6 点水平吊起,再升起钢筋笼上口的钢担将钢筋笼吊直(图 3-13)。对超过 15 m 的钢筋笼,须分两段制作吊放,在槽口上加帮条焊接,放到设计标高后,用横担搁在导墙上,再浇灌混凝土

表 3-22　钢筋笼的制作允许偏差值　　　　　　　(单位:mm)

项　目	偏差	检验方法
钢筋笼长度	±50	钢尺量,每片钢筋网检查上、中、下三处
钢筋笼宽度	±20	
钢筋笼厚度	0 −10	
主筋间距	±10	任取一断面,连续量取间距,取平均值作为一点每片钢筋网上测四点
分布筋间距	±20	

(9)接头施工见表 3-23。

表 3-23　接头施工

项　目	内　容
接头管构造及接头的施工过程	接头管一般由 10 mm 厚钢板卷成,外径等于槽段宽度(图 3-14),为操作方便,可由多节组成,每节长 5～6 m,另配备 2～3 节 1～2 m 的短管。接头管拔出后,单元槽段的端部形成半圆形,继续施工即形成两相邻单元槽段的接头。其施工全过程,如图 3-15 所示
接头箱接头的施工过程	接头箱的施工方法与接头管接头相似,只是以接头箱代替接头管。由于两相邻单元槽段的水平钢筋交错搭接,形成整体接头,使接头的刚度较好,其施工过程,如图 3-16 所示
墙体接头处理	(1)地下连续墙各墙幅间竖向接头应符合设计要求,使用的锁口管应能承受混凝土灌注时的侧压力,灌注混凝土时不得位移和发生混凝土绕管现象。 (2)锁口管应紧贴槽端对准位置垂直、缓慢沉放,不得碰撞槽壁和强行入槽。锁口管应沉入槽底 300～500 mm。

续上表

项 目	内 容
墙体接头处理	（3）锁口管在混凝土灌注 2～3 h 后，应进行第一次起拔，之后每 30 min 提升一次，每次 50～100 mm，直至终凝后全部拔出。锁口管起拔后应及时清洗干净。 （4）后继槽段开挖后，应对前槽段竖向接头进行清刷，以清除附着渣及泥浆等物
常用结构接头	结构接头是地下连续墙与内部结构的楼板、柱、梁连接的结构接头，常用的有以下几种。 （1）预埋连接钢筋。它是在浇筑连续墙混凝土前将设计的连接钢筋加以弯折后，预埋在墙体内，待内部土体开挖露出墙体时，凿出预埋连接钢筋，然后与后浇结构的受力钢筋连接。 （2）预埋连接钢板。这是一种钢筋间接连接的接头方式，在浇筑连续墙混凝土前，将预埋连接钢板放入并与钢筋笼固定。浇筑混凝土后凿开墙面露出预埋连接钢板，用焊接方式将后浇结构中的受力钢筋与预埋连接钢板焊接。 （3）预埋剪力连接件。剪力连接件形式有多种，但以不妨碍浇筑混凝土、承压面大且形状简单为好。剪力连接件先预埋在连续墙内，然后弯折出来与后浇结构连接

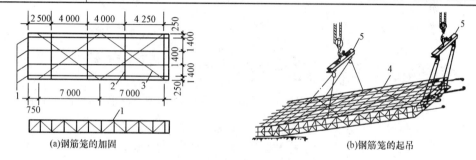

(a)钢筋笼的加固　　(b)钢筋笼的起吊

图 3-13　钢筋笼的加固与起吊(单位：mm)

1—纵向加强桁架；2—水平加固筋；3—剪刀加固筋；4—钢筋笼；5—铁扁担

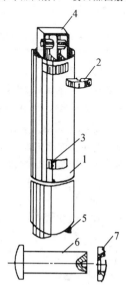

图 3-14　接头管构造

1—ϕ600 或 ϕ800 钢管体；2—月牙形垫块；3—沉头螺栓；
4—上阳插头；5—下阴插头；6—接头管接长插销；7—销盖

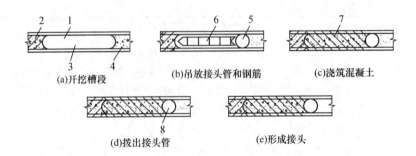

图 3-15 接头管接头的施工过程

1—导管;2—已浇筑混凝土的单元槽段;3—开挖的槽段;4—未开挖的槽段;5—接头管;
6—钢筋笼;7—正浇筑混凝土的单元槽段;8—接头管拨出后形成的圆孔

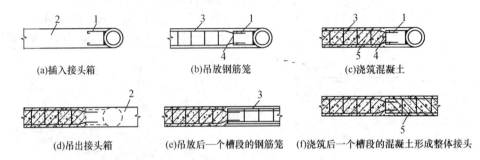

图 3-16 接头箱接头的施工过程

1—接头箱;2—开挖的槽段;3—钢筋笼;4—焊在钢筋笼端部的钢板;
5—正浇筑混凝土的单元槽段

(10)浇筑防水混凝土施工见表 3-24。

表 3-24 浇筑防水混凝土施工

项　目	内　容
直升导管法浇筑地下混凝土	地下墙混凝土是在泥浆下浇筑的,与普通浇筑混凝土施工方法不同。地下连续墙应采用掺外加剂的防水混凝土,水泥用量:采用卵石时不应小于 370 kg/m³,采用碎石时不应小于 400 kg/m³,坍落度应采用(200±20)mm。其他使用的材料、配合比和搅拌应符合设计要求。泥浆下灌注混凝土,采用直升导管法,如图 3-17 所示。即沿槽孔长度方向设置数根铅垂导管,混凝土自导管底口排出,自动摊开,并由槽孔底部逐渐上升,不断把泥浆顶出槽孔,直至混凝土灌满槽孔
对灌注的混凝土的要求	由于混凝土要通过较长的导管灌入孔底,所以必须防止导管堵塞,这就要求混凝土拌和料有足够大的流动度,并保证达到设计强度,满足抗渗要求。 　　(1)槽孔内的混凝土是利用混凝土与泥浆的比重差浇筑的。故必须保证比重差在 1.1 倍以上,混凝土的比重是 2.3,所以槽孔内泥浆比重应小于 1.2,如大于 1.2 就会影响质量。 　　(2)灌注混凝土的导管要便于提升和拆装。导管由多节的钢管组成,导管间用螺纹连接,也可采用消防皮管的快速接头,以便在钢筋笼中顺利升降。

续上表

项　目	内　容
对灌注的 混凝土的要求	(3)导管间距取决于混凝土灌注的有效半径。灌注速度(槽孔内混凝土面每小时上升速度)越大,导管上端面露出泥浆面的高差越大,导管顶端混凝土超压值也越大。所以,灌注有效半径增加,导管间距可加大。导管顶面高出泥浆面不同高差时,灌注有效半径见表 3-25。 (4)混凝土浇筑过程中,不能将导管横向移动,否则会使沉渣和泥浆混入混凝土内,影响混凝土的质量。 (5)导管水平布置距离不应大于 3 m,距槽段端部不应大于 1.5 m。导管下端距槽底应为 300～500 mm,灌注混凝土前应在导管内临近泥浆面位置处吊挂隔水栓。 (6)钢筋笼沉放就位后应及时灌注混凝土,并不得超过 4 h。 (7)各导管储料斗内混凝土储量应保证开始灌注混凝土时埋管深度不小于 500 mm。各导管剪短隔水栓吊挂线后应同时均匀连续灌注混凝土,因故中断灌注时间不得超过 30 min。 (8)导管随混凝土灌应逐步提升,其埋入混凝土深度应为 1.5～3.0 m,相邻两导管内混凝土高差不应大于 0.5 m。 (9)混凝土不得溢出导管,落入槽内。置换出的泥浆应及时处理,不得溢出地面。混凝土灌注宜高出设计高程 300～500 mm。 (10)每一单元槽段混凝土应制作抗压强度试件一组,每 5 个槽段应制作抗渗压力试件一组,并按规定做好记录。 (11)地下连续墙冬期施工应采取保温措施。墙顶混凝土未达到设计强度的 40%时不得受冻 (12)混凝土浇灌过程中,要经常量测混凝土灌筑量和上升高度,量测上升高度可用测锤。由于混凝土上升面不完全水平,所以要在 3 个以上位置量测。 (13)当浇灌深度距槽孔口 5 m 左右时,由于压差越来越小,导管口频繁出现溢流混凝土的现象称为"难灌"。这时应经常振动导管,及时拆卸导管,以减少埋深,同时要改变混凝土配合比,适当减少石子用量,掺入减水剂,以增大混凝土流动性,但不得变更水灰比

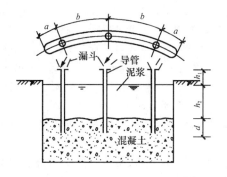

图 3-17　直升导管法灌注混凝土

表 3-25　灌注有效半径参考值

导管顶面与泥浆面的高差(m)	灌注有效半径(m)	备　　注
0.9	1.5	表内值适用于混凝土面上升,
1.5	2.0	最后低于沉浆面为 1 m 时
2.3	2.5	
3.5	3.0	

第三节　盾构法隧道施工

一、施工质量验收标准

盾构法隧道施工质量验收标准见表 3-26。

表 3-26　盾构法隧道施工质量验收标准

项　　目	内　　容
一般规定	(1)盾构隧道适用于在软土和软岩土中采用盾构掘进和拼装管片方法修建的衬砌结构。 (2)盾构隧道衬砌防水措施应按表 3-27 选用。 (3)钢筋混凝土管片的质量应符合下列规定: 1)管片混凝土抗压强度和抗渗性能以及混凝土氯离子扩散系数均应符合设计要求; 2)管片不应有露筋、孔洞、疏松、夹渣、有害裂缝、缺棱掉角、飞边等缺陷; 3)单块管片制作尺寸允许偏差应符合表 3-28 的规定。 (4)钢筋混凝土管片抗压和抗渗试件制作应符合下列规定: 1)直径 8 m 以下隧道,同一配合比按每生产 10 环制作抗压试件一组,每生产 30 环制作抗渗试件一组; 2)直径 8 m 以上隧道,同一配合比按每工作台班制作抗压试件一组,每生产 10 环制作抗渗试件一组。 (5)钢筋混凝土管片的单块抗渗检漏应符合下列规定: 1)检验数量:管片每生产 100 环应抽查 1 块管片进行检漏测试,连续 3 次达到检漏标准,则改为每生产 200 环抽查 1 块管片,再连续 3 次达到检漏标准,按最终检测频率为 400 环抽查 1 块管片进行检漏测试。如出现一次不达标,则恢复每 100 环抽查 1 块管片的最初检漏频率,再按上述要求进行抽检。当检漏频率为每 100 环抽查 1 块时,如出现不达标,则双倍复检,如再出现不达标,必须逐块检漏。 2)检漏标准:管片外表在 0.8 MPa 水压力下,恒压 3 h,渗水进入管片外背高度不超过 50 mm 为合格。 (6)盾构隧道衬砌的管片密封垫防水应符合下列规定: 1)密封垫沟槽表面应干燥、无灰尘,雨天不得进行密封垫粘贴施工; 2)密封垫应与沟槽紧密贴合,不得有起鼓、超长和缺口现象; 3)密封垫粘贴完毕并达到规定强度后,方可进行管片拼装;

项 目	内 容
一般规定	4)采用遇水膨胀橡胶密封垫时,非粘贴面应涂刷缓膨胀剂或采取符合缓膨胀的措施。 (7)盾构隧道衬砌的管片嵌缝材料防水应符合下列规定: 1)根据盾构施工方法和隧道的稳定性,确定嵌缝作业开始的时间; 2)嵌缝槽如有缺损,应采用与管片混凝土强度等级相同的聚合物水泥砂浆修补; 3)嵌缝槽表面应坚实、平整、洁净、干燥; 4)嵌缝作业应在无明显渗水后进行; 5)嵌填材料施工时,应先刷涂基层处理剂,嵌填应密实、平整。 (8)盾构隧道衬砌的管片密封剂防水应符合下列规定: 1)接缝管片渗漏时,应采用密封剂堵漏; 2)密封剂注入口应无缺损,注入通道应通畅; 3)密封剂材料注入施工前,应采取控制注入范围的措施。 (9)盾构隧道衬砌的管片螺孔密封圈防水应符合下列规定: 1)螺栓拧紧前,应确保螺栓孔密封圈定位准确,并与螺栓孔沟槽相贴合; 2)螺栓孔渗漏时,应采取封堵措施; 3)不得使用已破损或提前膨胀的密封圈。 (10)盾构隧道分项工程检验批的抽样检验数量,应按每连续5环抽查1环,且不得少于3环
主控项目	(1)盾构隧道衬砌所用防水材料必须符合设计要求。 检验方法:检查产品合格证、产品性能检测报告和材料进场检验报告。 (2)钢筋混凝土管片的抗压强度和抗渗性能必须符合设计要求。 检验方法:检查混凝土抗压强度、抗渗性能检验报告和管片单块检漏测试报告。 (3)盾构隧道衬砌的渗漏水量必须符合设计要求。 检验方法:观察检查和检查渗漏水检测记录
一般项目	(1)管片接缝密封垫及其沟槽的断面尺寸应符合设计要求。 检验方法:观察检查和检查隐蔽工程验收记录。 (2)密封垫在沟槽内应套箍和粘贴牢固,不得歪斜、扭曲。 检验方法:观察检查。 (3)管片嵌缝槽的深宽比及断面构造形式、尺寸应符合设计要求。 检验方法:观察检查和检查隐蔽工程验收记录。 (4)嵌缝材料嵌填应密实、连续、饱满,表面平整,密贴牢固。 检验方法:观察检查。 (5)管片的环向及纵向螺栓应全部穿进并拧紧;衬砌内表面的外露铁件防腐处理应符合设计要求。 检验方法:观察检查

表 3-27　盾构隧道衬砌防水措施

防水措施		高精度管片	接缝防水				混凝土内衬或其他内衬	外防水涂料
			密封垫	嵌缝材料	密封剂	螺孔密封圈		
防水等级	一级	必选	必选	全隧道或部分区段应选	可选	必选	宜选	对混凝土有中等以上腐蚀的地层应选,在非腐蚀地层宜选
	二级	必选	必选	部分区段宜选	可选	必选	局部宜选	对混凝土有中等以上腐蚀的地层宜选
	三级	应选	必选	部分区段宜选	—	应选	—	对混凝土有中等以上腐蚀的地层宜选
	四级	可选	宜选	可选	—	—	—	—

表 3-28　单块管片制作尺寸允许偏差

项　　目	允许偏差(mm)
宽度	±1
弧长、弦长	±1
厚度	+3,-1

二、标准的施工方法

(1)盾构法施工是以盾构这种机械在地面以下暗挖隧道的一种施工方法,盾构法施工工艺,如图 3-18 所示。

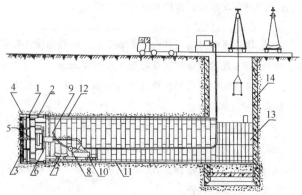

图 3-18　盾构法施工示意图

1—盾构;2—盾构千斤顶;3—盾构正面网格;4—出土转盘;5—出土皮带运输机;6—管片拼装机;
7—管片;8—压浆泵;9—压浆孔;10—出土机;11—管片衬砌;12—盾尾空隙中的压浆;13—后盾管片;14—竖井

(2)管片接缝的防水要求见表 3-29。

表 3-29　管片接缝的防水要求

项　　目	内　　　　容
密封垫防水	(1)接缝密封垫宜选择具有合理构造形式、良好弹性或遇水膨胀性、耐久性、耐水性的橡胶类材料,其外形应与沟槽相匹配。弹性橡胶密封垫材料、遇水膨胀橡胶密封垫胶料的物理性能应符合表 3-30 和表 3-31 的规定。 (2)管片接缝密封垫应被完全压入密封垫沟槽内,密封垫沟槽的截面积应大于或等于密封垫的截面积,其关系宜符合下式: $$A=(1\sim1.15)A_0$$ 式中　A——密封垫沟槽截面积; 　　　　A_0——密封垫截面积。 　　管片接缝密封垫应满足在计算的接缝最大张开量和估算的错位量下、埋深水头的 2~3 倍水压下不渗漏的技术要求;重要工程中选用的接缝密封垫,应进行一字缝或十字缝水密性的试验检测
嵌缝防水	嵌缝防水是以接缝密封垫防水作为主要防水措施的补充措施。即在管片环缝、纵缝中沿管片内侧设置嵌缝槽(图 3-19),用嵌缝材料在槽内填嵌密实来达到防水目的,而不是靠弹性压密防水,常用的嵌缝材料见表 3-32。 　　嵌缝防水应符合下列规定: 　　(1)在管片内侧环纵向边沿设置嵌缝槽,其深宽比不应小于 2.5,槽深宜为 25~55 mm,单面槽宽宜为 5~10 mm;嵌缝槽断面构造形式如图 3-20 所示; 　　(2)嵌缝材料应有良好的不透水性、潮湿基面黏结性、耐久性、弹性和抗下坠性; 　　(3)应根据隧道使用功能和表 3-27 中的防水等级要求,确定嵌缝作业区的范围与嵌填嵌缝槽的部位,并采取嵌缝堵水或引排水措施; 　　(4)嵌缝防水施工应在盾构千斤顶顶力影响范围外进行。同时,应根据盾构施工方法、隧道的稳定性确定嵌缝作业开始的时间; 　　(5)嵌缝作业应在接缝堵漏和无明显渗水后进行,嵌缝槽表面混凝土如有缺损,应采用聚合物水泥砂浆或特种水泥修补,强度应达到或超过混凝土本体的强度。嵌缝材料嵌填时,应先刷涂基层处理剂,嵌填应密实、平整
螺孔防水	管片拼装完之后,若在管片接缝螺栓孔外侧的防水密封垫止水效果好,一般就不会再从螺栓孔发生渗漏。但在密封垫失效和管片拼装精度差的部位上的螺栓孔处会发生漏水,因此必须对螺栓孔进行专门防水处理。 　　目前普遍采用橡胶或聚乙烯及合成树脂等做成环形密封垫圈,靠拧紧螺栓时的挤压作用使其充填到螺栓间,起到止水作用(图 3-21)。在隧道曲线段,由于管片螺栓插入螺孔时常出现偏斜,螺栓紧固后使防水垫圈局部受压,容易造成渗漏水,此时可采用图 3-22 所示的防水方法,即采用铝制杯形罩,将弹性嵌缝材料束紧到螺母部位,并依靠专门夹具,待材料硬化后,拆除夹具,止水效果显著
大直径管片接缝的其他防水措施	在大直径管片中,特别是地铁所用的管片,也可通过螺栓孔进行防水。在螺栓与螺栓孔的缝隙中插入垫圈和密封环等用合成橡胶和合成树脂制作的衬垫,以垫板将该衬垫挤紧进行防水,这是螺栓孔防水的一般方法。

续上表

项　　目	内　　容
大直径管片接缝的其他防水措施	混凝土系列的管片，由于壁后注浆孔兼作吊环用，有时注浆孔外周与混凝土剥离，形成漏水通道而漏水。针对此现象，多数情况是预先在注浆孔外周镶上橡胶环（O形环）进行防水。最近，也有采用水膨胀性材料制作橡胶环的。 　　此外，作为管片接头面实施的防水措施，在混凝土管片和球墨铸铁管片中设有堵缝，作为密封材料防水失败时的补充防漏措施。对从注浆孔浸入的水，也可根据防水目的采用注浆填充材料防水

表 3-30　弹性橡胶密封垫胶料的物理性能

序号	项　　目			指　　标	
				氯丁橡胶	三元乙丙胶
1	硬度（邵尔 A，度）			(45±5)～(60±5)	(55±5)～(70±5)
2	伸长率（%）			≥350	≥330
3	拉伸强度（MPa）			≥10.5	≥9.5
4	热空气老化	70℃×96 h	硬度变化值（邵尔 A，度）	≤+8	≤+6
			拉伸强度变化率（%）	≥-20	≥-15
			扯断伸长率变化率（%）	≥-30	≥-30
5	压缩永久变形(70℃×24 h)（%）			≤35	≤28
6	防霉等级			达到优于 2 级	达到优于 2 级

　　注：以上指标均为成品切片测试的数据，若只能以胶料制成试样测试，则其伸长率、拉伸强度的性能数据应达到本规定的 120%。

表 3-31　遇水膨胀橡胶密封垫胶料物理性能

序号	项　　目		性能要求		
			PZ-150	PZ-250	PZ-400
1	硬度（邵尔 A，度）		42±7	42±7	45±7
2	拉伸强度（MPa）		≥3.5	≥3.5	≥3
3	扯断伸长率（%）		≥450	≥450	≥350
4	体积膨胀倍率（%）		≥150	≥250	≥400
5	反复浸水试验	拉伸强度（MPa）	≥3	≥3	≥2
		扯断伸长率（%）	≥350	≥350	≥250
		体积膨胀倍率（%）	≥150	≥250	≥300
6	低温弯折（-20℃×2 h）		无裂纹		
7	防霉等级		达到优于 2 级		

　　注：1. 成品切片测试应达到本指标的 80%。

　　　　2. 接头部位的拉伸强度指标不得低于本指标的 50%。

　　　　3. 体积膨胀倍率是浸泡前后的试样质量的比率。

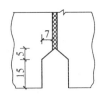
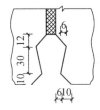

图 3-19　嵌缝槽形式(单位：mm)

表 3-32　常用嵌缝材料

名称	化学成分	名称	化学成分
金属铅	铅	聚硫橡胶类	聚硫橡胶、过氧化铅
水泥胶浆	水泥、防水剂、石棉	聚氨酯类	异氰酸酯预聚体、聚醇及芳香胺类物质
环氧树脂类	环氧树脂、聚酰胺及改性胺类固化剂	—	—

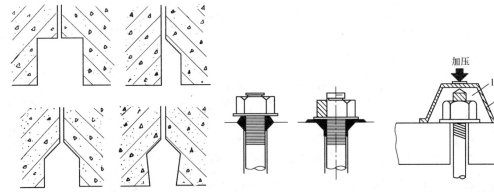

图 3-20　管片嵌缝槽断面构造形式　　图 3-21　接头螺孔防水

图 3-22　铝杯罩螺孔防水
1—嵌缝材料；2—止水铝质罩壳；
3—管片

(3)衬砌结构防水标准的施工方法见表 3-33。

表 3-33　衬砌结构防水标准的施工方法

项　目	内　容
混凝土搅拌	(1)水、水泥、外掺料的允许误差为±2%；粗、细骨料的允许误差为±3%。 (2)混凝土配合比必须经过试验合格后才可使用,中途未经试验同意不准随意更改配合比。 (3)按砂、水泥、石子的顺序倒入料斗,然后一并倒入搅拌机的拌筒中,在倒料的同时加水搅拌,搅拌时间应严格控制在 1～2 min。 (4)混凝土坍落度为 2～3 cm,每次搅拌须做好记录
混凝土浇捣	(1)混凝土铺料顺序为先两端后中间,并分层摊铺,振捣应先振中间后两侧。 (2)两端振捣后盖上压板,压板必须压紧压牢,再加料振捣。 (3)采用 ZX-70 振捣棒振捣,不得碰撞钢模芯棒、钢筋、钢模及预埋件。 (4)混凝土浇捣后 10 min 才可拆除压板,做管片外弧面的收水工序。 (5)外弧面收水,先用刮板刮去多余混凝土,并使外弧面沿钢模弧度平正,然后用木抹子压实,用铁板抹光。 (6)静放 1～2 h 再抹面 1～2 次,管片外弧面不得有石子印痕。

项　　目	内　　容
混凝土浇捣	（7）养护是防止衬砌裂缝造成抗渗能力下降的重要条件，蒸汽养护与浇水养护相结合是常用的养护法。管片采用带模蒸汽养护，也有喷雾养护、温水滴流养护。待管片表面抹压收水完成后，在其上覆盖塑料薄膜或进行喷塑与外界隔离，再用油布覆盖或使用养护罩。蒸养必须严格按要求进行
管片混凝土的抗渗要求	隧道在含水地层内，由于地下水压力的作用，要求衬砌应具有一定的抗渗能力，以防止地下水的渗入。为此，在施工中应做到以下几方面：首先，应根据隧道埋深和地下水压力，提出经济合理的抗渗指标；对预制管片混凝土级配应采取密实级配；设计有规定时按设计要求办理，设计无明确规定时一般按高密实度标准施工。此外还应严格控制水灰比（一般不大于 0.4），且可适当掺入减水剂来降低混凝土水灰比；在管片生产时要提出合理的工艺要求，对混凝土振捣方式、养护条件、脱模时间、防止温度应力而引起裂缝等均应提出明确的工艺条件。对管片生产质量要有严格的检验制度，并减少管片堆放、运输和拼装过程的损坏率

（4）衬砌外防水涂层标准的施工方法见表 3-34。

表 3-34　衬砌外防水涂层标准的施工方法

项　　目	内　　容
干燥管片背部上缺损的处理	对已干燥的管片背部上的空穴和缺损，用 108 胶水（或 YJ-302 胶黏剂）拌和水泥填平。同时，用油灰刀铲除基面上的突起物，再用钢丝刷清除管片外背面的浮灰和浮砂
涂料配比、搅拌	按涂料规定的配比要求，将涂料混合搅拌均匀
冷刷底涂料	按规定的要求涂刷（或喷涂、滚刷）冷底子油或直接涂刷底涂料
涂刷的要求	涂刷时要均匀一致，不得过厚或过薄。为确保涂膜厚度，用单位面积涂布量和测厚仪两种手段控制
涂刷衬砌外防水涂层	通常在第一层涂后 24 h 刮涂第二层涂层，涂刷的方向必须和第一层的涂刮方向垂直。重涂时间的间隔与涂料品种有很大关系。 如果面层与底层分别采用两类涂料，则按各自不同的工艺条件实施，同时必须注意两层之间的结合
使用有机溶剂	施工中使用有机溶剂时，应注意防火。施工人员应采取防护措施（戴手套、口罩、眼镜等），施工温度宜在 0℃ 以上

（5）衬砌接缝防水标准的施工方法见表 3-35。

表 3-35　衬砌接缝防水标准的施工方法

项　　目	内　　容
弹性密封垫、传力衬垫和螺孔密封圈施工	（1）冬季框形密封条整形时，密封垫会因堆放时的挠曲走形，需先经烘房恒温，使其套入管片时服帖。 （2）涂胶与黏结：

续上表

项　　目	内　　容
弹性密封垫、传力衬垫和螺孔密封圈施工	1)管片混凝土面与橡胶面分别涂胶。 2)涂胶时密封垫要满涂,软木橡胶用"四边加斜十字涂",相应混凝土亦同。涂胶量约为200 g/m²,涂刷工具可用由油漆刀改制的刀头(呈锯齿状)。 3)若胶黏剂开封后溶剂挥发变稠,可用溶剂边加入边搅拌稀释。采用单面涂胶的直接黏结法,即混凝土面单面涂胶,凉置一段时间(一般 10～15 min,随气温、湿度而异,以接触不黏为宜)。 4)黏合前再次检查是否所有黏结面已均匀涂胶,如漏涂则要衬涂,粘贴时注意四个角部密封垫位置不可"耸肩"或"塌肩",整个密封垫表面应在同一平面上,谨防歪斜或扭曲。 5)套框和黏结时,一旦黏合就不可重行揭开,以免黏结强度受影响,故检查平整后应一次就位。由于实际加工的密封垫纵向、环向长度比管片上设置的密封垫沟槽短,为粘贴就位时恰到好处,应先正确定位,黏合四个角部后再黏合中间。 6)黏合后用小木槌扣压,凡"露肩"或稍有隆起处要叩击密贴。 (3)黏合后应养护 24 h 后方可运往井下拼装。如为遇水膨胀橡胶,还应加涂缓膨胀剂于橡胶密封垫表面(尤其是拱底块)。 (4)传力衬垫黏结在管片上后不得有脱胶、翘边、歪斜现象。传力衬砌黏合在管片纵肋面时,应注意螺孔的位置,为此需事先在螺孔位置的衬垫板上开设大于螺孔的孔洞,并正确就位。 (5)为加强 T 字缝和十字缝接头的防水,宜在管片密封垫的角部位置,加贴自黏性丁基胶腻子薄片。加贴时应注意正确排布,以满足角部每条缝中有一层薄片,从而起到填平密封作用。 (6)下井前应再次检查几种防水材料黏结是否良好,有无脱翘处,若有则再补黏
衬砌接缝嵌缝防水施工	(1)未定型密封材料(YJ-302)施工。 1)如嵌填水膨胀腻子、密封胶类密封材料、外封聚合物水泥、合成纤维水泥类加固材料,应先嵌填密封料,不得外溢或翘露。若有控制膨胀材料,也应同样填塞密实。若单用密封胶,则应两面黏结。 2)外封加固材料可以直接填塞于嵌缝槽面层,也可加封于嵌缝槽两侧。为提高它与管片混凝土基面的黏结力,宜于结合面先涂刷混凝土界面处理剂处理。 3)YJ-302 型界面处理剂涂刷后 2～4 h 内,即应做外封加固材料。若已超过时间,则应重抹。 4)外封加固材料应严格按设计要求的外形和尺寸施工,以利于密封和防裂。拱顶部的外封加固材料应能速凝,以免坠落。 5)直接用外封加固材料作嵌缝密封材料时,亦可参考上述作业方式。 6)应保证十字接头处密封材料的紧密结合,保持防水的连续性和整体性。 (2)定型密封材料施工。 1)将预制成型的橡胶和塑料密封条嵌入嵌缝槽,正确安贴就位。通常用木槌击入,使之紧密贴合。

续上表

项　　目	内　　容
衬砌接缝嵌缝 防水施工	2)密封条在环缝嵌缝槽内宜无接头,或仅有一个接头,纵缝与环缝的密封条段与段的结合应尽量紧贴,必要时用特殊十字接头密封件解决此处密封问题。 　　3)在预制成型密封件靠扩张材料与嵌缝槽紧密封时,扩张材料的设置要正确充分,尤其应针对接缝张开程度相应的扩张。 　　4)采用泄水型的嵌缝方式时,要求将接头设在排水沟附近。 　　如用密封胶类材料嵌填,应先涂冷底子,再自下而上填塞密封胶,使之密实平整。嵌填作业用刮刀抹填或嵌缝枪嵌注均可

(6)双层衬砌中的防水标准的施工方法见表 3-36。

表 3-36　双层衬砌中的防水标准的施工方法

项　　目	内　　容
内衬施工中 的防水作业	(1)为提高内衬与第一层衬砌的结合能力,可将第一层衬砌内面凿毛或涂刷 YJ-302 界面处理剂。 　　(2)根据需要,可在内衬纵向或横向施工缝上设置止水条和止水带,其中止水条通常应用胶黏剂胶合,止水带通常应用铅丝与内衬钢筋绑紧并固定。 　　(3)浇捣用混凝土时,应防止或减少二次衬砌的裂纹。严格控制减水剂、膨胀剂添加用量和水灰比,不得随意添水。 　　(4)施工中要在合适时间脱模,注意充分养护可以根据温度、湿度等环境条件,覆盖草包并定时、定量地喷洒水养护
内衬变形缝防水施工	(1)完成内衬施工准备。 　　(2)骑缝粘贴卷材。 　　(3)按设计要求设置变形缝防水材料,埋入式橡胶止水带或止水紫铜片以及缝间填充材料。 　　(4)按内衬混凝土施工的要求,浇筑内衬混凝土,然后脱模、养护、验收。 　　(5)如为嵌缝式、附贴式变形缝,则最后嵌填高模量密封胶或内装可卸式止水带
夹层防水层 (或排水层)施工	(1)防水层(或排水层)的搭接由下而上,在拱顶与垂直方向的层与层的搭接时,上层应置于内侧,搭接宽度要符合规定。 　　(2)疏水管的纵向排布延伸和接头的密封连接,可采用密封胶或止水圈等。 　　(3)防水层(或排水层)与第一层衬砌之间的固定,可采用射钉,拱顶的钉距为500～800 mm,侧墙为 1 000～1 500 mm。 　　(4)射钉穿透的防水层(或排水层)孔眼,用加贴同种材料黏结或热焊,或在射钉上加垫防水圈等方法封闭。 　　(5)防水层(或排水层)端部应置入疏水管,或包裹于疏水管外,使漏水引入疏水管排出。两者连接处应严格按施工图处理。 　　(6)防水层(或排水层)在适当长度区段内(50 m 以上)全部铺设后,再实施内衬施工。特殊情况下可边铺边设内衬,但铺设的长度一般不少于 20 m。 　　(7)在内衬绑扎或焊接钢筋时,应采用防止机械损伤或电火花烧伤防水层的防护措施(如设临时挡板等)

盾构法隧道漏水

质量问题表现

盾构法隧道发生渗漏水现象。

质量问题原因

盾构法隧道漏水的主要因素有环境条件、管片构造、止水材料、施工状况等多个方面。

而引起隧道漏水的最主要因素是防水材料不合格和违反操作规程。具体因素可分为以下几点。

(1)管片在制作时养护不合理，表面出现气孔和干缩裂缝；管片在运输、拼装中受挤压、碰撞、缺边掉角。

(2)遇水膨胀橡胶粘贴不牢，或下坡时过早浸水使膨胀止水效果降低。

(3)管片拼装质量差，螺栓未拧紧，接缝张开过大。

(4)手孔、螺栓孔、注浆孔等薄弱部位未加防水垫片，封孔施工质量差等。

接头漏水是主因，所以应主要在管片接缝处下工夫。还可在隧道内侧做二次衬砌或在一次衬砌与二次衬砌之间做防水以及依靠壁后注浆材料进行防水等。

质量问题预防

(1)对于环纵缝的线漏、滴漏以及两腰渗漏水处宜采用注浆堵漏，即在渗漏严重处先打一小孔，插入塑料细管引排渗漏水，同时插入另一注浆管压注聚氨酯浆材封堵渗水通道，当确认不渗漏水时剪断注浆管(对有多处渗漏水点情况，应先上后下，最后封堵两腰)。在埋管处用快凝水泥封缝，周围纵环采用工字形水膨胀腻子条加封氯丁胶乳水泥作整环嵌缝处理(图3-23)。对于已做工字条嵌缝但仍有渗漏的环缝，在注浆堵水后，宜取出工字条，涂刷界面剂，再用快凝水泥封缝。

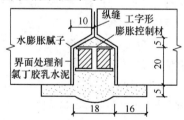

图3-23　盾构隧道防水堵漏做法(单位:mm)

(2) 对0.15 mm以下潮湿裂缝或微裂缝可采用无机水性高渗透密封剂涂刷封闭处理(如AS混凝土墙面涂料，SWF水泥密封材料等)。

(3) 对0.20 mm以上的微裂缝也应注浆，采用聚合物砂浆类，用氯丁胶乳、卤偏乳液、丙烯酸乳液等涂抹封闭。

质量问题

(4)对于集中渗漏区段,可利用回填注浆孔钻穿管片注入超细早强水泥和水溶性聚氨酯浆液。管片打穿时,考虑到注浆孔涌泥,配以橡塞密封装置。

(5)区间混凝土管片存在的边、角缺损部位,可采用高强、快凝、黏结良好的修补材料,如 NC 聚合物快速修补剂。

第四节　沉井施工

一、施工质量验收标准

沉井工程施工质量验收标准见表 3-37。

表 3-37　沉井工程施工质量验收标准

项　目	内　容
一般规定	(1)沉井适用于下沉施工的地下建筑物或构筑物。 (2)沉井结构应采用防水混凝土浇筑。沉井分段制作时,施工缝的防水措施应符合《地下防水工程质量验收规范》(GB 50208—2011)的有关规定;固定模板的螺栓穿过混凝土井壁时,螺栓部位的防水处理应符合《地下防水工程质量验收规范》(GB 50208—2011)的规定。 (3)沉井干封施工应符合下列规定: 1)沉井基底土面应全部挖至设计标高,待其下沉稳定后再将井内积水排干; 2)清除浮土杂物,底板与井壁连接部位应凿毛、清洗干净或涂刷混凝土界面处理剂,及时浇筑防水混凝土封底; 3)在软土中封底时,宜分格逐段对称进行; 4)封底混凝土施工过程中,应从底板上的集水井中不间断地抽水; 5)封底混凝土达到设计强度后,方可停止抽水;集水井的封堵应采用微膨胀混凝土填充捣实,并用法兰、焊接钢板等方法封平。 (4)沉井水封施工应符合下列规定: 1)井底应将浮泥清理干净,并铺碎石垫层; 2)底板与井壁连接部位应冲刷干净; 3)封底宜采用水下不分散混凝土,其坍落度宜为 180～220 mm; 4)封底混凝土应在沉井全部底面积上连续均匀浇筑; 5)封底混凝土达到设计强度后,方可从井中抽水;并应检查封底质量。 (5)防水混凝土底板应连续浇筑,不得留设施工缝;底板与井壁接缝处的防水处理应符合《地下防水工程质量验收规范》(GB 50208—2011)的有关规定。 (6)沉井分项工程检验批的抽样检验数量,应按混凝土外露面积每 100 m² 抽查 1 处,每处 10 m²,且不得少于 3 处

续上表

项　　目	内　　容
主控项目	(1)沉井混凝土的原材料、配合比以及坍落度必须符合设计要求。 检验方法:检查产品合格证、产品性能检测报告、计量措施和材料进场检验报告。 (2)沉井混凝土的抗压强度和抗渗性能必须符合设计要求。 检验方法:检查混凝土抗压强度、抗渗性能检验报告。 (3)沉井的渗漏水量必须符合设计要求。 检验方法:观察检查和检查渗漏水检测记录
一般项目	(1)沉井干封底和水下封底的施工应符合上述一般规定中(3)和(4)的的规定。 检验方法:观察检查和检查隐蔽工程验收记录。 (2)沉井底板与井壁接缝处的防水处理应符合设计要求。 检验方法:观察检查和检查隐蔽工程验收记录

二、标准的施工方法

(1)沉井的平面和剖面形式如图 3-24 所示。

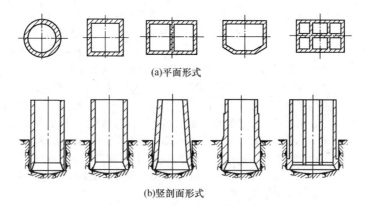

(a)平面形式

(b)竖剖面形式

图 3-24　沉井平面及剖面形式

(2)沉井标准的施工方法见表 3-38。

表 3-38　沉井标准的施工方法

项　　目	内　　容
施工准备	(1)地质勘测。在沉井施工地点进行钻孔,了解土的力学指标、地层构造、分层情况、摩阻力、地下水情况及地下障碍物情况等。同时还应查清和排除地面及地面以下 3 m 以内的障碍物,包括地下管道、电缆线、树根及低层构筑物等。 (2)制定施工方案。根据工程结构特点、水文地质情况、施工设备条件和技术的可能性,选用排水下沉还是不排水下沉,应编制切实可行的施工方案。如果采用排水下沉,要考虑排水设备,再根据土质情况确定采用井点降水还是井内集水坑抽水。 (3)测量控制和沉降观测。先按沉井平面设置测量控制网,然后进行抄平放线,并布置水准基点和沉降观测点。对在既有建筑物附近下沉的沉井,应在既有建筑物上设沉降观测点,进行定期的沉降观测。 (4)平整场地和修建临时设施。对施工场地进行平整处理,达到设计标高后,按施工图进行平面布置。施工现场设置临时仓库、钢筋车间、简易试验室和办公室,修筑临时排水沟、截水沟以及安装施工设备、水电线路并试水电

项　　目	内　　容
钻孔	沉井是下沉结构,为确保沉井(箱)顺利地沉至设计标高,掌握确凿的地质资料至关重要。施工前应在沉井(箱)的位置上钻孔取土,以提供土的各项物理力学指标、地下水位和地下含水量资料。 　　(1)面积在 200 m² 以下(包括 200 m²)的沉井(箱),至少要有一个钻孔(可布置在中心位置);在沉井周边均匀布置 4 个 5 m 以内的钻孔,探明有否暗浜存在。 　　(2)面积在 200 m² 以上的沉井(箱),在四角(圆形为相互垂直的两直径端点)各布置一个钻孔。 　　(3)特大沉井(箱)可根据具体情况增加钻孔。 　　(4)钻孔底标高应深于沉井的终沉标高。 　　(5)每座沉井(箱)至少有一个钻孔提供土的各项物理力学指标,地下水位和地下水含量资料作为编制施工方案的可靠依据,用以指导施工
沉井施工	(1)制作第一节沉井。 　　1)支模和架设钢筋。 　　①刃脚的支设(图 3-25),可根据沉井的重量、施工荷载和地基承载力情况,采用垫架法和半垫架法,也可用砖垫座和土底模。对较大较重的沉井,在较软弱地基上制作时,为防止造成地基下沉刃脚裂缝,常采用垫架法或半垫架法;对直径或边长在 8 m 以内的较轻沉井,当土质较好时可采用砖垫座;对重量较轻的小型沉井,当土质好时可用砂垫层、灰土垫层或在地基中挖槽做成土模。 　　②井壁可采用钢模或木模板。采用木模板时,外模朝向混凝土一面应刨光,内外模均采取竖向分节支设,每节高 1.5~2.0 m,用 ϕ12~16 mm 对拉螺栓拉槽钢圈固定。为使井壁重量能均匀地传至土层,在刃脚下方设置枕木及木板,其间设置楔木,在浇制时楔紧,浇好后放松楔木,抽出枕木,以备井壁下沉。 　　③沉井钢筋一般用双层钢筋,做成骨架,用吊车垂直吊装就位。为保证钢筋与模板间有足够的保护层,应用小的预制砂浆片以保证钢筋间的准确位置。 　　2)浇灌混凝土。 　　①一般采用防水混凝土,在 $h/b \leqslant 10$ 时,用抗渗等级 0.6 MPa 混凝土;在 $10 < h/b \leqslant 15$ 时,用抗渗等级 0.8 MPa 混凝土;在 $h/b > 15$ 时,用抗渗等级 1.2 MPa 混凝土。其中 h 为井壁深入到地下水以下的深度,b 为壁厚。 　　②水灰比 W/C 一般为 0.6,不得超过 0.65。每立方米混凝土的水泥用量约为 300~350 kg,砂率采用 35%~45%,应按照水泥和砂、土材料试配,进行试块的强度和抗渗试验。 　　③井壁混凝土坍落度一般为 3~5 cm,底板混凝土坍落度为 2~3 cm。井壁混凝土用插入式振动器捣实,底板混凝土用平板振动器振实。为减少用水量,可掺入木质素磺酸盐、NNO 等减水剂。 　　(2)拆除垫木。拆除垫木需在沉井混凝土设计强度达到 70% 以上方可进行。为防止井壁发生倾斜,拆除几个定位垫木时须小心力求平稳,拆除垫木的一般顺序是:对矩形沉井,先拆内隔墙下的,再拆短边井壁下的,最后拆长边下的;长边下垫木应隔根拆除,然后以四角处的定位垫木为中心由远及近地称抽除,最后抽定位垫木。 　　(3)挖土下沉。沉井挖土下沉时应对称均衡地进行。根据沉井所遇到土层的土质条件及透水性能,下沉施工分为排水下沉和不排水下沉两种(图3-26)。 　　1)排水下沉。当沉井所穿过的土层较稳定,不会因排水而产生大量流砂时,可采取排水下沉施工,目前采用沉井内挖土的方法;当土质为砂土成软黏土时,可用水力机械施工,即用高压水(压力一般为 2.5~3.0 MPa)先将井孔里的泥土冲成稀泥

续上表

项 目	内 容
沉井施工	浆,然以水力吸泥机将泥浆吸出,排在井外空地;当遇到砂、卵石层或硬黏土层时,可采用抓土斗出土。 2)不排水下沉。当土层不稳定、地下水涌水量很大时,为防止因井内排水而产生流砂等不利现象,需用不排水下沉。井内水下出土可使用机械抓斗,或高压水枪破土,然后用空气吸泥机将泥水排出。 3)泥浆套下沉法。泥浆套下沉法是在井壁与土层之间设一层触变泥浆,靠泥浆的润滑作用大大减少土对井的阻力,使井又快又稳地下沉。使用泥浆套下沉沉井,由于大大地减少了土层对壁的阻力,因而工程上可利用这一点减轻沉井的自重(图3-27)。 4)接筑沉井。当第一节沉井下沉到预定深度时,可停止挖土下沉,然后即立模浇制,接长接筑沉井及内隔墙,再沉再接。每次接筑的最大高度一般不宜超过5 m,且应尽量对称,均匀地浇制,以防倾斜。 5)沉井封底。当沉井下沉到设计标高后,停止挖土,准备封底。封底应优先考虑干封,因干封成本较低,施工快,并易于保证质量。封底一般采用素混凝土。为确保混凝土质量,在封底上要预留水井。集水井用于当封底混凝土未达到设计强度时连续抽水,待封底达到强度要求后将其封死。由于条件所限不能进行排水干封时,可采用水下封底。水下封底应特别注意保持混凝土的浇筑质量,其厚度应按施工中最不利情况,由素混凝土强度及沉井抗浮要求计算确定。 施工程序如图3-28所示

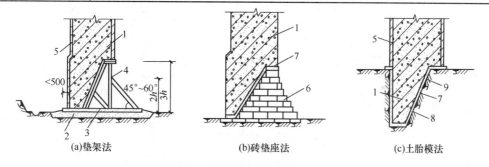

(a)垫架法 (b)砖垫座法 (c)土胎模法

图 3-25 沉井刃脚支设(单位:mm)

1—刃脚;2—砂垫层;3—枕木;4—垫架;5—模板;6—砖垫座;

7—水泥砂浆抹面;8—刷隔离层;9—土胎模

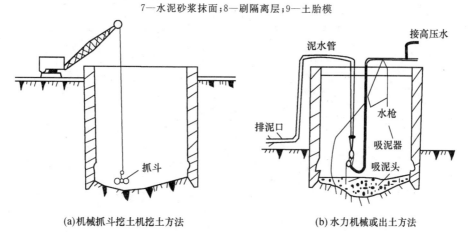

(a)机械抓斗挖土机挖土方法 (b)水力机械或出土方法

图 3-26 沉井的主要下沉方法

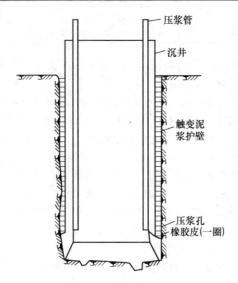

图 3-27 泥浆套下沉

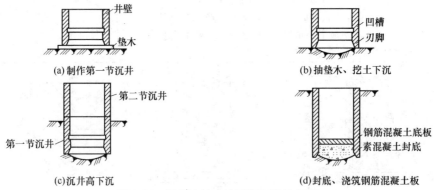

(a) 制作第一节沉井

(b) 抽垫木、挖土下沉

(c) 沉井高下沉

(d) 封底、浇筑钢筋混凝土板

图 3-28 沉井边挖土边下沉至设计标高

第四章　排　水　工　程

第一节　渗排水、盲沟排水施工

一、施工质量验收标准

渗排水、盲沟排水施工质量验收标准见表 4-1。

表 4-1　渗排水、盲沟排水施工质量验收标准

项　　目	内　　容
一般规定	（1）渗排水适用于无自流排水条件、防水要求较高且有抗浮要求的地下工程。盲沟排水适用于地基为弱透水性土层、地下水量不大或排水面积较小，地下水位在结构底板以下或在丰水期地下水位高于结构底板的地下工程。 （2）渗排水应符合下列规定： 1）渗排水层用砂、石应洁净，含泥量不应大于 2.0%。 2）粗砂过滤层总厚度宜为 300 mm，如较厚时应分层铺填；过滤层与基坑土层接触处，应采用厚度为 100～150 mm、粒径为 5～10 mm 的石子铺填。 3）集水管应设置在粗砂过滤层下部，坡度不宜小于 1%，且不得有倒坡现象。集水管之间的距离宜为 5～10 m，并与集水井相通。 4）工程底板与渗排水层之间应做隔浆层，建筑周围的渗排水层顶面应做散水坡。 （3）盲沟排水应符合下列规定： 1）盲沟成型尺寸和坡度应符合设计要求； 2）盲沟的类型及盲沟与基础的距离应符合设计要求； 3）盲沟用砂、石应洁净，含泥量不应大于 2.0%； 4）盲沟反滤层的层次和粒径组成应符合表 4-2 的规定； 5）盲沟在转弯处和高低处应设置检查井，出水口处应设置滤水箅子。 （4）渗排水、盲沟排水均应在地基工程验收合格后进行施工。 （5）集水管宜采用无砂混凝土管、硬质塑料管或软式透水管。 （6）渗排水、盲沟排水分项工程检验批的抽样检验数量，应按 10% 抽查，其中按两轴线间或 10 延米为 1 处，且不得少于 3 处
主控项目	（1）盲沟反滤层的层次和粒径组成必须符合设计要求。 检验方法：检查砂、石试验报告和隐蔽工程验收记录。 （2）集水管的埋置深度和坡度必须符合设计要求。 检验方法：观察和尺量检查
一般项目	（1）渗排水构造应符合设计要求。 检验方法：观察检查和检查隐蔽工程验收记录。 （2）渗排水层的铺设应分层、铺平、拍实。

续上表

项　　目	内　　容
一般项目	检验方法:观察检查和检查隐蔽工程验收记录。 (3)盲沟排水构造应符合设计要求。 检验方法:观察检查和检查隐蔽工程验收记录。 (4)集水管采用平接式或承插式接口应连接牢固,不得扭曲变形和错位。 检验方法:观察检查

表 4-2　盲沟反滤层的层次和粒径组成

反滤层的层次	建筑物地区地层为砂性土时 (塑性指数 $I_p<3$)	建筑地区地层为黏性土时 (塑性指数 $I_p>3$)
第一层 (贴天然土)	用 1～3 mm 粒径砂子组成	用 2～5 mm 粒径砂子组成
第二层	用 3～10 mm 粒径小卵石组成	用 5～10 mm 粒径小卵石组成

二、标准的施工方法

(1)渗排水标准的施工方法见表 4-3。

表 4-3　渗排水标准的施工方法

项　　目	内　　容
渗排水系统	(1)渗排水层系统。即基底下满铺砾石渗水层,渗水层下按一定间距设置渗水沟,沟内安设渗排水管,沿基底外围有渗水墙,地下水经过渗水墙、渗排水层流入渗水沟,进入渗排水管,沿管流入集水井,而后汇集于吸水泵房排出。 (2)渗排水沟系统。基底下每隔 20 m 左右设置渗水沟,与基底四周的渗水墙或渗排水沟相连通,形成外部渗排水系统。地下水从易透水的砂质土层中流入渗排水沟,经由渗排水管流入与其相连的若干集水井,而后汇集于吸水泵房排出
渗排水层构造	采用渗水管排水时,渗水层与土壤之间不设混凝土垫层,地下水通过滤水层和渗水层进入渗水管。为防止泥土颗粒随地下水进入渗水层将渗水管堵塞,渗水管周围可采用粒径 20～40 mm,厚度不小于 400 mm 的碎石(或卵石)作为渗水层,渗水层下面采用粒径 5～10 mm,厚 100～150 mm 的粗砂或豆石作滤水层。渗水层与混凝土底板之间应抹 15～20 mm 厚的水泥砂浆或加一层油毡作为隔浆层,以防止浇捣混凝土时将渗水层堵塞。 渗水管可以采用两种做法,一种采用直径为 150～250 mm 带孔的铸铁管或钢筋混凝土管;另一种采用不带孔的长度为 500～700 mm 的预制管作渗水管。为了达到渗水要求,管子端部之间留出 10～15 mm 间隙,以便向管内渗水。渗水管的坡度一般采用 1%,渗水管要顺坡铺设,不能反坡,地下水通过渗水管汇集到总集水管(或集水井)排走,如图 4-1 所示。 采用排水沟排水时,在渗水层与土壤之间设混凝土垫层及排水沟,整个渗水层作为 1% 的坡度,水通过排水沟流向集水井,再用水泵抽走,如图 4-2 所示

续上表

项　目	内　容
渗排水施工	渗排水施工时,对有钢筋混凝土底板的结构,应先做底部渗水层,再施工主体结构和立壁渗排水层;无底板者,则在主体结构施工完毕后,再施工底部和立壁渗排水层。 (1)基坑挖土,应依据结构底面积、渗水墙和保护墙的厚度以及施工工作面,综合考虑确定基坑挖土面积。 (2)按放线尺寸砌筑结构周围的保护墙。 (3)凡与基坑土层接触处,宜用5~10 mm的豆石或粗砂作滤水层,其总厚度一般为100~150 mm。 (4)沿渗水沟安放渗排水管,管与管相互对接之处应留出10~15 mm的间隙(打孔管或无孔管均如此),在做渗排水层时将管埋实固定。渗排水管的坡度应不小于1%,严禁出现倒流现象。 (5)分层铺设渗排水层(即20~40 mm碎石层)至结构底面。渗排水层总厚度一般不小于300 mm,分层铺设每层厚度不应大于300 mm。 渗排水层施工时每层应轻振压实,要求分层厚度及密实度均匀一致,与基坑周围土接触处,均应设粗砂滤水层。 (6)铺抹隔浆层,以防结构底板混凝土在浇筑时,水泥砂浆填入渗排水层而降低结构底板混凝土质量和影响渗排水层的水流畅通。 隔浆层可铺油毡或抹30~50 mm厚的1:3水泥砂浆。水泥砂浆应控制拌和水量,砂浆不要太稀,铺设时可抹实压平,但不要使用振动器。隔浆层可铺抹至保护墙边。 (7)隔浆层养护凝固后,即可施工需防水结构,此时应注意不要破坏隔浆层,也不要扰动已做好的渗排水层。 (8)结构墙体外侧模板拆除后,将结构至保护墙之间(即渗水墙部分)的隔浆层除净,再分层施工渗水墙部分的排水层和砂滤水层。 (9)最后施工渗水墙顶部的混凝土保护层或混凝土散水坡。散水坡应超过渗排水层外缘不小于400 mm

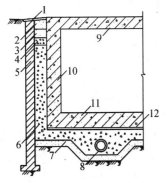

图 4-1　渗排水层(有排水管)构造
1—混凝土保护层;2—300 mm厚细砂层;
3—300 mm厚粗砂层;4—300 mm厚小砾石或碎
石层;5—保护墙;6—20~40 mm碎石或砾石;
7—砂滤水层;8—渗水管;9—地下结构顶板;
10—地下结构外墙;11—地下结构底板;
12—水泥砂浆或卷材层

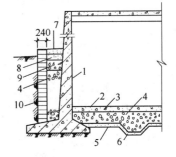

图 4-2　渗排水层(无排水管)构造(单位:mm)
1—钢筋混凝土壁;2—混凝土地坪或钢筋混凝土底板;
3—油毡或1:3水泥砂浆隔浆层;
4—400 mm厚卵石渗水层;5—混凝土垫层;
6—排水沟;7—300 mm厚细砂;8—300 mm厚粗砂;
9—400 mm厚粒径,5~20 mm卵石层;
10—保护砖墙

（2）盲沟排水标准的施工方法见表 4-4。

表 4-4　盲沟排水标准的施工方法

项　　目	内　　容
盲沟排水法	凡有自流水条件且无倒灌可能时，可采用盲沟排水法，如图 4-3 所示。当地形受到限制，无自流排水条件时，也可利用盲沟将地下水引入集水井内，然后再用水泵抽走
基坑开挖	宜将基坑开挖时的施工排水明沟与永久盲沟结合
盲沟与基础最小距离	盲沟与基础最小距离的设计应根据工程地质情况选定；盲沟设置应符合图 4-4 和图 4-5 的规定
盲沟反滤层的层次和粒径的组成	盲沟反滤层的层次和粒径组成应参见表 4-2 的规定
渗排水管的选用	渗排水管宜采用无砂混凝土管
检查井的设置	渗排水管应在转角处和直线段每隔一定距离设置检查井，井底距渗排水管底应留设 200～300 mm 的沉淀部分，井盖应采取密封措施

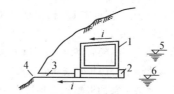

图 4-3　盲沟排水示意图
1—地下构筑物；2—盲沟；3—排水管；4—排水口；
5—原地下水位；6—降低后地下水位

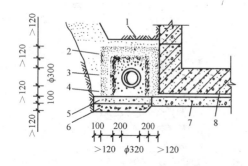

图 4-4　贴墙盲沟设置（单位：mm）
1—素土夯实；2—中砂反滤层；3—集水管；
4—卵石反滤层；5—水泥/砂/碎石层；
6—碎石夯实层；7—混凝土垫层；8—主体结构

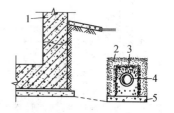

图 4-5　离墙盲沟设置
1—主体结构；2—中砂反滤层；3—卵石反滤层；
4—集水管；5—水泥/砂/碎石层

（3）渗排水、盲沟排水工程施工见表 4-5。

表 4-5　渗排水、盲沟排水工程质量控制要求

项　目	内　容
渗排水施工	（1）宜用于无自流排水条件、防水要求较高且有抗浮要求的地下工程。 （2）渗排水层应设置在工程结构底板以下，并应由粗砂过滤层与集水管组成（图4-6）。 （3）粗砂过滤层总厚度宜为 300 mm，如较厚时应分层铺填，过滤层与基坑土层接触处，应采用厚度 100～150 mm、粒径 5～10 mm 的石子铺填；过滤层顶面与结构底面之间，宜干铺一层卷材或 30～50 mm 厚的 1∶3 水泥砂浆作隔浆层。 （4）集水管应设置在粗砂过滤层下部，坡度不宜小于 1%，且不得有倒坡现象。集水管之间的距离宜为 5～10 m。渗入集水管的地下水导入集水井后应用泵排走
埋管盲沟施工	埋管盲沟排水管放置在石子滤水层中央，石子滤水层周边用玻璃丝布包裹，如图 4-7 所示。基底标高相差较大时，上下层盲沟用跌落井连系。 （1）在基底上按盲沟位置、尺寸放线，然后回填土，盲沟底回填灰土，盲沟壁两侧回填素土至沟顶标高；沟底填灰土应找好坡度。 （2）按盲沟宽度对回填土切磋，按盲沟尺寸成型，并沿盲沟壁底铺设玻璃丝布。玻璃丝布在两侧沟壁上口留置长度应根据盲沟宽度尺寸并考虑相互搭接不小于10 cm确定。玻璃丝布的预留部分应临时固定在沟上口两侧，并注意保护，不要损坏。 （3）在铺好玻璃丝布的盲沟内铺 17～20 cm 厚的石子，这层石子铺设时必须按照排水管的坡度进行找坡，此工序必须按坡度要求做好，严防倒流；必要时应以仪器施测每段管底标高。 （4）铺设排水管，接头处先用砖垫起，再用 0.2 mm 厚铁皮包裹，以铅丝绑牢，并用沥青胶和玻璃丝布涂裹两层，撤去砖，安好管（图4-8），拐弯用弯头连接（图4-9），跌落井应先砌井壁再安装管件（图4-10）。 （5）排水管安好后，经测量管道标高符合设计坡度，即可继续铺设石子滤水层至盲沟沟顶。石子铺设应使厚度、密实度均匀一致，施工时不得损坏排水管。 （6）石子铺至沟顶即可覆盖玻璃丝布，将预先留置的玻璃丝布沿石子表面覆盖搭接，搭接宽度不应小于 10 cm，并顺水流方向搭接。 （7）最后进行回填土，注意不要损坏玻璃丝布
无管盲沟施工	无管盲沟构造形式，如图 4-11 所示。 （1）按盲沟位置、尺寸放线，挖土，沟底应按设计坡度找坡，严禁倒坡。 （2）沟底审底、两壁拍平，铺设滤水层。底部开始先铺粗砂滤水层（厚100 mm）；再铺小石子滤水层（厚 100 mm），要同时将小石子滤水层外边缘与土之间的粗砂滤水层铺好；在铺设中间的石子滤水层时，应按分层铺设的方法同时将两侧的小石子滤水层和粗砂滤水层铺好。 （3）铺设各层滤水层要保持厚度和密实度均匀一致；注意勿使污物、泥土混入滤水层；铺设应按构造层次分明，靠近土的四周应为粗砂滤水层，再向内四周为小石子滤水层，中间为石子滤水层。 （4）盲沟出水口应设置滤水箅子。为了在使用过程中清除淤塞物，可在盲沟的转角处设置窨井，供清淤时用

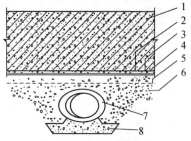

图 4-6　渗排水层构造

1—结构底板；2—细石混凝土；3—底板防水层；

4—混凝土垫层；5—隔浆层；6—粗砂过滤层；

7—集水管；8—集水管座

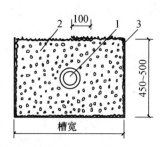

图 4-7　埋管盲沟剖面示意图（单位：mm）

1—盲沟花管；2—粒径 10～30 mm 石子，

厚 450～500 mm；3—玻璃丝布

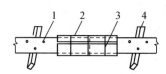

图 4-8　塑料花管接头做法

1—塑料花管；2—0.2 mm 厚铁皮包裹；

外再用沥青胶黏剂玻璃丝布包裹；

3—铁丝扎紧；4—砖墩

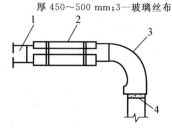

图 4-9　弯头做法

1—盲沟花管；2—沥青胶黏剂玻璃丝布包裹；

3—铸铁弯头；4—麻丝油膏塞严

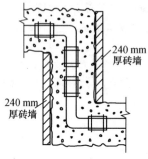

图 4-10　竖井做法

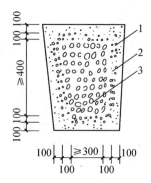

图 4-11　无管盲沟构造剖面示意图（单位：mm）

1—粗砂滤水层；2—小石子滤水层；3—石子透水层

质量问题

无管盲沟排水效果差

质量问题表现

有污物堵塞，不能排水。

质量问题原因

(1)无管盲沟排水施工材料选择不当。

(2)无管盲沟排水施工操作不合理。

质量问题

质量问题预防

无管盲沟排水施工操作应符合下列要求：

(1)按盲沟位置、尺寸放线,挖土,沟底应按设计坡度找坡,严禁倒坡。

(2)底部开始先铺粗砂滤水层(厚 100 mm);再铺小石子滤水层(厚 100 mm),要同时将小石子滤水层外边缘与土之间的粗砂滤水层铺好;在铺设中间的石子滤水层时,应按分层铺设的方法同时将两侧的小石子滤水层和粗砂滤水层铺好。

(3)铺设各层滤水层要保持厚度和密实度均匀一致;注意勿使污物、泥土混入滤水层;铺设应按构造层次分明,靠近土的四周应为粗砂滤水层,再向内四周为小石子滤水层,中间为石子滤水层。

(4)盲沟出水口应设置滤水箅子。为了在使用过程中清除淤塞物,可在盲沟的转角处设置窨井,供清淤时用。

第二节 隧道、坑道排水施工

一、施工质量验收标准

隧道、坑道排水施工质量验收标准见表4-6。

表 4-6 隧道、坑道排水施工质量验收标准

项 目	内 容
一般规定	(1)隧道排水、坑道排水适用于贴壁式、复合式、离壁式衬砌排水。 (2)隧道或坑道内如设置排水泵房时,主排水泵站和辅助排水泵站、集水池的有效容积应符合设计要求。 (3)主排水泵站、辅助排水泵站和污水泵房的废水及污水,应分别排入城市雨水和污水管道系统。污水的排放尚应符合国家现行有关标准的规定。 (4)坑道排水应符合有关特殊功能设计的要求。 (5)隧道贴壁式、复合式衬砌围岩疏导排水应符合下列规定: 1)集中地下水出露处,宜在衬砌背后设置盲沟、盲管或钻孔等引排措施; 2)水量较大、出水面广时,衬砌背后应设置环向、纵向盲沟组成排水系统,将水集排至排水沟内; 3)当地下水丰富、含水层明显且有补给来源时,可采用辅助坑道或泄水洞等截、排水设施。 (6)盲沟中心宜采用无砂混凝土管或硬质塑料管,其管周围应设置反滤层;盲管应采用软式透水管。 (7)排水明沟的纵向坡度应与隧道或坑道坡度一致,排水明沟应设置盖板和检查井。 (8)隧道离壁式衬砌侧墙外排水沟应做成明沟,其纵向坡度不应小于0.5%。 (9)隧道排水、坑道排水分项工程检验批的抽样检验数量,应按10%抽查,其中按两轴线间或每10延米为1处,且不得少于3处

项　　目	内　　容
主控项目	(1)盲沟反滤层的层次和粒径组成必须符合设计要求。 检验方法:检查砂、石试验报告。 (2)无砂混凝土管、硬质塑料管或软式透水管必须符合设计要求。 检验方法:检查产品合格证和产品性能检测报告。 (3)隧道、坑道排水系统必须通畅。 检验方法:观察检查
一般项目	(1)盲沟、盲管及横向导水管的管径、间距、坡度均应符合设计要求。 检验方法:观察和尺量检查。 (2)隧道或坑道内排水明沟及离壁式衬砌外排水沟,其断面尺寸及坡度应符合设计要求。 检验方法:观察和尺量检查。 (3)盲管应与岩壁或初期支护密贴,并应固定牢固;环向、纵向盲管接头宜与盲管相配套。 检验方法:观察检查。 (4)贴壁式、复合式衬砌的盲沟与混凝土衬砌接触部位应做隔浆层。 检验方法:观察检查和检查隐蔽工程验收记录

二、标准的施工方法

隧道、坑道排水标准的施工方法见表 4-7。

表 4-7　隧道、坑道排水标准的施工方法

项　　目	内　　容
隧道排水	(1)隧道全长在 100 m 及以下(干旱地区 300 m 及以下),且常年干燥,可不设洞内排水沟,但应整平隧底,做好纵、横向排水坡。 (2)洞内排水沟一般按下列规定设置: 1)水沟坡度应与线路坡度一致。在隧道中的分坡平段范围内和车站内的隧道,排水沟底部应有不小于 1‰ 的坡度。 2)水沟断面应根据水量大小确定,要保证有足够的过水能力,且便于清理和检查。单线隧道水沟断面不应小于 25 cm×40 cm(高×宽),双线隧道断面一般应不小于 30 cm×40 cm(高×宽)。 3)水沟应设在地下水来源一侧。当地下水来源不明时,曲线隧道水沟应设在曲线内侧、直线隧道水沟可设在任意一侧;当地下水较多或采用混凝土宽枕道床、整体道床的隧道,宜设双侧水沟,以免大量水流流经道床而导致道床基底发生病害。 4)双线隧道可设置双侧或中心水沟。 5)洞内水沟均应铺设盖板。 6)根据地下水情况,于衬砌墙脚紧靠盖板底面高程处,每隔一定距离设置 1 个 10 cm×10 cm 的泄水孔。墙背泄水孔进口高程以下超挖部分应用同级圬工回填密实,以利于泄水。

项　目	内　容
隧道排水	（3）为便于隧道底排水，不设仰拱的隧道应做铺底，其厚度一般为 10 cm。当围岩干燥无水、岩层坚硬不易风化时，可不铺底，但应整平隧底。对超挖的炮坑必须用混凝土填平。 （4）隧道底部应有不小于 2％ 的流向排水沟的横向排水坡度。水沟应适当设置横向进水孔。 （5）衬砌背后设置的纵向盲沟的排水坡度一般不小于 5‰，在两泄水孔间呈人字形坡向两端排水。 （6）洞口仰坡范围内的水，可由洞门墙顶水沟排泄，亦可引入路堑侧沟排除。 　　洞外路堑的水不宜流入隧道。当出洞方向路堑为上坡时，宜将洞外侧沟做成与线路坡度相反，且一般不小于 2‰ 的坡度；当隧道全长小于 300 m，路堑水量较小，且含泥量少，不易淤积，修建反向侧沟将增加大量土石方和圬工时，路堑侧沟的水可经隧道流出。但应验算隧道水沟断面，不够时应予扩大，并在高端洞口设置沉淀井
贴壁式衬砌排水	（1）贴壁式衬砌围岩渗水，可通过盲沟（管）、暗沟导入底部排水系统，其排水系统构造应符合图 4-12 的规定。 （2）环向排水盲沟（管）设置应符合下列规定： 1）应沿隧道、坑道的周边固定于围岩或初期支护表面； 2）纵向间距宜为 5～20 m，在水量较大或集中出水点应加密布置； 3）应与纵向排水盲管相连； 4）盲管与混凝土衬砌接触部位应外包无纺布形成隔浆层。 （3）纵向排水盲管设置应符合下列规定： 1）纵向盲管应设置在隧道（坑道）两侧边墙下部或底部中间； 2）应与环向盲管和导水管相连接； 3）管径应根据围岩或初期支护的渗水量确定，但不得小于 100 mm； 4）纵向排水坡度应与隧道或坑道坡度一致。 （4）横向导水管宜采用带孔混凝土管或硬质塑料管，其设置应符合下列规定： 1）横向导水管应与纵向盲管、排水明沟或中心排水盲沟（管）相连； 2）横向导水管的间距宜为 5～25 m，坡度宜为 2％； 3）横向导水管的直径应根据排水量大小确定，但内径不得小于 50 mm。 （5）排水明沟的设置应符合下列规定： 1）排水明沟的纵向坡度应与隧道或坑道坡度一致，但不得小于 0.2％； 2）排水明沟应设置盖板和检查井； 3）寒冷及严寒地区应采取防冻措施。 （6）中心排水盲沟（管）设置应符合下列规定： 1）中心排水盲沟（管）宜设置在隧道底板以下，其坡度和埋设深度应符合设计要求； 2）隧道底板下与围岩接触的中心盲沟（管）宜采用无砂混凝土或渗水盲管，并应设置反滤层；仰拱以上的中心盲管宜采用混凝土管或硬质塑料管； 3）中心排水盲管的直径应根据渗排水量大小确定，但不宜小于 250 mm

续上表

项　目	内　容
离壁式衬砌排水	(1)围岩稳定和防潮要求高的工程可设置离壁式衬砌,衬砌与岩壁间的距离,拱顶上部宜为600～800 mm,侧墙处不应小于500 mm。 (2)衬砌拱部宜作卷材、塑料防水板、水泥砂浆等防水层;拱肩应设置排水沟,沟底应预埋排水管或设置排水孔,直径宜为50～100 mm,间距不宜大于6 m;在侧墙和拱肩处应设置检查孔(图4-13)。 (3)侧墙外排水沟应做成明沟,其纵向坡度不应小于0.5%
衬套排水	(1)衬套外形应有利于排水,底板宜架空。 (2)离壁衬套与衬砌或围岩的间距不应小于150 mm,在衬套外侧应设置明沟;半离壁衬套应在拱肩处设置排水沟。 (3)衬套应采用防火、隔热性能好的材料制作,接缝宜采用嵌缝、黏结、焊接等方法密封

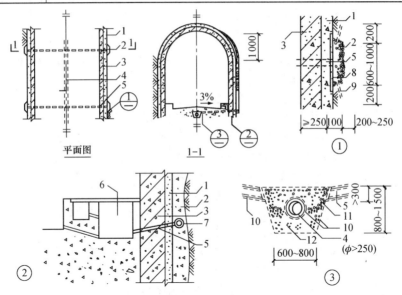

图4-12　贴壁式衬砌排水构造(单位:mm)

1—初期支护;2—盲沟;3—主体结构;4—中心排水盲管;5—横向排水管;6—排水明沟;
7—纵向集水盲管;8—隔浆层;9—引流孔;10—无纺布;11—无砂混凝土;12—管座混凝土

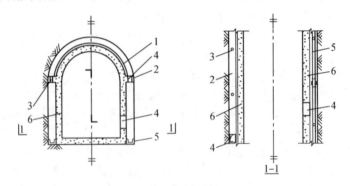

图4-13　离壁式衬砌排水构造

1—防水层;2—拱肩排水沟;3—排水孔;4—检查孔;5—外排水沟;6—内衬混凝土

土工合成材料质量不合格

质量问题表现

土工合成材料性能指标不符合要求,排水效果差。

质量问题原因

(1)材料进场时未进行抽样检查。

(2)未对材料外包装、标志牌等进行核对检查。

(3)材料运送过程中发生损坏。

质量问题预防

土工合成材料的性能指标包括物理性能、力学性能、水力学性能和耐久性能等,为确保土工合成材料的质量,应采取下列措施:

(1)土工合成材料应具有经国家或相关部门认可的测试单位的测试报告。材料进场时,应进行抽检。

(2)材料应有标志牌,并应注明商标、产品名称、代号、等级、规格、执行标准、生产厂名、生产日期、毛重、净重等。外包装宜为黑色。

(3)材料运送过程中应有封盖,在现场存放时应通风干燥,不得受日光照射,并应远离火源。

隧道内排水沟设置不合理

质量问题表现

隧道内排水沟设置不合理,隧道排水不畅。

质量问题原因

(1)水沟坡度与线路坡度不一致。

(2)水沟断面过小。

(3)水沟位置不当。

(4)水沟内未设泄水孔或泄水孔数量不足。

质量问题

质量问题预防

排水明沟的设置应符合下列规定：

(1) 排水明沟的纵向坡度应与隧道或坑道坡度一致,但不得小于 0.2%；

(2)排水明沟应设置盖板和检查井；

(3) 寒冷及严寒地区应采取防冻措施。

(4)地下工程种类较多,所处位置的环境条件和渗水大小不尽相同,因此排水量也不尽相同,因此排水明沟断面尺寸可根据工程具体条件灵活确定。

第五章　注　浆　工　程

第一节　预注浆、后注浆施工

一、施工质量验收标准

预注浆、后注浆施工质量验收标准见表 5-1。

表 5-1　预注浆、后注浆施工质量验收标准

项　目	内　容
一般规定	(1)预注浆适用于工程开挖前预计涌水量较大的地段或软弱地层;后注浆适用于工程开挖后处理围岩渗漏及初期壁后空隙回填。 (2)注浆材料应符合下列规定: 　1)具有较好的可注性; 　2)具有固结体收缩小,良好的黏结性、抗渗性、耐久性和化学稳定性; 　3)低毒并对环境污染小; 　4)注浆工艺简单,施工操作方便,安全可靠。 　(3)在砂卵石层中宜采用渗透注浆法;在黏土层中宜采用劈裂注浆法;在淤泥质软土中宜采用高压喷射注浆法。 　(4)注浆浆液应符合下列规定: 　1)预注浆宜采用水泥浆液、黏土水泥浆液或化学浆液; 　2)后注浆宜采用水泥浆液、水泥砂浆或掺有石灰、黏土膨润土、粉煤灰的水泥浆液; 　3)注浆浆液配合比应经现场试验确定。 　(5)注浆过程控制应符合下列规定: 　1)根据工程地质条件、注浆目的等控制注浆压力和注浆量; 　2)回填注浆应在衬砌混凝土达到设计强度的 70％ 后进行,衬砌后围岩注浆应在充填注浆固结体达到设计强度的 70％ 后进行; 　3)浆液不得溢出地面和超出有效注浆范围,地面注浆结束后注浆孔应封填密实; 　4)注浆范围和建筑物的水平距离很近时,应加强对邻近建筑物和地下埋设物的现场监控; 　5)注浆点距离饮用水源或公共水域较近时,注浆施工如有污染应及时采取相应措施。 　(6)预注浆、后注浆分项工程检验批的抽样检验数量,应按加固或堵漏面积每100 m² 抽查 1 处,每处 10 m²,且不得少于 3 处
主控项目	(1)配制浆液的原材料及配合比必须符合设计要求。 　检验方法:检查产品合格证、产品性能检测报告、计量措施和材料进场检验报告。

续上表

项　目	内　容
主控项目	(2)预注浆及后注浆的注浆效果必须符合设计要求。 检验方法:采取钻孔取芯法检查;必要时采取压水或抽水试验方法检查
一般项目	(1)注浆孔的数量、布置间距、钻孔深度及角度应符合设计要求。 检验方法:尺量检查和检查隐蔽工程验收记录。 (2)注浆各阶段的控制压力和注浆量应符合设计要求。 检验方法:观察检查和检查隐蔽工程验收记录。 (3)注浆时浆液不得溢出地面和超出有效注浆范围。 检验方法:观察检查。 (4)注浆对地面产生的沉降量不得超过 30 mm,地面的隆起不得超过 20 mm。 检验方法:用水准仪测量

二、标准的施工方法

(1)注浆施工规定见表 5-2。

表 5-2　注浆施工规定

项　目	内　容
一般规定	(1)注浆方案应根据工程地质及水文地质条件制定,并应符合下列要求: 1)工程开挖前,预计涌水量大的地段、断层破碎带和软弱地层,应采用预注浆; 2)开挖后有大股涌水或大面积渗漏水时,应采用衬砌前围岩注浆; 3)衬砌后渗漏水严重的地段或充填壁后的空隙地段,应进行回填注浆; 4)衬砌后或回填注浆后仍有渗漏水时,宜采用衬砌内注浆或衬砌后围岩注浆。 (2)注浆施工前应搜集下列资料: 1)工程地质纵横剖面图及工程地质、水文地质资料,如围岩孔隙率、渗透系数、节理裂隙发育情况、涌水量、水压和软土地层颗粒级配、土壤标准贯入试验值及其物理力学指标等; 2)工程开挖中工作面的岩性、岩层产状、节理裂隙发育程度及超、欠挖值等; 3)工程衬砌类型、防水等级等; 4)工程渗漏水的地点、位置、渗漏形式、水量大小、水质。水压等。 (3)注浆实施前应符合下列规定: 1)预注浆前先施作的止浆墙(垫),注浆时应达到设计强度; 2)回填注浆应在衬砌混凝土达到设计强度后进行; 3)衬砌后围岩注浆应在回填注浆固结体强度达到 70% 后进行。 (4)在岩溶发育地区,注浆防水应从探测、方案、机具、工艺等方面做出专项设计
注浆材料要求与选用	(1)注浆材料应符合下列规定: 1)具有良好的可灌性; 2)凝胶时间可根据需要调节; 3)固化时收缩小,与围岩、混凝土、砂土等有一定的黏结力;

续上表

项　目	内　容
注浆材料要求与选用	4) 固结体具有微膨胀性,强度应满足开挖或堵水要求; 5) 稳定性好,耐久性强; 6) 具有耐侵蚀性; 7) 无毒、低毒、低污染; 8) 注浆工艺简单,操作方便、安全。 (2) 注浆材料的选用,应根据工程地质条件、水文地质条件、注浆目的、注浆工艺、设备和成本等因素确定,并应符合下列规定: 　1) 预注浆和衬砌前围岩注浆,宜采用水泥浆液或水泥-水玻璃浆液,必要时可采用化学浆液; 　2) 衬砌后围岩注浆,宜采用水泥浆液、超细水泥浆液或自流平水泥浆液等; 　3) 回填注浆宜选用水泥浆液、水泥砂浆或掺有膨润土的水泥浆液; 　4) 衬砌内注浆宜选用超细水泥浆液、自流平水泥浆液或化学浆液。 (3) 水泥类浆液宜选用普通硅酸盐水泥,其他浆液材料应符合有关规定。浆液的配合比,应经现场试验后确定
注浆工艺流程	注浆工艺包括裂缝清理、粘贴嘴子(或开缝钻眼下嘴)、裂缝和表面局部封闭、试汽和施工注浆六道工序。不同种类浆液的注浆工艺稍有出入,但基本方法都是相同的。注浆施工工艺流程如图 5-1 所示

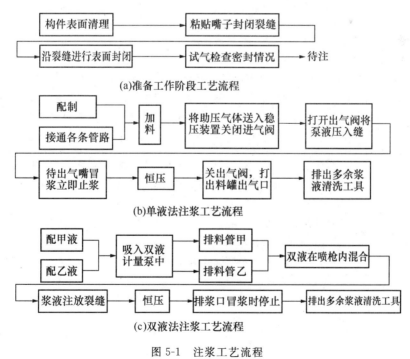

图 5-1　注浆工艺流程

(2) 预注浆标准的施工方法见表 5-3。

表 5-3 预注浆标准的施工方法

项 目	内 容
钻孔	开孔时,要轻加压、慢速、大水量,防止把孔开斜,钻错方向。钻孔过程中应做好钻孔详细记录,如取岩芯钻进,应记录钻进进尺、起止深度、钻具尺寸、变径位置、岩石名称、岩石裂隙发育情况、出现的涌水位置及涌水量、终孔深度等。如不取岩芯钻进,应记录钻进进尺、起止深度、钻具尺寸和变径位置,特别注意钻孔速度快慢、涌水情况,由此判断岩石的好坏。 　　如遇断层破碎带或软泥夹层等不良地层时,为取得准确详细的地质资料,可采用干钻或小水量钻进,甚至用双层岩芯管钻进。 　　在采用多台钻机同时钻进时,要根据现场条件和注浆设备能力,做到钻进和注浆平行作业。多台钻机同时钻进注意事项:对钻机进行合理编组,按设计注浆孔的方向、角度、上下左右孔位、开孔时间先后错开,避免同时钻进,造成注浆时串浆,并做好预防串浆的措施。 　　对宽 2.3～3.5 m,高 4.2 m 的导洞内,安装 3 台 TXU-75 型钻机同时钻进效果较好。多台钻机布置,如图 5-2 所示。 　　一般情况下,对设计的注浆孔分三批钻进:第一批钻孔间距可大些(即按设计钻孔间隔钻进);第二批钻孔间距小些;最后钻检查孔。根据检查情况决定是否须再追加注浆孔。 　　采用多台钻机同时钻孔时,要处理好注浆与钻进的平行作业问题。 　　当一个作业面投入 3 台以上的钻机同时钻进时,为保证注浆顺利进行,要准备两套注浆设备和注浆管。当采用多台钻机同时钻进时,对所有注浆孔要合理安排,上下左右、开孔前后都应错开。虽然采取了这种措施,但还是要防止串浆,所以要做好防串浆的技术措施
测定涌水量	在钻孔过程中遇到涌水,应停机,测定涌水量,以决定注浆方法
设置注浆管	根据钻孔出水位置和岩石的好坏,确定注浆管上的止浆塞在钻孔内的位置。止浆塞应设在出水点岩石较完整的地段,以保证止浆塞受压缩不会产生横向变形与钻孔密封。如止浆塞位置不当,或未与钻孔密封,不仅浆液会外漏,而且会把注浆管推出孔外,造成事故
注水试验	利用注浆泵压注清水,经注浆系统进入受注岩层裂隙。注入量及注入压力须自小到大。压水时间视岩石裂隙状况而定,大裂隙岩石约需 10～20 min,中、小裂隙约 15～30 min 或更长些。 　　注水试验的主要目的是: 　　(1)检查止浆塞的止浆效果; 　　(2)把未冲洗净还残留在孔底或黏滞在孔壁上的杂物推到注浆范围以外,以保证浆液的密实性和胶结强度; 　　(3)测定钻孔的吸水量,进一步核实岩层的透水性,为注浆选用泵量、泵压和确定浆液的配比提供参考数据
注浆	采用水泥—水玻璃浆液时,一般采用先单液后双液,由稀浆到浓浆的交替方法。要先开水泥泵,用水泥浆把钻孔中的水压回裂隙,再开水玻璃泵,进行双液注浆。 　　注浆时,要严格控制两种浆液的进浆比例。一般水泥与水玻璃浆的体积比为

续上表

项　　目	内　　容
注浆	1∶1～1∶0.6。 　　注浆初期,孔的吸浆量大,采用水泥—水玻璃双液注浆缩短凝结时间,控制扩散范围,以降低材料消耗和提高堵水效果。到注浆后期可采用单液水泥浆,以保证裂隙充堵效果。 　　对裂隙不大的岩层,可单用水泥浆,但浆不宜过稀,水灰比以2∶1～1∶1为宜,注浆压力要稍高,以便脱水结石。 　　当注浆压力和进浆量达到设计要求时,可停止注浆,压注一定量的清水,然后拆卸注浆管,用水冲洗各种机械进行保养

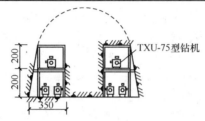

图 5-2　多台钻机布置图

注浆异常

质量问题表现

注浆过程中发生注浆压力突然升高、崩管、跑浆等现象。

质量问题原因

注浆异常的原因包括注浆工艺不规范,注浆材料、设置不合格等原因。

质量问题预防

(1)注浆压力突然升高,应停止水玻璃注浆泵,只注入水泥浆或清水,待泵压恢复正常时,再进行双液注浆。

(2)由于压力调整不当而发生崩管时,可只用1台泵进行间歇性小泵量注浆,待管路修好后再行双液注浆。

(3)当进浆量很大,压力长时间不升高,发生跑浆时,应调整浆液浓度及配合比,缩短凝胶时间,进行小泵量、低压力注浆,以使浆液在岩层裂隙中有较长停留时间,以便凝胶;有时也可注注停停,但停注时间不能超过浆液的凝胶时间,当须停较长时间时,先停水玻璃泵,再停水泥浆泵,使水泥浆冲出管路,防止堵塞管路。

（3）后注浆标准的施工方法见表 5-4。

表 5-4　后注浆标准的施工方法

项　　目	内　　容
注浆孔布置	因回填注浆压力较小，采用的浆液无论是水泥砂浆还是水泥黏土砂浆，黏度都比较大，要求加密布孔。竖井一般为圆筒形结构，井壁受力比较均匀，浆孔布置形式对结构影响不大，因此可以根据井壁后围岩破坏情况，空洞大小和位置、渗漏水量大小和位置，采取不均匀布孔。一般漏水地段孔距 3 m 左右，漏水严重时要加密，孔距 2 m 左右，梅花形排列。为避免地面冒浆，在离地面 3～4 m 左右不设注浆孔。斜井和地道，根据围岩状况、原回填好坏、渗漏水情况，注浆孔排距 1～2.5 m，间距 2～3 m，呈梅花状排列。对于竖（斜）井的透水层，竖（斜）井与地道连接的地道处，不仅要减小孔距，而且要提高注浆压力，增加水泥用量，减少黏土和砂石比例，使有较多的浆液压入透水层，尽量减少地下水沿井壁下渗入地道。力求在地道和井口结合处外壁注成一道体积较大的挡水帷幕，以封住下渗水的通路
注浆管埋设	注浆管结构和埋设方法，如图 5-3 所示。 　　在土层中地道埋设注浆管的方法，如图 5-4 所示。为了使浆液不直冲土壁，影响注浆效果，将伸向壁外一端钢管口焊死，在钢管上钻几排小槽或小孔。为了注浆时能较确切地反映注浆压力，钢管上开槽或孔的面积应大于或等于钢管总面积
注浆压力	回填注浆压力不宜过高，只要能克服管道阻力和回填块石层内阻力即可，因压力过高容易引起衬砌变形。一般采用注浆泵注浆时，紧接在注浆泵处的压力不要超过 0.5 MPa；采用风动砂浆泵注浆时，压缩空气压力不要超过 0.6 MPa。 　　某单位对砖、石被覆和土层之间回填注浆。竖井注浆压力控制在 0.3～0.5 MPa，地道注浆控制在 0.2～0.3 MPa。这样基本上保证不跑浆，不危及工事本身结构安全，不影响地面建筑。但在低压下为保证注浆效果，应适当加密布孔
注浆作业	（1）注浆之前，清理注浆孔，安装好注浆管，保证其畅通，必要时应进行压水试验。 　　（2）注浆是一项连续作业，不得任意停泵，以防砂浆沉淀，堵塞管路，影响注浆效果。 　　（3）注浆顺序是由低处向高处，由无水处向有水处依次压注，以利于充填密实，避免浆液被水稀释离析。当漏水量较大时，应分段留排水孔，以免多余水压抵消部分注浆压力，最后处理排水孔。 　　（4）注浆时，必须严格控制注浆压力，防止大量跑浆和结构裂隙。在土层中注浆为压密地层，（岩石地层无此作用），在衬砌外形成防水层和密实结构应掌握压压停停，低压慢注，逐渐上升注浆压力的规律。因为注浆压缩土层主要是土壤中孔隙或裂隙中水和空气被挤出，土颗粒产生相对位移，但孔隙和裂缝水的挤出，土颗粒移动靠拢都需要一定过程，经过一定时间。 　　（5）在注浆过程中，如发现从施工缝、混凝土裂缝、料石或砖的砌缝少量跑浆，可以采用快凝砂浆勾缝堵漏后继续注浆，当冒浆或跑浆严重时，应关泵停压，待两三天后进行第二次注浆。 　　（6）采用料石或砖垒砌的竖井、斜井或地道注浆前应先做水泥砂浆抹面防水，以免注浆时到处漏浆。

续上表

项　目	内　容
注浆作业	（7）在某一注浆管注浆时，邻近各浆管都应开口，让壁外地下水从邻近管内流出，当发现管内有浆液流出时，应马上关闭。 （8）注浆结束标准：当注浆压力稳定上升，达到设计压力，稳定一段时间（土层中要适当延长时间），不进浆或进浆量很少时，即可停止注浆，进行封孔作业。 （9）停泵后立即关闭孔口阀门进行封孔，然后拆除和清洗管路，待砂浆初凝后，再拆卸注浆管，并用高强度水泥砂浆将注浆孔填满捣实

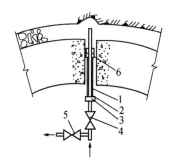

图 5-3　注浆管埋设图
1—内管；2—外管；3—紧固螺母；
4—注浆阀；5—回浆阀；6—止浆塞

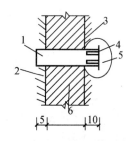

图 5-4　深埋地道壁后注浆管埋设图
1—钢管；2—工程内部；3—土层；
4—小槽孔；5—掏空土壤；6—衬砌

注浆效果差

质量问题表现

注浆过程中发生砂浆沉淀、跑浆等现象，注浆效果差。

质量问题原因

（1）注浆前准备不充分。

（2）注浆时随意停泵。

（3）注浆顺序不规范。

（4）注浆时，注浆压力控制不当。

质量问题预防

（1）注浆之前，清理注浆孔，安装好注浆管，保证其畅通，必要时应进行压水试验。

（2）注浆是一项连续作业，不得任意停泵，以防砂浆沉淀，堵塞管路，影响注浆效果。

（3）注浆顺序是由低处向高处，由无水处向有水处依次压注，以利于充填密实，避免浆液被水稀释离析。当漏水量较大时，应分段留排水孔，以免多余水压抵消部分注浆压力，最后处理排水孔。

(4)注浆时，必须严格控制注浆压力，防止大量跑浆和结构裂隙。在土层中注浆为压密地层（岩石地层无此作用），在衬砌外形成防水层和密实结构应掌握压压停停，低压慢注，逐渐上升注浆压力的规律。因为注浆压缩土层主要是土壤中孔隙或裂隙中水和空气被挤出，土颗粒产生相对位移，但孔隙和裂缝水的挤出，土颗粒移动靠拢都需要一定过程，经过一定时间。

(5)在注浆过程中，如发现从施工缝、混凝土裂缝、料石或砖的砌缝少量跑浆，可以采用快凝砂浆勾缝堵漏后继续注浆，当冒浆或跑浆严重时，应关泵停压，待两三天后进行第二次注浆。

(6)采用料石或砖垒砌的竖井、斜井或地道注浆前应先做水泥砂浆抹面防水，以免注浆时到处漏浆。

(7)在某一注浆管注浆时，邻近各浆管都应开口，让壁外地下水从邻近管内流出，当发现管内有浆液流出时，应马上关闭。

(8)注浆结束标准：当注浆压力稳定上升，达到设计压力，稳定一段时间（土层中要适当延长时间），不进浆或进浆量很少时，即可停止注浆，进行封孔作业。

(9)停泵后立即关闭孔口阀门进行封孔，然后拆除和清洗管路，待砂浆初凝后，再拆卸注浆管，并用高强度水泥砂浆将注浆孔填满捣实。

第二节　结构裂缝注浆施工

一、施工质量验收标准

结构裂缝注浆施工质量验收标准见表 5-5。

表 5-5　结构裂缝注浆施工质量验收标准

项　　目	内　　容
一般规定	(1)结构裂缝注浆适用于混凝土结构宽度大于 0.2 mm 的静止裂缝、贯穿性裂缝等堵水注浆。 (2)裂缝注浆应待结构基本稳定和混凝土达到设计强度后进行。 (3)结构裂缝堵水注浆宜选用聚氨酯、丙烯酸盐等化学浆液；补强加固的结构裂缝注浆宜选用改性环氧树脂、超细水泥等浆液。 (4)结构裂缝注浆应符合下列规定： 1)施工前，应沿缝清除基面上油污杂质； 2)浅裂缝应骑缝黏埋注浆嘴，必要时沿缝开凿 U 形槽并用速凝水泥砂浆封缝； 3)深裂缝应骑槽钻孔或斜向钻孔至裂缝深部，孔内安设注浆管或注浆嘴，间距应根据裂缝宽度而定，但每条裂缝至少有一个进浆孔和一个排汽孔； 4)注浆嘴及注浆管应设在裂缝的交叉处、较宽处及贯穿处等部位；对封缝的密封效果应进行检查； 5)注浆后待缝内浆液固化后，方可拆下注浆嘴并进行封口抹平。

续上表

项　　目	内　　容
一般规定	(5)结构裂缝注浆分项工程检验批的抽样检验数量,应按裂缝的条数抽查10%,每条裂缝检查1处,且不得少于3处
主控项目	(1)注浆材料及其配合比必须符合设计要求。 检验方法:检查产品合格证、产品性能检测报告、计量措施和材料进场检验报告。 (2)结构裂缝注浆的注浆效果必须符合设计要求。 检验方法:观察检查和压水或压气检查;必要时钻取芯样采取劈裂抗拉强度试验方法检查
一般项目	(1)注浆孔的数量、布置间距、钻孔深度及角度应符合设计要求。 检验方法:尺量检查和检查隐蔽工程验收记录。 (2)注浆各阶段的控制压力和注浆量应符合设计要求。 检验方法:观察检查和检查隐蔽工程验收记录

二、标准的施工方法

(1)结构裂缝注浆施工准备见表5-6。

表5-6　结构裂缝注浆施工准备

项　　目	内　　容
混凝土表面、裂缝附近浮尘与油污清理	利用小锤、钢丝刷和砂纸将修理面上的碎屑、浮渣、铁锈、油污等物除去,应注意防止在清理过程中把裂缝堵塞。裂缝处宜用蘸有丙酮或二甲苯的棉丝擦洗,一般不宜用水冲洗,因树脂与水接触起化学反应。如必须用水洗刷时也需待水分完全干燥后方能进行下道工序。不允许使用酸洗或其他腐蚀性化学物质处理
布置注浆孔	注浆孔的位置、数量及其埋深,与被结构的漏水缝隙的分布、特点及其强度、注浆压力、浆液扩散范围等均有密切关系,合理地布孔是获得良好堵水效果的重要因素。其主要原则如下。 (1)注浆孔位置的选择应使注浆孔的底部与漏水缝隙相交,选在漏水量最大的部位,以使导水性好(出水量大,几乎引出全部漏水)。一般情况下,水平裂缝宜沿缝下向上造斜孔;垂直裂缝宜正对缝隙造直孔。 (2)注浆孔的深度不应穿透结构物,应留10~20 cm长度的安全距离。双层结构以穿透内壁为宜。 (3)注浆孔的孔距应视漏水压力、缝隙大小、漏水量多少及浆液的扩散半径而定,一般为50~100 cm
埋设注浆嘴	一般情况下,埋设的注浆嘴应不少于2个,即设一嘴为排水(气)嘴,另一嘴为注浆嘴。如单孔漏水亦可顶水造1孔,埋1个注浆嘴。 压环式注浆嘴插入钻孔后,用扳手转动螺母,即压紧活动套管和压环,使弹性橡胶圈向孔壁四周膨胀并压紧,使注浆嘴与孔壁连接牢固。 楔入式注浆嘴缠麻后(缠麻处的直径应略大于孔直径),用锤将其打入孔内。

续上表

项　　目	内　　容
埋设注浆嘴	埋入式注浆嘴的埋设处,应事先用钻子剔成孔洞,孔洞直径要比注浆嘴的直径略大3~4 cm。将孔洞内清洗干净,用快凝胶浆把注浆嘴稳固于孔洞内,其埋深应不小于5 cm(图5-5)
封闭	要保证注浆的成功,必须使裂缝外部形成1个封闭体。 　　(1)表面密封体系用于裂缝实施环氧树脂注浆的一面。若体系贯穿性裂缝,还必须在另一面使用表面密封体系。 　　(2)贴布前应将混凝土的泡眼或凹凸不平处填平,然后用刷蘸稀腻子刷在混凝土表面上,停留5~10 min后将玻璃布贴上去,然后在布上再刷一遍稀腻子即可。 　　(3)贴布时必须防止空鼓、起褶、不服帖等现象。玻璃布的宽度一般为4~6 cm,裂缝必须居于布的中心。如玻璃布必须搭接时,接头长度不应小于2 cm。 　　(4)封闭的严密性是注浆成败的关键,通常只要不发生严重漏浆,注浆的质量是能够保证的。如果封闭不严密,一旦在施注过程中发生漏浆,不但需要停止工作去进行临时堵漏而浪费时间,而且再次注浆时极易形成局部缺浆而影响效果。所以在做封闭层时必须认真细致,切不可粗心大意
试气	玻璃布贴完后2~3 d便可试气,试气有3个目的: 　　(1)通过压缩空气吹净残留于裂缝内的积尘; 　　(2)检验裂缝的贯通情况; 　　(3)检查封闭层有无漏气。 　　试气方法是将肥皂水满刷在闭层上,如漏气肥皂水起泡,漏气处须再用腻子修补。试气的压力一般在表压0.3 MPa以下,应做好详细记录,供注浆时分析判断之用

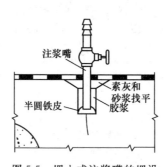

图 5-5　埋入式注浆嘴的埋设

注浆孔布置不合理

质量问题表现

注浆孔的位置、数量及埋深设置不合理,堵水效果差。

质量问题原因

注浆施工未按原则进行。

质量问题预防

注浆孔的位置、数量及其埋深,与被注结构的漏水缝隙的分布、特点及其强度、注浆压力、浆液扩散范围等均有密切关系,注浆原则如下:

(1)注浆孔位置的选择应使注浆孔的底部与漏水缝隙相交,选在漏水量最大的部位,以使导水性好(出水量大,几乎引出全部漏水)。一般情况下,水平裂缝宜沿缝下向上造斜孔;垂直裂缝宜正对缝隙造直孔。

(2)注浆孔的深度不应穿透结构物,应留 10～20 cm 长度的安全距离。双层结构以穿透内壁为宜。

(3)注浆孔的孔距应视漏水压力、缝隙大小、漏水量多少及浆液的扩散半径而定,一般为 50～100 cm。

(2)注浆标准的施工方法见表 5-7。

表 5-7　注浆标准的施工方法

项　目	内　容
确定裂缝内部的形状及制订施注计划	根据试气记录确定裂缝内部的形状特征并制订施注计划。一般注浆应遵照自上而下或自一端向另一端循序渐进的原则,切不可倒行逆施,以免空气混入浆内影响浆液的密实性
注浆压力的确定	注浆压力依据裂缝宽度、深度和浆液的黏度而定,较粗的缝(0.5 mm 以上)宜用 0.2～0.3 MPa 的压力,较细的缝宜用 0.3～0.5 MPa 的压力,当然还应根据具体情况加以灵活的调整
表面密封体系的养护	表面密封体系需要一定的养护时间,必须达到足够的强度方可注浆
注浆方式	注浆分单液和双液两种方法,单液注浆通常采用气压顶浆法,双液注浆通常由两个计量齿轮泵将甲乙组分别加压混合后压入裂缝。 单液注浆时先将浆液倒入料罐,拧紧罐的密封盖,然后通气加压,使浆液通过与钢嘴相接合的插头进入缝隙。一旦浆液自邻近钢嘴冒出,立即用木塞堵住嘴眼,关住插头,取下插头,进浆嘴也用木塞封闭。然后将刚才冒浆的出口改为进浆口,按同样方式依次继续压罐,直至整条裂缝充满裂液为止。垂直缝上端往往因浆缝收缩而不饱满,可以二次注浆以弥补缺陷
漏浆的处理	注浆过程中,万一发生漏浆情况,应用速凝材料立即堵漏止浆。常用的堵漏材料包括:双快水泥净浆、水玻璃-水泥净浆、熟石膏、热熔松香、五矾防水剂等

第六章　建筑工程渗漏治理

第一节　地下工程渗漏治理

一、施工质量验收标准

地下工程渗漏治理施工质量验收标准见表 6-1。

表 6-1　地下工程渗漏治理施工质量验收标准

项　目	内　容
一般规定	（1）对于需要进场检验的材料，应按表 6-2 的规定进行现场抽样复验，材料的性能应符合《地下工程渗漏治理技术规程》(JGJ/T 212—2010)的附录 D 的规定，并应提交检验合格报告。 （2）隐蔽工程在隐蔽前应由施工方会同有关各方进行验收。 （3）工程施工质量的验收，应在施工单位自行检查评定合格的基础上进行。 （4）渗漏治理部位应全数检查。 （5）工程质量验收应提供下列资料： 1）调查报告、设计方案、图纸会审记录、设计变更、洽商记录单； 2）施工方案及技术、安全交底； 3）材料的产品合格证、质量检验报告； 4）隐蔽工程验收记录； 5）工程检验批质量验收记录； 6）施工队伍的资质证书及主要操作人员的上岗证书； 7）事故处理、技术总结报告等其他必需提供的资料
主控项目	（1）材料性能应符合设计要求。 检验方法：检查出厂合格证、质量检测报告等。进场抽检复验的材料还应提交进场抽样复检合格报告。 （2）浆液配合比应符合设计要求。 检验方法：检查计量措施或试验报告及隐蔽工程验收记录。 （3）注浆效果应符合设计要求。 检验方法：观察检查或采用钻孔取芯等方法检查。 （4）止水带与紧固件压板以及止水带与基层之间应结合紧密。 检验方法：观察检查。 （5）涂料的用量或防水层平均厚度应符合设计要求，最小厚度不得小于设计厚度的 90%。 检验方法：检查隐蔽工程验收记录或用涂层测厚仪量测。 （6）柔性涂膜防水层在管道根部等细部做法应符合设计要求。

续上表

项　　目	内　　容
主控项目	检验方法:观察检查和检查隐蔽工程验收记录。 (7)聚合物水泥砂浆防水层与基层及各层之间应黏结牢固,无脱层、空鼓和裂缝。 检验方法:观察和用小锤轻击检查。 (8)渗漏治理效果应符合设计要求。 检验方法:观察检查。 (9)治理部位不得有渗漏或积水现象,排水系统应畅通。 检验方法:观察检查
一般项目	(1)注浆孔的数量、钻孔间距、钻孔深度及角度应符合设计要求。 检验方法:检查隐蔽工程验收记录。 (2)注浆过程的压力控制和进浆量应符合设计要求。 检验方法:检查施工记录及隐蔽工程验收记录。 (3)涂料防水层应与基层黏结牢固,涂刷均匀,不得有皱折、鼓泡、气孔、露胎体和翘边等缺陷。 检验方法:观察检查。 (4)水泥砂浆防水层的平均厚度应符合设计要求,最小厚度不得小于设计值的85%。 检验方法:观察和尺量检查。 (5)盾构隧道衬砌的嵌缝材料表面应平滑,缝边应顺直,无凹凸不平现象。 检验方法:观察检查

表 6-2　材料现场抽样复验项目

序号	材料名称	现场抽样数量	外观质量检验	物理性能检验
1	聚氨酯灌浆材料	每2t为一批,不足2t按一批抽样	包装完好无损,且标明灌浆材料名称,生产日期,生产厂名,产品有效期	黏度,固体含量,凝胶时间,发泡倍率
2	环氧树脂灌浆材料	每2t为一批,不足2t按一批抽样	包装完好无损,且标明灌浆材料名称,生产日期、生产厂名,产品有效期	密度,可操作时间,抗压强度
3	丙烯酸盐灌浆材料	每2t为一批,不足2t按一批抽样	包装完好无损,且标明灌浆材料名称,生产日期、生产厂名,产品有效期	密度、黏度、凝胶时间、固砂体抗压强度
4	水泥基灌浆材料	每5t为一批,不足5t按一批抽样	包装完好无损,且标明灌浆材料名称,生产日期、生产厂名,产品有效期	粒径,流动度,泌水率,抗压强度

序号	材料名称	现场抽样数量	外观质量检验	物理性能检验
5	合成高分子密封材料	每500支为一批,不足500支按一批抽样	均匀膏状,无结皮、凝胶或不易分散的固体团状	拉伸模量,拉伸黏结性,柔性
6	遇水膨胀止水条	每一批至少抽一次	色泽均匀,柔软有弹性,无明显凹陷	拉伸强度,断裂伸长率,体积膨胀倍率
7	遇水膨胀止水胶	每500支为一批,不足500支按一批抽样	包装完好无损,且标明材料名称,生产日期,生产厂家,产品有效期	表干时间、延伸率、抗拉强度、体积膨胀倍率
8	内装可卸式橡胶止水带	每一批至少抽一次	尺寸公差,开裂,缺胶,海绵状,中心孔偏心,气泡,杂质,明疤	拉伸强度,扯断伸长率,撕裂强度
9	内置式密封止水带及配套胶黏剂	每一批至少抽一次	止水带的尺寸公差,表面有无开裂;胶黏剂名称,生产日期,生产厂家,产品有效期,使用温度	拉伸强度,扯断伸长率,撕裂强度;可操作时间,黏结强度,剥离强度
10	改性渗透型环氧树脂类防水涂料	每1 t为一批,不足1 t按一批抽样	包装完好无损,且标明材料名称,生产日期,生产厂名,产品有效期	黏度,初凝时间,黏结强度,表面张力
11	水泥基渗透结晶型防水涂料	每5 t为一批,不足5 t按一批抽样	包装完好无损,且标明材料名称,生产日期、生产厂名,产品有效期	凝结时间,抗折强度(28 d),潮湿基层黏结强度,抗渗压力(28 d)
12	无机防水堵漏材料	缓凝型每10 t为一批,不足10 t按一批抽样;速凝型每5 t为一批,不足5 t按一批抽样	均匀,无杂质,无结块	缓凝型:抗折强度,黏结强度,抗渗性 速凝型:初凝时间,终凝时间,黏结强度,抗渗性
13	聚合物水泥防水砂浆	每20 t为一批,不足20 t按一批抽样	粉体型均匀,无结块;乳液型液料经搅拌后均匀无沉淀,粉料均匀,无结块	抗渗压力,黏结强度

续上表

序号	材料名称	现场抽样数量	外观质量检验	物理性能检验
14	聚合物水泥防水涂料	每10 t为一批,不足10 t按一批抽样	包装完好无损,且标明材料名称,生产日期,生产厂名,产品有效期,液料经搅拌后均匀无沉淀,粉料均匀,无结块	固体含量、拉伸强度,断裂延伸率,低温柔性,不透水性,黏结强度

二、标准的施工方法

1.地下工程渗漏治理的基本要求

(1)现场调查。

1)渗漏治理前应进行现场调查。现场调查宜包括下列内容:

①工程所在周围的环境;

②渗漏水水源及变化规律;

③渗漏水发生的部位、现状及影响范围;

④结构稳定情况及损害程度;

⑤使用条件、气候变化和自然灾害对工程的影响;

⑥现场作业条件。

2)地下工程渗漏水的现场量测宜符合现行国家标准《地下防水工程质量验收规范》(GB 50208—2011)的规定。

3)渗漏治理前应收集工程的技术资料,并宜包括下列内容:

①工程设计相关资料;

②原防水设防构造使用的防水材料及其性能指标;

③渗漏部位相关的施工组织设计或施工方案;

④隐蔽工程验收记录及相关的验收资料;

⑤历次渗漏水治理的技术资料。

4)渗漏治理前应结合现场调查结果和收集到的技术资料,从设计、材料、施工和使用等方面综合分析渗漏的原因,并应提出书面报告。

(2)方案设计。

1)渗漏治理前应结合现场调查的书面报告进行治理方案设计。治理方案应包括下列内容:

①工程概况;

②渗漏原因分析及治理措施;

③所选材料及其技术指标;

④排水系统。

2)有降水或排水条件的工程,治理前宜先采取降水或排水措施。

3)工程结构存在变形和未稳定的裂缝时,宜待变形和裂缝稳定后再进行治理。接缝渗漏的治理宜在开度较大时进行。

4)严禁采用有损结构安全的渗漏治理措施及材料。

5)当渗漏部位有结构安全隐患时,应按国家现行有关标准的规定进行结构修复后再进行渗漏治理。渗漏治理应在结构安全的前提下进行。

6)渗漏治理宜先止水或引水再采取其他治理措施。

(3)地下工程渗漏治理的材料要求见表6-3。

表6-3　地下工程渗漏治理的基本要求

项　目	内　容
灌浆材料	灌浆材料的选择宜符合下列规定: (1)注浆止水时,宜根据渗漏量、可灌性及现场环境等条件选择聚氨酯、丙烯酸盐、水泥—水玻璃或水泥基灌浆材料,并宜通过现场配合比试验确定合适的浆液固化时间; (2)有结构补强需要的渗漏部位,宜选用环氧树脂、水泥基或油溶性聚氨酯等固结体强度高的灌浆材料; (3)聚氨酯灌浆材料在存放和配制过程中不得与水接触,包装开启后宜一次用完; (4)环氧树脂灌浆材料不宜在水流速度较大的条件下使用,且不宜用作注浆止水材料; (5)丙烯酸盐灌浆材料不得用于有补强要求的工程
密封材料	密封材料的使用应符合下列规定: (1)遇水膨胀止水条(胶)应在约束膨胀的条件下使用; (2)结构背水面宜使用高模量的合成高分子密封材料,施工前宜先涂布配套的基层处理剂,接缝底部应设置背衬材料
刚性防水材料	刚性防水材料的使用应符合下列规定: (1)环氧树脂类防水涂料宜选用渗透型产品,用量不宜小于 $0.5\ \text{kg/m}^2$,涂刷次数不应小于2遍; (2)水泥渗透结晶型防水涂料的用量不应小于 $1.5\ \text{kg/m}^2$,且涂膜厚度不应小于 $1.0\ \text{mm}$; (3)聚合物水泥防水砂浆层的厚度单层施工时宜为 $6{\sim}8\ \text{mm}$,双层施工时宜为 $10{\sim}12\ \text{mm}$; (4)新浇补偿收缩混凝土的抗渗等级及强度不应小于原有混凝土的设计要求
聚合物水泥防水涂料	聚合物水泥防水涂料涂层的厚度不宜小于 $2.0\ \text{mm}$,并应设置水泥砂浆保护层,并应按现行国家标准《聚合物水泥防水涂料》(GB/T 23445—2009)的规定进行检测

(4)地下工程渗漏治理的施工要求见表6-4。

表6-4　地下工程渗漏治理的施工要求

项　目	内　容
一般规定	(1)渗漏治理施工前,施工方应根据渗漏治理方案设计编制施工方案,并应进行技术和安全交底。 (2)渗漏治理所用材料应符合相关标准及设计要求,并应由相关各方协商决定是否进行现场抽样复验。渗漏治理不得使用不合格的材料。

项　　目	内　　容
一般规定	（3）渗漏治理应由具有防水工程施工资质的专业施工队伍施工，主要操作人员应持证上岗。 （4）渗漏部位的基层处理应满足材料及施工工艺的要求。 （5）渗漏治理施工应建立各道工序的自检、交接检和专职人员检查的制度。上道工序未经检验确认合格前，不得进行下道工序的施工。 （6）施工过程中应随时检查治理效果，并应做好隐蔽工程验收记录。 （7）当工程现场条件与设计方案有差异时，应暂停施工。当需要变更设计方案时，应做好工程洽商及记录。 （8）对已完成渗漏治理的部位应采取保护措施。 （9）施工时的气候及环境条件应符合材料施工工艺的要求
注浆止水施工	注浆止水施工应符合下列规定： （1）注浆止水施工所配置的风、水、电应可靠，必要时可设置专用管路和线路； （2）从事注浆止水的施工人员应接受专业技术、安全、环境保护和应急救援等方面的培训； （3）单液注浆浆液的配制宜遵循"少量多次"和"控制浆温"的原则，双液注浆时浆液配比应准确； （4）基层温度不宜低于 5℃，浆液温度不宜低于 15℃； （5）注浆设备应在保证正常作业的前提下，采用较小的注浆孔孔径和小内径的注浆管路，且注浆泵宜靠近孔口（注浆嘴），注浆管路长度宜短； （6）注浆止水施工可按清理渗漏部位、设置注浆嘴、清孔（缝）、封缝、配制浆液、注浆、封孔和基层清理的工序进行； （7）注浆施工时，操作人员应穿防护服、戴口罩、手套和防护眼镜； （8）挥发性材料应密封贮存，妥善保管和处理，不得随意倾倒； （9）使用易燃材料时，施工现场禁止出现明火； （10）施工现场应通风良好； （11）注浆过程中发生漏浆时，宜根据具体情况采用降低注浆压力、减小流量和调整配比等措施进行处理，必要时可停止注浆； （12）注浆宜连续进行，因故中断时应尽快恢复注浆
钻孔注浆止水施工	钻孔注浆止水施工除应符合上述"注浆止水施工"规定外，还应符合下列规定： （1）钻孔注浆前，应使用钢筋检测仪确定设计钻孔位置的钢筋分布情况；钻孔时，应避开钢筋； （2）注浆孔应采用适宜的钻机钻进，钻进全过程中应采取措施，确保钻孔按设计角度成孔，并宜采取高压空气吹孔，防止或减少粉末、碎屑堵塞裂缝； （3）封缝前应打磨及清理混凝土基层，并宜使用速凝型无机堵漏材料封缝；当采用聚氨酯灌浆材料注浆时，可不预先封缝； （4）钻孔注浆止水施工，宜采用压式注浆嘴，并应根据基层强度、钻孔深度及孔径选择注浆嘴的长度和外径，注浆嘴应埋置牢固； （5）注浆过程中，当观察到浆液完全替代裂缝中的渗漏水并外溢时，可停止从该注浆嘴注浆； （6）注浆全部结束且灌浆材料固化后，应按工程要求处理注浆嘴、封孔，并清除外溢的灌浆材料

续上表

项　目	内　容
速凝型无机防水堵漏材料的施工	速凝型无机防水堵漏材料的施工应符合下列规定： (1)应按产品说明书的要求严格控制加水量； (2)材料应随配随用，并宜按照"少量多次"的原则配料
水泥基渗透结晶型防水涂料的施工	水泥基渗透结晶型防水涂料的施工应符合下列规定： (1)混凝土基层表面应干净并充分润湿，但不得有明水；光滑的混凝土表面应打毛处理； (2)应按产品说明书或设计规定的配合比严格控制用水量，配料时宜采用机械搅拌； (3)配制好的涂料从加水开始应在 20 min 内用完。在施工过程中，应不断搅拌混合料；不得向配好的涂料中加水加料； (4)多遍涂刷时，应交替改变涂刷方向； (5)涂层终凝后应及时进行喷雾干湿交替养护，养护时间不得小于 72 h，不得采取浇水或蓄水养护
渗透型环氧树脂防水涂料的施工	渗透型环氧树脂防水涂料的施工应符合下列规定： (1)基层表面应干净、坚固、无明水； (2)大面积施工时应按规定做好安全及环境保护； (3)施工环境温度不应低于 5℃，并宜按"少量多次"及"控制温度"的原则进行配料； (4)涂刷时宜按照由高到低、由内向外的顺序进行施工； (5)涂刷第一遍的材料用量不宜小于总用量的 1/2，对基层混凝土强度较低的部位，宜加大材料用量。两遍涂刷的时间间隔宜为 0.5～1 h； (6)抹压砂浆等后续施工宜在涂料完全固化前进行

2. 现浇混凝土结构渗漏治理

(1)现浇混凝土结构地下工程渗漏的治理宜根据渗漏部位、渗漏现象选用表 6-5 中所列的技术措施。

表 6-5　现浇混凝土结构地下工程渗漏治理的技术措施

技术措施		渗漏部位、渗漏现象					材　料
		裂缝或施工缝	变形缝	大面积渗漏	孔洞	管道根部	
注浆止水	钻孔注浆	●	●	○	×	●	聚氨酯灌浆材料、丙烯酸盐灌浆材料、水泥-水玻璃灌浆材料、环氧树脂灌浆材料、水泥基灌浆材料等
	埋管(嘴)注浆	×	○	×	○	○	
	贴嘴注浆	○	×	×	×	×	
快速封堵		○	×	●	●	●	速凝型无机防水堵漏材料等
安装止水带		×	●	×	×	×	内置式密封止水带、内装可卸式橡胶止水带

续上表

技术措施	渗漏部位、渗漏现象					材 料
	裂缝或施工缝	变形缝	大面积渗漏	孔洞	管道根部	
嵌填密封	×	○	×	×	○	遇水膨胀止水条（胶）、合成高分子密封材料
设置刚性防水层	●	×	●	●	○	水泥基渗透结晶型防水涂料、缓凝型无机防水堵漏材料、环氧树脂类防水涂料、聚合物水泥防水砂浆
设置柔性防水层	×	×	×	×	○	Ⅱ型或Ⅲ型聚合物水泥防水涂料

注：●——宜选，○——可选，×——不宜选。

(2)现浇混凝土结构渗漏的治理见表6-6。

表 6-6　现浇混凝土结构渗漏的治理

项　目	内　容
裂缝渗漏的治理	裂缝渗漏宜先止水，再在基层表面设置刚性防水层，并应符合下列规定。 (1)水压或渗漏量大的裂缝宜采取钻孔注浆止水，并应符合下列规定： 1)对无补强要求的裂缝，注浆孔宜交叉布置在裂缝两侧，钻孔应斜穿裂缝，垂直深度宜为混凝土结构厚度 h 的 $1/3\sim1/2$，钻孔与裂缝水平距离宜为 $100\sim250$ mm，孔间距宜为 $300\sim500$ mm，孔径不宜大于 20 mm，斜孔倾角 θ 宜为 $45°\sim60°$。当需要预先封缝时，封缝的宽度宜为 50 m(图 6-1)。 2)对有补强要求的裂缝，宜先钻斜孔并注入聚氨酯灌浆材料止水，钻孔垂直深度不宜小于结构厚度 h 的 $1/3$；再宜二次钻斜孔，注入可在潮湿环境下固化的环氧树脂灌浆材料或水泥基灌浆材料，钻孔垂直深度不宜小于结构厚度 h 的 $1/2$(图 6-2)。 3)注浆嘴深入钻孔的深度不宜大于钻孔长度的 $1/2$。 4)对于厚度不足 200 mm 的混凝土结构，宜垂直裂缝钻孔，钻孔深度宜为结构厚度 $1/2$。 (2)对水压与渗漏量小的裂缝，可按上述(1)的规定注浆止水，也可用速凝型无机防水堵漏材料快速封堵止水。当采取快速封堵时，宜沿裂缝走向在基层表面切割出深度宜为 $40\sim50$ mm、宽度宜为 40 mm 的"U"形凹槽，然后在凹槽中嵌填速凝型无机防水堵漏材料止水，并宜预留深度不小于 20 mm 的凹槽，再用含水泥基渗透结晶型防水材料的聚合物水泥防水砂浆找平(图 6-3)。 (3)对于潮湿而无明水的裂缝，宜采用贴嘴注浆注入可在潮湿环境下固化的环氧树脂灌浆材料，并宜符合下列规定： 1)注浆嘴底座宜带有贯通的小孔； 2)注浆嘴宜布置在裂缝较宽的位置及其交叉部位，间距宜为 $200\sim300$ mm。裂缝封闭宽度宜为 50 mm(图 6-4)。 (4)设置刚性防水层时，宜沿裂缝走向在两侧各 200 mm 范围内的基层表面先涂布水泥基渗透结晶型防水涂料，再宜单层抹压聚合物水泥防水砂浆。对于裂缝分布较密的基层，宜大面积抹压聚合物水泥防水砂浆

项　目	内　容
施工缝渗漏的治理	施工缝渗漏宜先止水,再设置刚性防水层,并宜符合下列规定: (1)预埋注浆系统完好的施工缝,宜先使用预埋注浆系统注入超细水泥或水溶性灌浆材料止水。 (2)钻孔注浆止水或嵌填速凝型无机防水堵漏材料快速封堵止水措施宜符合上述"裂缝渗漏治理"的规定。 (3)逆筑结构墙体施工缝的渗漏宜采取钻孔注浆止水并补强。注浆止水材料宜使用聚氨酯或水泥基灌浆材料,注浆孔的布置宜符合上述"裂缝渗漏治理"的规定。在倾斜的施工缝面上布孔时,宜垂直基层钻孔并穿过施工缝。 (4)设置刚性防水层时,宜沿施工缝走向在两侧各 200 mm 范围内的基层表面先涂布水泥基渗透结晶型防水涂料,再宜单层抹压聚合物水泥防水砂浆
变形缝渗漏的治理	变形缝渗漏的治理宜先注浆止水,并宜安装止水带,必要时可设置排水装置。变形缝渗漏的止水宜符合下列规定。 (1)对于中埋式止水带宽度已知且渗漏量大的变形缝,宜采取钻斜孔穿过结构至止水带迎水面、并注入油溶性聚氨酯灌浆材料止水,钻孔间距宜为 500~1 000 mm(图 6-5);对于查清漏水点位置的,注浆范围宜为漏水部位左右两侧各 2 m,对于未查清漏水点位置的,宜沿整条变形缝注浆止水。 (2)对于顶板上查明渗漏点且渗漏量较小的变形缝,可在漏点附近的变形缝两侧混凝土中垂直钻孔至中埋式橡胶钢边止水带翼部并注入聚氨酯灌浆材料止水,钻孔间距宜为 500 mm(图 6-6)。 (3)因结构底板中埋式止水带局部损坏而发生渗漏的变形缝,可采用埋管(嘴)注浆止水,并宜符合下列规定: 1)对于查清渗漏位置的变形缝,宜先在渗漏部位左右各不大于 3 m 的变形缝中布置浆液阻断点;对于未查清渗漏位置的变形缝,浆液阻断点宜布置在底板与侧墙相交处的变形缝中; 2)埋设管(嘴)前宜清理浆液阻断点之间变形缝内的填充物,形成深度不小于 50 mm 的凹槽; 3)注浆管(嘴)宜使用硬质金属或塑料管,并宜配置阀门; 4)注浆管(嘴)宜位于变形缝中部并垂直于止水带中心孔,并宜采用速凝型无机防水堵漏材料埋设注浆管(嘴)并封闭凹槽(图 6-7); 5)注浆管(嘴)间距可为 500~1 000 mm,并宜根据水压、渗漏水量及灌浆材料的凝结时间确定; 6)注浆材料宜使用聚氨酯灌浆材料,注浆压力不宜小于静水压力的 2.0 倍
变形缝背水面安装止水带	变形缝背水面安装止水带应符合下列规定: (1)对于有内装可卸式橡胶止水带的变形缝,应先拆除止水带然后重新安装。 (2)安装内置式密封止水带前应先清理并修补变形缝两侧各 100 mm 范围内的基层,并应做到基层坚固、密实、平整;必要时可向下打磨基层并修补形成深度不大于 10 mm 凹槽。 (3)内置式密封止水带应采用热焊搭接,搭接长度不应小于 50 mm,中部应形成 Ω 形,Ω 弧长宜为变形缝宽度的 1.2~1.5 倍。

续上表

项　目	内　容
变形缝背水面安装止水带	(4)当采用胶黏剂粘贴内置式密封止水带时,应先涂布底涂料,并宜在厂家规定的时间内用配套的胶黏剂粘贴止水带,止水带在变形缝两侧基层上的黏结宽度均不应小于50 mm(图6-8)。 (5)当采用螺栓固定内置式密封止水带时,宜先在变形缝两侧基层中埋设膨胀螺栓或用化学植筋方法设置螺栓,螺栓间距不宜大于300 mm,转角附近的螺栓可适当加密,止水带在变形缝两侧基层上的黏结宽度各不应小于100 mm。基层及金属压板间应采用2~3 mm厚的丁基橡胶防水密封胶粘带压密封实,螺栓根部应做好密封处理(图6-9)。 (6)当工程埋深较大,且静水压力较高时,宜采用螺栓固定内置式密封止水带,并宜采用纤维内增强型密封止水带;在易遭受外力破坏的环境中使用,应采取可适应形变的止水带保护措施
注浆止水后遗留的局部、微量渗漏水或受现场施工条件限制无法彻底止水的变形缝的治理	注浆止水后遗留的局部、微量渗漏水或受现场施工条件限制无法彻底止水的变形缝,可沿变形缝走向在结构顶部及两侧设置排水槽。排水槽宜为不锈钢或塑料材质,并宜与排水系统相连,排水应畅通,排水流量应大于最大渗漏量。采用排水系统时,宜加强对渗漏水水质、渗漏量及结构安全的监测
大面积渗漏的治理	(1)大面积渗漏且有明水时,宜先采取钻孔注浆或快速封堵止水,再在基层表面设置刚性防水层,并应符合下列规定。 1)当采取钻孔注浆止水时,应符合下列规定: ①宜在基层表面均匀布孔,钻孔间距不宜大于500 mm,钻孔深度不宜小于结构厚度的1/2,孔径不宜大于20 mm,并宜采用聚氨酯或丙烯酸盐灌浆材料; ②当工程周围土体疏松且地下水位较高时,可钻孔穿透结构至迎水面并注浆,钻孔间距及注浆压力宜根据浆液及周围土体的性质确定,注浆材料宜采用水泥基、水泥—水玻璃或丙烯酸盐等灌浆材料。注浆时应采取有效措施防止浆液对周围建筑物及设施造成破坏。 2)当采取快速封堵止水时,宜大面积均匀抹压速凝型无机防水堵漏材料,厚度不宜小于5 mm。对于抹压速凝型无机防水堵漏材料后出现的渗漏点,宜在渗漏点处进行钻孔注浆止水。 3)设置刚性防水层时,宜先涂布水泥基渗透结晶型防水涂料或渗透型环氧树脂类防水涂料,再抹压聚合物水泥防水砂浆,必要时可在砂浆层中铺设耐碱纤维网格布。 (2)大面积渗漏而无明水时,宜先多遍涂刷水泥基渗透结晶型防水涂料或渗透型环氧树脂类防水涂料,再抹压聚合物水泥防水砂浆
孔洞渗漏的治理	孔洞的渗漏宜先采取注浆或快速封堵止水,再设置刚性防水层,并应符合下列规定: (1)当水压大或孔洞直径大于等于50 mm时,宜采用埋管(嘴)注浆止水。注浆管(嘴)宜使用硬质金属管或塑料管,并宜配置阀门,管径应符合引水卸压及注浆设备的要求。注浆材料宜使用速凝型水泥-水玻璃灌浆材料或聚氨酯灌浆材料。注浆压力应根据灌浆材料及工艺进行选择。

项　目	内　容
孔洞渗漏的治理	（2）当水压小或孔洞直径小于 50 mm 时，可按 1）的规定采用埋管（嘴）注浆止水，也可采用快速封堵止水。当采用快速封堵止水时，宜先清除孔洞周围疏松的混凝土，并宜将孔洞周围剔凿成 V 形凹坑，凹坑最宽处的直径宜大于孔洞直径 50 mm以上，深度不宜小于 40 mm，再在凹坑中嵌填速凝型无机防水堵漏材料止水。 （3）止水后宜在孔洞周围 200 mm 范围内的基层表面涂布水泥基渗透结晶型防水涂料或渗透型环氧树脂类防水涂料，并宜抹压聚合物水泥防水砂浆
凸出基层管道根部的渗漏	凸出基层管道根部的渗漏宜先止水、再设置刚性防水层，必要时可设置柔性防水层，并应符合下列规定。 （1）管道根部渗漏的止水。 1）当渗漏量大时，宜采用钻孔注浆止水，钻孔宜斜穿基层并到达管道表面，钻孔与管道外侧最近直线距离不宜小于 100 mm，注浆嘴不应少于 2 个，并宜对称布置。也可采用埋管（嘴）注浆止水。埋设硬质金属或塑料注浆管（嘴）前，宜先在管道根部剔凿直径不小于 50 mm、深度不大于 30 mm 的凹槽，用速凝型无机防水堵漏材料以与基层呈 20°～60°的夹角埋设注浆管（嘴），并封闭管道与基层间的接缝。注浆压力不宜小于静水压力的 2.0 倍，并宜采用聚氨酯灌浆材料。 2）当渗漏量小时，可按 1）的规定采用注浆止水，也可采用快速封堵止水。当采用快速封堵止水时，宜先沿管道根部剔凿环行凹槽，凹槽的宽度不宜大于 40 mm、深度不宜大于 50 mm，再嵌填速凝型无机防水堵漏材料。嵌填速凝型无机防水堵漏材料止水后，预留凹槽的深度不宜小于 10 mm，并宜用聚合物水泥防水砂浆找平。 （2）止水后，宜在管道周围 200 mm 宽范围内的基层表面涂布水泥基渗透结晶型防水涂料。当管道热胀冷缩形变量较大时，宜在其四周涂布柔性防水涂料，涂层在管壁上的高度不宜小于 100 mm，收头部位宜用金属箍压紧，并宜设置水泥砂浆保护层。必要时，可在涂层中铺设纤维增强材料。 （3）金属管道应采取除锈及防锈措施
支模对拉螺栓渗漏的治理	支模对拉螺栓渗漏的治理，应先剔凿螺栓根部的基层，形成深度不小于 40 mm 的凹槽，再切割螺栓并嵌填速凝型无机防水堵漏材料止水，并用聚合物水泥防水砂浆找平
地下连续墙幅间接缝渗漏的治理	地下连续墙幅间接缝渗漏的治理应符合下列规定： （1）当渗漏量小时，宜先沿接缝走向按"裂缝渗漏治理"的规定采用钻孔注浆或快速封堵止水，再在接缝部位两侧各 500 mm 范围内的基层表面涂布水泥基渗透结晶型防水涂料，并宜用聚合物水泥防水砂浆找平或重新浇筑补偿收缩混凝土。 1）当采用注浆止水时，宜钻孔穿过接缝并注入聚氨酯灌浆材料止水，注浆压力不宜小于静水压力的 2.0 倍。 2）当采用快速封堵止水时，宜沿接缝走向切割形成 U 形凹槽，凹槽的宽度不应小于 100 mm，深度不应小于 50 mm，嵌填速凝型无机防水堵漏材料止水后预留凹槽的深度不应小于 20 mm。 （2）当渗漏水量大、水压高且可能发生涌水、涌砂、涌泥等险情或危及结构安全时，应先在基坑内侧渗漏部位回填土方或砂包，再在基坑接缝外侧用高压旋喷设备注入速凝型水泥-水玻璃灌浆材料形成止水帷幕，止水帷幕应深入结构底板 2.0 m以下。待漏水量减小后，再宜逐步挖除土方或移除砂包并按（1）的规定从内侧止水并设置刚性防水层。 （3）设置止水帷幕时应采取措施防止对周围建筑物或构筑物造成破坏

续上表

项 目	内 容
混凝土蜂窝、麻面的渗漏治理	混凝土蜂窝、麻面渗漏的治理,宜先止水再设置刚性防水层,必要时宜重新浇筑补偿收缩混凝土修补,并应符合下列规定: (1)止水前应先凿除混凝土中的酥松及杂质,再根据渗漏现象按照规定采用钻孔注浆或嵌填速凝型无机防水堵漏材料止水; (2)止水后,应在渗漏部位及其周边 200 mm 范围内涂布水泥基渗透结晶型防水涂料,并宜抹压聚合物水泥防水砂浆找平; (3)当渗漏部位混凝土质量差时,应在止水后先清理渗漏部位及其周边外延 1.0 m 范围内的基层,露出坚实的混凝土,再涂布水泥基渗透结晶型防水涂料,并浇筑补偿收缩混凝土。当清理深度大于钢筋保护层厚度时,宜在新浇混凝土中设置直径不小于 6 mm 的钢筋网片

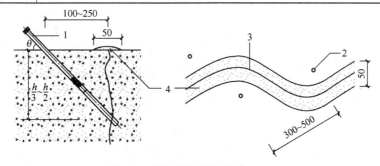

图 6-1 钻孔注浆布孔(单位:mm)

1—注浆嘴;2—钻孔;3—裂缝,4—封缝材料

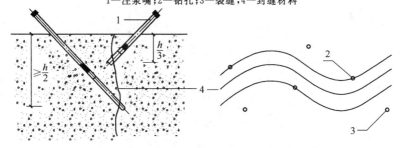

图 6-2 钻孔注浆止水及补强的布孔(单位:mm)

1—注浆嘴;2—注浆止水钻孔;3—注浆补强钻孔;4—裂缝

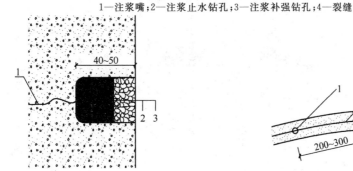

图 6-3 裂缝快速封堵止水(单位:mm)

1—裂缝;2—速凝型无机防水堵漏材料;

3—聚合物水泥防水砂浆

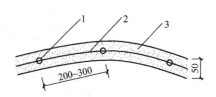

图 6-4 贴嘴注浆布孔(单位:mm)

1—注浆嘴;2—裂缝;3—封缝材料

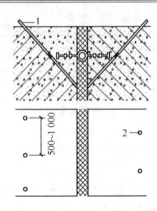

图 6-5 钻孔至止水带迎水面注浆止水

（单位：mm）

1—注浆嘴；2—钻孔

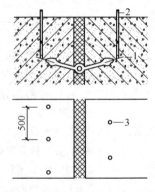

图 6-6 钻孔至止水带两翼钢边并注浆止水

（单位：mm）

1—中埋式橡胶钢边止水带；2—注浆嘴；3—注浆孔

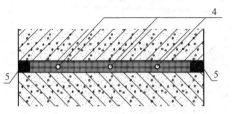

图 6-7 变形缝埋管（嘴）注浆止水（单位：mm）

1—中埋式橡胶止水带；2—填缝材料；3—速凝型无机防水堵漏材料；4—注浆管（嘴）；5—浆液阻断点

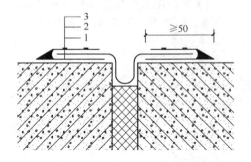

图 6-8 粘贴内置式密封止水带（单位：mm）

1—胶黏剂层；2—内置式密封止水带；3—胶黏剂固化形成的锚固点

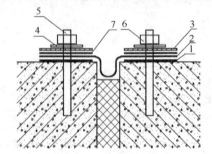

图 6-9 螺栓固定内置式密封止水带（单位：mm）

1—丁基橡胶防水密封胶粘带；2—内置式密封止水带；3—金属压板；

4—垫片；5—预埋螺栓；6—螺母；7—丁基橡胶防水密封胶粘带

(3)现浇混凝土结构渗漏治理的施工要求见表 6-7。

表 6-7　现浇混凝土结构渗漏治理的施工要求

项　目	内　容
裂缝的止水及刚性防水层的施工	(1)钻孔注浆时应严格控制注浆压力等参数,并宜沿裂缝走向自下而上依次进行。 (2)使用速凝型无机防水堵漏材料快速封堵止水应符合下列规定: 1)应在材料初凝前用力将拌合料紧压在待封堵区域直至材料完全硬化; 2)宜按照从上到下的顺序进行施工; 3)快速封堵止水时,宜沿凹槽走向分段嵌填速凝型无机防水堵漏材料止水并间隔留置引水孔,引水孔间距宜为 500~1 000 mm,最后再用速凝型无机防水堵漏材料封闭引水孔。 (3)潮湿而无明水裂缝的贴嘴注浆宜符合下列规定: 1)粘贴注浆嘴和封缝前,宜先将裂缝两侧待封闭区域内的基层打磨平整并清理干净,再宜用配套的材料粘贴注浆嘴并封缝。 2)粘贴注浆嘴时,宜先用定位针穿过注浆嘴、对准裂缝插入,将注浆嘴骑缝粘贴在基层表面,宜以拔出定位针时不粘附胶黏剂为合格。不合格时,应清理缝口,重新贴嘴,直至合格。粘贴注浆嘴后不可拔出定位针。 3)立面上应沿裂缝走向自下而上依次进行注浆。当观察到临近注浆嘴出浆时,可停止从该注浆嘴注浆,并从下一注浆嘴重新开始注浆。 4)注浆全部结束且孔内灌浆材料固化,并经检查无湿渍、无明水后,应按工程要求拆除注浆嘴、封孔、清理基层。 (4)刚性防水层的施工应符合《地下工程渗漏治理技术规程》(JGJ/T 212—2010)的规定
施工缝渗漏的止水及刚性防水层的施工	(1)利用预埋注浆系统注浆止水时,应符合下列规定: 1)宜采取较低的注浆压力从一端向另一端、由低到高进行注浆; 2)当浆液不再流入并且压力损失很小时,应维持该压力并保持 2 min 以上,然后终止注浆; 3)需要重复注浆时,应在浆液固化前清洗注浆通道。 (2)钻孔注浆止水、快速封堵止水及刚性防水层的施工应符合《地下工程渗漏治理技术规程》(JGJ/T 212—2010)的规定
变形缝渗漏注浆止水的施工	(1)钻孔注浆止水施工应符合《地下工程渗漏治理技术规程》(JGJ/T 212—2010)的规定。 (2)浆液阻断点应埋设牢固且能承受注浆压力而不破坏。 (3)埋管(嘴)注浆止水施工应符合下列规定: 1)注浆管(嘴)应埋置牢固并应做好引水处理; 2)注浆过程中,当观察到临近注浆嘴出浆时,可停止注浆,并应封闭该注浆嘴,然后从下一注浆嘴开始注浆; 3)停止注浆且待浆液固化,并经检查无湿渍、无明水后,应按要求处理注浆嘴、封孔并清理基层
变形缝背水面止水带的安装	(1)止水带的安装应在无渗漏水的条件下进行。 (2)与止水带接触的混凝土基层表面条件应符合设计及施工要求。

续上表

项　目	内　容
变形缝背水面止水带的安装	（3）内装可卸式橡胶止水带的安装应符合现行国家标准《地下工程防水技术规范》（GB 50108—2008）的规定； （4）粘贴内置式密封止水带应符合下列规定： 1）转角处应使用专用修补材料做成圆角或钝角； 2）底涂料及专用胶黏剂应涂布均匀，用量应符合材料要求； 3）粘贴止水带时，宜使用压辊在止水带与混凝土基层搭接部位来回多遍辊压排气； 4）胶黏剂未完全固化前，止水带应避免受压或发生位移，并应采取保护措施。 （5）采用螺栓固定内置式密封止水带应符合下列规定： 1）转角处应使用专用修补材料做成钝角，并宜配备专用的金属压板配件； 2）膨胀螺栓的长度和直径应符合设计要求，金属膨胀螺栓宜采取防锈处理工艺。安装时，应采取措施避免造成变形缝两侧基层的破坏。 （6）进行止水带外设保护装置施工时应采取措施避免造成止水带破坏
变形缝外置排水槽的安装	安装变形缝外置排水槽时，排水槽应固定牢固，排水坡度应符合设计要求，转角部位应使用专用的配件
大面积渗漏治理的施工	（1）当向地下工程结构的迎水面注浆止水时，钻孔及注浆设备应符合设计要求。 （2）当采取快速封堵止水时，应先清理基层，除去表面的酥松、起皮和杂质，然后分多遍抹压速凝型无机防水堵漏材料并形成连续的防水层。 （3）涂刷水泥基渗透结晶型防水涂料或渗透型环氧树脂类防水涂料时，应按照从高处向低处、先细部后整体、先远处后近处的顺序进行施工。 （4）刚性防水层的施工应符合材料要求及本规程的规定
孔洞渗漏的施工	（1）埋管（嘴）注浆止水施工宜符合下列规定： 1）注浆管（嘴）应埋置牢固并做好引水泄压处理； 2）待浆液固化并经检查无明水后，应按设计要求处理注浆嘴、封孔并清理基层。 （2）当采用快速封堵止水及设置刚性防水层时，其施工应符合《地下工程渗漏治理技术规程》（JGJ/T 212—2010）的规定
凸出基层管道根部渗漏治理的施工	（1）当采用钻斜孔注浆止水时，除宜符合《地下工程渗漏治理技术规程》（JGJ/T 212—2010）的规定外，还宜采取措施避免由于钻孔造成管道的破损，注浆时宜自下而上进行。 （2）埋管（嘴）注浆止水的施工工艺应符合《地下工程渗漏治理技术规程》（JGJ/T 212—2010）的规定。 （3）快速封堵止水应符合《地下工程渗漏治理技术规程》（JGJ/T 212—2010）的规定。 （4）柔性防水涂料的施工应符合下列规定： 1）基层表面应无明水，阴角宜处理成圆弧形； 2）涂料宜分层刷涂，不得漏涂； 3）铺贴纤维增强材料时，纤维增强材料应铺设平整并充分浸透防水涂料
地下连续墙幅间接缝渗漏治理的施工	（1）注浆止水或快速封堵止水及刚性防水层的施工宜符合《地下工程渗漏治理技术规程》（JGJ/T 212—2010）的规定； （2）浇筑补偿收缩混凝土前应先在混凝土基层表面涂布水泥基渗透结晶型防水

续上表

项　　目	内　　容
地下连续墙幅间接缝渗漏治理的施工	涂料,补偿收缩混凝土的配制、浇筑及养护应符合现行国家标准《地下工程防水技术规范》(GB 50108—2008)的规定; (3)高压旋喷成型止水帷幕应由具有地基处理专业施工资质的队伍施工
混凝土蜂窝、麻面渗漏治理的施工	混凝土蜂窝、麻面渗漏治理的施工,应根据裂缝、孔洞或大面积渗漏等不同现象,按《地下工程渗漏治理技术规程》(JGJ/T 212—2010)的规定进行施工

 质量问题

地下工程主体结构发生渗漏

质量问题表现

地下工程主体结构施工后,转角部位或墙体出现渗漏。

质量问题原因

(1)在转角处未按照有关要求增设卷材附加层。

(2)在转角部位,卷材未能按转角轮廓铺贴严实,后浇或后砌主体结构时此处卷材遭破坏。

(3)砖砌保护层后,砖块、水泥砂浆与防水层接触凸凹不平。当回填土夯实时,砖墙受挤压,防水层被砖墙内的硬物刺破受损。

(4)建筑物完工以后,主体结构与保护砖墙不能同步沉降产生巨大的摩擦力而相互错动,拉裂了防水层。

质量问题预防

(1)基层转角处应做成圆弧形或钝角。

(2)转角部位应尽量选用强度高、延伸率大、韧性好的无胎油毡或沥青玻璃布油毡。

(3)沥青胶结料的温度应严格按有关要求控制。涂刷厚度应力求均匀一致,各层卷材均要铺贴牢固,并增设卷材附加层。附加层一般可用两层同样的卷材或一层无胎油毡(或沥青玻璃布油毡),按照转角处形状黏结紧密。

(4)改进接槎和保护层。混凝土垫层宽出底板300 mm,满做防水涂料,并用油毡和砂浆防护,待地下室结构完成后,清出接槎涂层,随即做外墙防水层。防水保护层采用20~50 mm聚氯乙烯泡沫塑料板(或再生聚苯板)代替120(或240)mm的砖墙。其做法是用专用胶黏剂把聚氯乙烯泡沫塑料板(聚苯板)粘贴于防水层上,由于它是软保护层,能缓冲并吸收回填土压力对防水层的破坏,且软保护层对防水层的约束应力较小,能使防水层与建筑物实现同步沉降,不损坏防水支。

(5)砖砌防水层的保护墙可改用25 mm厚的松木板。板材要倒棱倒边,承插连接,并经防腐剂处理。其好处是:板材表面光洁平滑,又有一定强度和弹性,即便被回填土冲击,板材能承受挤压,不会损坏防水层。当因填土下沉时,由于板面光滑又浸有油脂,与防水层之间摩擦系数较小,两者之间错动,不致拉裂防水层。

3. 预制衬砌隧道渗漏治理

(1)盾构法隧道接缝渗漏的调查。

1)渗漏水及损害程度资料的调查,应包括设计资料、施工记录、维修资料及隧道环境变化。

2)盾构法隧道渗漏水及损害的现场调查内容及方法宜符合表6-8的规定。

表6-8 盾构法隧道渗漏水及损害的现场调查内容及方法

序号	调查内容		调查方法
1	渗漏水现状	漏泥、钢筋锈蚀	目测及钢筋检测仪
		管片裂缝与破损的形式、尺寸、是否贯通,缝内有无异物,干湿状况	用刻度尺、放大镜等工具目测
		发生渗漏的接缝、裂缝、孔洞及蜂窝麻面的位置、尺寸、渗漏水量	用刻度尺、放大镜等工具目测并按现行国家标准《地下防水工程质量验收规范》(GB 50208—2011)的规定量测渗漏水量
		水质	水质采样分析
2	沉降形变	隧道的沉降量、变形量壁后注浆回填状况	用水平仪、经纬仪检测沉降及位移;用地震波仪、声波仪检测回填注浆状况
3	密封材料现状	材料的种类及老化状况	目测或现场取样分析
4	混凝土质量现状	混凝土病害状况	超声回弹检测混凝土强度;采样检测混凝土中氯离子浓度及碳化深度

3)盾构法隧道内渗漏水及损害状态和位置宜采用表6-9的图例在盾构法隧道管片渗漏水平面上进行标识。

表6-9 盾构法隧道管片渗漏水平面展开图图例

渗漏形式		图 例	渗漏形式	图 例
接缝渗漏	渗水	○ ○ ○ ○ ○	预留注浆孔渗漏	渗水
	滴漏			滴漏
	线漏	↓ ↓ ↓ ↓ ↓		线漏
	漏泥	✳ ✳ ✳ ✳ ✳		渗水
管片缺损及预埋件锈蚀	混凝土缺损		螺孔渗漏	滴漏
	预埋件锈蚀			线漏

4)绘制盾构法隧道管片渗漏水平面展开图时,应将衬砌以 5～10 环为一组逐环展开,再将不同位置、不同渗漏及损害的图例在图上标出。

(2)盾构法隧道接缝渗漏的治理宜根据渗漏部位选用表 6-10 所列的技术措施。

表 6-10　盾构法隧道接缝渗漏治理的技术措施

技术措施	渗漏部位				材　　料
	管片环、纵接缝及螺孔	隧道进出洞口段	隧道与连接通道相交部位	道床以下管片接头	
注浆止水	●	●	●	●	聚氨酯灌浆材料、环氧树脂灌浆材料等
壁后注浆	○	○	○	●	超细水泥灌浆材料、水泥-水玻璃灌浆材料、聚氨酯灌浆材料、丙烯酸盐灌浆材料等
快速封堵	○	×	×	×	速凝型聚合物砂浆或速凝型无机防水堵漏材料
嵌填密封	○	○	○	×	聚硫密封胶、聚氨酯密封胶等合成高分子密封材料

注:●——宜选;○——可选;×——不宜选。

(3)预制衬砌隧道渗漏的治理见表 6-11。

表 6-11　预制衬砌隧道渗漏的治理

项　　目	内　　容
管片环、纵缝渗漏的治理	管片环、纵缝渗漏的治理宜根据渗漏水状况及现场施工条件采取注浆止水或嵌填密封,必要时可进行壁后注浆,并应符合下列规定。 (1)对于有渗漏明水的环、纵缝宜采取注浆止水。注浆止水前,宜先在渗漏部位周围无明水渗出的纵、环缝部位骑缝垂直钻孔至遇水膨胀止水条处或弹性密封垫处,并在孔内形成由聚氨酯灌浆材料或其他密封材料形成浆液阻断点。随后宜在浆液阻断点围成的区域内部,用速凝型聚合物砂浆等骑缝埋设注浆嘴并封堵接缝,并注入可在潮湿环境下固化、固结体有弹性的改性环氧树脂灌浆材料;注浆嘴间距不宜大于 1 000 mm,注浆压力不宜大于 0.6 MPa,治理范围宜以渗漏接缝为中心,前后各 1 环。 (2)对于有明水渗出,但施工现场不具备预先设置浆液阻断点的接缝的渗漏,宜先用速凝型聚合物砂浆骑缝埋置注浆嘴,并封堵渗漏接缝两侧各 3～5 环内管片的环、纵缝。注浆嘴间距不宜小于 1 000 mm,注浆材料宜采用可在潮湿环境下固化,固结体有一定弹性的环氧树脂灌浆材料,注浆压力小宜大于 0.2 MPa。 (3)对于潮湿而无明水的接缝,宜采取嵌填密封处理,并应符合下列规定: 1)对于影响混凝土管片密封防水性能的边、角破损部位,宜先进行修补,修补材料的强度不应小于管片混凝土的强度。 2)拱顶及侧壁宜采取在嵌缝沟槽中依次涂刷基层处理剂、设置背衬材料、嵌填柔性密封材料的治理工艺(图 6-10)。

项　　目	内　　容
管片环、纵缝 渗漏的治理	3)背衬材料性能应符合密封材料固化要求,直径应大于嵌缝沟槽宽度 20%~50%,且不应与密封材料相黏结。 　　4)轨道交通盾构法隧道拱顶环向嵌缝范围宜为隧道竖向轴线顶部两侧各 22.5°,拱底嵌缝范围宜为隧道竖向轴线底部两侧各 43°;变形缝处宜整环嵌缝。特殊功能的隧道可采取整环嵌缝或按设计要求进行。 　　5)嵌缝范围宜以渗漏接缝为中心,沿隧道推进方向前后各不宜小于 2 环。 　　(4)当隧道下沉或偏移量超过设计允许值并发生渗漏时,宜以渗漏部位为中心在其前后各 2 环的范围内进行壁后注浆。壁后注浆完成后,若仍有渗漏可按上述(1)或(2)的规定在接缝间注浆止水,对潮湿而无明水的接缝宜按上述(3)的规定进行嵌填密封处理。壁后注浆宜符合下列规定: 　　1)注浆前应查明待注区域衬砌外回填的现状。 　　2)注浆时应按设计要求布孔,并宜优先使用管片的预留注浆孔进行壁后注浆。注浆孔应设置在邻接块和标准块上;隧道下沉量大时,尚应在底部拱底块上增设注浆孔。 　　3)应根据隧道外部土体的性质选择注浆材料,黏土地层宜采用水泥—水玻璃双液灌浆材料,砂性地层宜采用聚氨酯灌浆材料或丙烯酸盐灌浆材料。 　　4)宜根据浆液性质及回填现状选择合适的注浆压力及单孔注浆量。 　　5)注浆过程中,应采取措施实时监测隧道形变量。 　　(5)速凝型聚合物砂浆,应具有一定的柔韧性、良好的潮湿基层黏结强度,各项性能应符合设计要求
盾构法隧道管片 螺孔渗漏的治理	(1)未安装密封圈或密封圈已失效的螺孔,应重新安装或更换符合设计要求的螺孔密封圈,并应紧固螺栓。螺孔密封圈的性能应符合现行国家标准《地下工程防水技术规范》(GB 50108—2008)的规定。 　　(2)螺孔内渗水时,宜钻斜孔至螺孔注入聚氨酯灌浆材料止水,并宜按(1)的规定密封并紧固螺栓
沉管法隧道管段 渗漏的治理	(1)当沉管法隧道管段的Ω形止水带边缘出现渗漏时,宜重新紧固止水带边缘的螺栓。 　　(2)管法隧道管段的端钢壳与混凝土管段接缝渗漏的治理,宜按规定沿接缝走向从混凝土中钻斜孔至端钢壳,并宜根据渗漏量大小选择注入聚氨酯灌浆材料或可在潮湿环境下固化的环氧树脂灌浆材料
顶管法隧道管 节接缝渗漏的治理	顶管法隧道管节接缝渗漏的治理,宜沿接缝走向按《地下工程渗漏治理技术规程》(JGJ/T 212—2010)的规定,采用钻孔灌注聚氨酯灌浆材料或水泥基灌浆材料止水,并宜全断面嵌填高模量合成高分子密封材料。施工条件允许时,宜安装内置式密封止水带

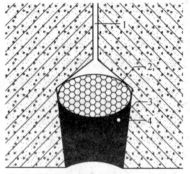

图 6-10　拱顶管片环(纵)缝嵌缝

1—环(纵)缝;2—背衬材料;3—柔性密封材料;4—界面处理剂

（4）预制衬砌隧道渗漏治理的施工要求见表6-12。

表 6-12　预制衬砌隧道渗漏治理的施工要求

项　　目	内　　容
管片环、纵接缝渗漏的注浆止水、嵌填密封及壁后注浆的施工	（1）钻孔注浆止水的施工应符合下列规定： 1）钻孔注浆设置浆液阻断点时，应使用带定位装置的钻孔设备，钻孔直径宜小，并宜钻双孔注浆形成宽度不宜小于100 mm的阻断点； 2）注浆嘴应垂直于接缝中心并埋设牢固，在用速凝型聚合物砂浆封闭接缝前，应清除接缝中已失效的嵌缝材料及杂物等； 3）注浆宜按照从拱底到拱顶、从渗漏水接缝向两侧的顺序进行，当观察到邻近注浆嘴出浆时，可终止从该注浆嘴注浆并封闭注浆嘴，并宜从下一注浆嘴开始注浆； 4）注浆结束后，应按要求拆除注浆嘴并封孔。 （2）嵌填密封施工应符合下列规定： 1）嵌缝作业应在无明水条件下进行； 2）嵌缝作业前应清理待嵌缝沟槽，做到缝内两侧基层坚实、平整、干净，并应涂刷与密封材料相容的基层处理剂； 3）背衬材料应铺设到位，预留深度符合设计要求，不得有遗漏； 4）密封材料宜采用机械工具嵌填，并应做到连续、均匀、密实、饱满，与基层黏结牢固； 5）速凝型聚合物砂浆应按要求进行养护。 （3）壁后注浆施工应符合下列规定： 1）注浆宜按确定孔位、通（开）孔、安装注浆嘴、配浆、注浆、拔管、封孔的顺序进行； 2）注浆嘴应配备防喷装置； 3）宜按照从上部邻接块向下部标准块的方向进行注浆； 4）注浆过程中应按设计要求控制注浆压力和单孔注浆量； 5）注浆结束后，应按设计要求做好注浆孔的封闭
管片螺孔渗漏的嵌填密封及注浆止水施工	（1）重新安装螺孔密封圈时，密封圈应定位准确，并应能够被正确挤入密封沟槽内。 （2）从手孔钻孔至螺孔时，定位应准确，并应采用直径较小的钻杆成孔
沉管法隧道管段的端钢壳与混凝土管段接缝渗漏的施工	沉管法隧道管段的端钢壳与混凝土管段接缝渗漏的施工应符合表6-7中"裂缝的止水及刚性防水层的施工"的规定
顶管法隧道管节接缝渗漏质量的施工	顶管法隧道管节接缝渗漏的注浆止水工艺应符合《地下工程渗漏治理技术规程》（JGJ/T 212—2010）的规定。全断面嵌填高模量密封材料时，应先涂布基层处理剂，并设置背衬材料，然后嵌填密封材料。内置式密封止水带的安装应符合《地下工程渗漏治理技术规程》（JGJ/T 212—2010）的规定

4. 实心砌体结构渗漏治理

（1）实心砌体结构地下工程渗漏治理宜根据渗漏部位、渗漏现象选用表6-13中所列的技术措施。

表 6-13　实心砌体结构地下工程渗漏治理的技术措施

技术措施	渗漏部位、渗漏现象			材　料
	裂缝、砌块灰缝	大面积渗漏	管道根部	
注浆止水	○	×	●	丙烯酸盐灌浆材料、水泥基灌浆材料、聚氨酯灌浆材料、环氧树脂灌浆材料等
快速封堵	●	●	●	速凝型无机防水堵漏材料
设置刚性防水层	●	●	○	聚合物水泥防水砂浆、渗透型环氧树脂类防水涂料等
设置柔性防水层	×	×	○	Ⅱ型或Ⅲ型聚合物水泥防水涂料

注：●——宜选；○——可选；×——不宜选。

(2)实心砌体结构渗漏的治理见表 6-14。

表 6-14　实心砌体结构渗漏的治理

项　目	内　容
裂缝或砌块灰缝渗漏的治理	裂缝或砌块灰缝渗漏宜采取注浆止水或快速封堵、设置刚性防水层等治理措施，并宜符合下列规定。 (1)当渗漏量大时，宜采取埋管(嘴)注浆止水，并宜符合下列规定： 1)注浆管(嘴)宜选用金属管或硬质塑料管，并宜配置阀门； 2)注浆管(嘴)宜沿裂缝或砌块灰缝走向布置，间距不宜小于 500 mm；埋设注浆管(嘴)前宜在选定位置开凿深度为 30～40 mm、宽度不大于 30 mm 的 U 形凹槽，注浆嘴应垂直对准凹槽中心部位裂缝并用速凝型无机防水堵漏材料埋置牢固，注浆前阀门宜保持开启状态； 3)裂缝表面宜采用速凝型无机防水堵漏材料封闭，封缝的宽度不宜小于 50 mm； 4)宜选用丙烯酸盐、水溶性聚氨酯等黏度较小的灌浆材料，注浆压力不宜大于0.3 MPa。 (2)当渗漏量小时，可按(1)规定注浆止水，也可采用快速封堵止水。当采取快速封堵时，宜沿裂缝或接缝走向切割出深度 20～30 mm、宽度不大于 30 mm 的 U 形凹槽，然后分段在凹槽中埋设引水管并嵌填速凝型无机防水堵漏材料止水，最后封闭引水孔，并宜用聚合物水泥防水砂浆找平。 (3)设置刚性防水层时，宜沿裂缝或接缝走向在两侧各 200 mm 范围内的基层表面多遍涂布渗透型环氧树脂类防水涂料或抹压聚合物水泥防水砂浆。对于裂缝分布较密的基层，应大面积设置刚性防水层
实心砌体结构地下工程墙体大面积渗漏的治理	实心砌体结构地下工程墙体大面积渗漏的治理，宜先在有明水渗出的部位埋管引水卸压，再在砌体结构表面大面积抹压厚度不小于 5 mm 的速凝型无机防水堵漏材料止水。经检查无渗漏后，宜涂刷渗透型环氧树脂类防水涂料或抹压聚合物水泥防水砂浆，最后再宜用速凝型无机防水堵漏材料封闭引水孔。当基层表面无渗

续上表

项　目	内　容
实心砌体结构地下工程墙体大面积渗漏的治理	漏明水时,宜直接大面积多遍涂刷渗透型环氧树脂类防水涂料,并官单层抹压聚合物水泥防水砂浆
砌体结构地下工程管道根部渗漏的治理	砌体结构地下工程管道根部渗漏的治理宜先止水、再设置刚性防水层,必要时设置柔性防水层,并宜《地下工程渗漏治理技术规程》(JGJ/T 212—2010)的规定
墙体返潮、析盐的治理	当砌体结构地下工程发生因毛细作用导致的墙体返潮、析盐等病害时,宜在墙体下部用聚合物水泥防水砂浆设置防潮层,防潮层的厚度不宜小于 10 mm

(3)实心砌体结构渗漏治理的施工要求见表 6-15。

表 6-15　实心砌体结构渗漏的治理要求

项　目	内　容
砌体结构裂缝或砌块接缝渗漏的止水及刚性防水层的设置	(1)埋管(嘴)注浆止水除宜符合《地下工程渗漏治理技术规程》(JGJ/T 212—2010)的规定外,尚应符合下列规定: 1)宜按照从下往上、由里向外的顺序进行注浆; 2)当观察到浆液从相邻注浆嘴中流出时,应停止从该注浆孔注浆并关闭阀门,并从相邻注浆嘴开始注浆; 3)注浆全部结束、待孔内灌浆材料固化,经检查无明水后,应按要求处理注浆嘴、封孔并清理基层。 (2)使用速凝型无机防水堵漏材料快速封堵裂缝或砌体灰缝渗漏的施工宜符合表 6-7 中的规定。 (3)刚性防水层的施工应符合材料要求及《地下工程渗漏治理技术规程》(JGJ/T 212—2010)的规定
实心砌体结构地下工程墙体大面积渗漏治理施工	(1)在砌体结构表面抹压速凝型无机防水堵漏材料止水前,应清理基层,做到坚实、干净,再抹压速凝型无机防水堵漏材料止水。 (2)渗透型环氧树脂类防水涂料及聚合物水泥防水砂浆的施工应符合表 6-7 中"大面积渗漏治理施工"的规定
防潮层的设置	用聚合物水泥防水砂浆设置防潮层时,防潮层应抹压平整
管道根部渗漏治理的施工	管道根部渗漏治理的施工应符合表 6-7 中"凸出基层管道根部渗漏治理的施工"的规定

第二节　屋面渗漏修缮工程施工

一、施工质量验收标准

屋面渗漏修缮工程施工质量验收标准见表 6-16。

表 6-16　屋面渗漏修缮工程施工质量验收标准

项　目	内　容
一般规定	(1)房屋渗漏修缮施工完成后,应对修缮工程质量进行验收。 (2)房屋渗漏修缮工程质量检验应符合下列规定: 1)整体翻修时应按修缮面积每 100 m² 抽查一处,每处 10 m²,且不得少于 3 处。零星维修时可抽查维修工程量的 20%～30%。 2)细部构造部位应全部进行检查。 (3)对于屋面和楼地面的修缮检验,应在雨后或持续淋水 2 h 后进行。有条件进行蓄水检验的部位,应蓄水 24 h 后检查,且蓄水最浅处不得少于 20 mm。 (4)房屋渗漏修缮工程质量验收文件和记录应符合表 6-17 的要求
主控项目	(1)选用材料的质量应符合设计要求,且与原防水层相容。 检验方法:检查出厂合格证和质量检验报告等。 (2)防水层修缮完成后不得有积水和渗漏现象,有排水要求的,修缮完成后排水应顺畅。 检验方法:雨后或蓄(淋)水检查。 (3)天沟、檐沟、泛水、水落口和变形缝等防水层构造、保温层构造应符合设计要求。 检验方法:观察检查和检查隐蔽工程验收记录
一般项目	(1)卷材铺贴方向和搭接宽度应符合设计要求,卷材搭接缝应粘(焊)结牢固,封闭严密,不得有皱折、翘边和空鼓现象。卷材收头应采取固定措施并封严。 检验方法:观察检查。 (2)涂膜防水层的平均厚度应符合设计要求,最小厚度不应小于设计厚度的 80%。 检验方法:针刺法或取样量测。 (3)嵌缝密封材料应与基层黏结牢固,表面应光滑,不得有气泡、开裂和脱落、鼓泡现象。 检验方法:观察检查。 (4)瓦件的规格、品种、质量应符合原设计要求,应与原有瓦件规格、色泽接近,外形应整齐,无裂缝、缺棱掉角等残次缺陷。铺瓦应与原有部分相接吻合。 检验方法:观察检查。 (5)抹压防水砂浆应密实,各层间结合应牢固、无空鼓。表面应平整,不得有酥松、起砂、起皮现象。 检验方法:观察检查。 (6)上人屋面或其他使用功能的面层,修缮后应按照修缮方案要求恢复使用功能。 检验方法:观察检查

表 6-17　房屋渗漏修缮工程质量验收文件和记录

序号	资料项目	资料内容
1	修缮方案	渗漏查勘与诊断报告、渗漏修缮方案、防水材料性能、防水层相关构造的恢复设计、设计方案及工程洽商资料
2	材料质量	质量证明文件：出厂合格证、质量检验报告、复验报告
3	中间检查记录	隐蔽工程验收记录、施工检验记录、淋水或蓄水检验记录
4	工程检验记录	质量检验及观察检查记录

二、标准的施工方法

1. 一般规定

(1)屋面渗漏修缮工程适用于卷材防水屋面、涂膜防水屋面、瓦屋面和刚性防水屋面渗漏修缮工程。

(2)屋面渗漏宜从迎水面进行修缮。

(3)屋面渗漏修缮工程基层处理宜符合下列规定：

1)基层酥松、起砂、起皮等应清除，表面应坚实、平整、干净、干燥，排水坡度应符合设计要求；

2)基层与突出屋面的交接处，以及基层的转角处，宜做成圆弧；

3)内部排水的水落口周围应做成略低的凹坑；

4)刚性防水屋面的分格缝应修整、清理干净。

(4)屋面渗漏局部维修时，应采取分隔措施，并宜在背水面设置导排水设施。

(5)屋面渗漏修缮过程中，不得随意增加屋面荷载或改变原屋面的使用功能。

(6)屋面渗漏修缮施工应符合下列规定：

1)应按修缮方案和施工工艺进行施工；

2)防水层施工时，应先做好节点附加层的处理；

3)防水层的收头应采取密封加强措施；

4)每道工序完工后，应经验收合格后再进行下道工序施工；

5)施工过程中应做好完好防水层等保护工作。

(7)雨期修缮施工应做好防雨遮盖和排水措施，冬期施工应采取防冻保温措施。

2. 查勘

屋面渗漏修缮工程查勘的内容见表 6-18。

表 6-18　屋面渗漏修缮工程查勘的内容

项　目	内　容
屋面渗漏修缮查勘	屋面渗漏修缮查勘应全面检查屋面防水层大面及细部构造出现的弊病及渗漏现象，并应对排水系统及细部构造重点检查
卷材、涂膜防水屋面渗漏修缮查勘	卷材、涂膜防水屋面渗漏修缮查勘应包括下列内容： (1)防水层的裂缝、翘边、空鼓、龟裂、流淌、剥落、腐烂、积水等状况； (2)天沟、檐沟、檐口、泛水、女儿墙、立墙、伸出屋面管道、阴阳角、水落口、变形缝等部位的状况

项　目	内　容
瓦屋面渗漏修缮查勘	瓦屋面渗漏修缮查勘应包括下列内容： (1)瓦件裂纹、缺角、破碎、风化、老化、锈蚀、变形等状况； (2)瓦件的搭接宽度、搭接顺序、接缝密封性、平整度、牢固程度等； (3)屋脊、泛水、上人孔、老虎窗、天窗等部位的状况； (4)防水基层开裂、损坏等状况
刚性屋面渗漏 修缮查勘	刚性屋面渗漏修缮查勘应包括下列内容： (1)刚性防水层开裂、起砂、酥松、起壳等状况； (2)分格缝内密封材料剥离、老化等状况； (3)排气管、女儿墙等部位防水层及密封材料的破损程度

3.屋面渗漏修缮工程修缮方案

(1)选材及修缮要求。

1)屋面渗漏修缮工程应根据房屋重要程度、防水设计等级、使用要求，结合查勘结果，找准渗漏部位，综合分析渗漏原因，编制修缮方案。

2)屋面渗漏修缮选用的防水材料应依据屋面防水设防要求、建筑结构特点、渗漏部位及施工条件选定，并应符合下列规定：

①防水层外露的屋面应选用耐紫外线、耐老化、耐腐蚀、耐酸雨性能优良的防水材料；外露屋面沥青卷材防水层宜选用上表面覆有矿物粒料保护的防水卷材。

②上人屋面应选用耐水、耐霉菌性能优良的材料；种植屋面宜选用耐根穿刺的防水卷材。

③薄壳、装配式结构、钢结构等大跨度变形较大的建筑屋面应选用延伸性好、适应变形能力优良的防水材料。

④屋面接缝密封防水，应选用黏结力强，延伸率大、耐久性好的密封材料。

3)屋面工程渗漏修缮中多种材料复合使用时，应符合下列规定：

①耐老化、耐穿刺的防水层宜设置在最上面，不同材料之间应具有相容性。

②合成高分子类卷材或涂膜的上部不得采用热熔型卷材。

4)瓦屋面选材应符合下列规定：

①瓦件及配套材料的产品规格宜统一。

②平瓦及其脊瓦应边缘整齐，表面光洁，不得有剥离、裂纹等缺陷，平瓦的瓦爪与瓦槽的尺寸应准确。

③沥青瓦应边缘整齐，切槽清晰，厚薄均匀，表面无孔洞、楞伤、裂纹、折皱和起泡等缺陷。

5)柔性防水层破损及裂缝的修缮宜采用与其类型、品种相同或相容性好的卷材、涂料及密封材料。

6)涂膜防水层开裂的部位，宜涂布带有胎体增强材料的防水涂料。

7)刚性防水层的修缮可采用沥青类卷材、涂料、防水砂浆等材料，其分格缝应采用密封材料。

8)瓦屋面修缮时，更换的瓦件应采取固定加强措施，多雨地区的坡屋面檐口修缮宜更换制品型檐沟及水落管。

9)混凝土微细结构裂缝的修缮宜根据其宽度、深度、漏水状况，采用低压化学灌浆。

10)重新铺设的卷材防水层应符合国家现行有关标准的规定，新旧防水层搭接宽度不应小于 100 mm。翻修时，铺设卷材的搭接宽度应按现行国家标准《屋面工程技术规范》(GB 50345—2012)的规定执行。

11)粘贴防水卷材应使用与卷材相容的胶粘材料,其黏结性能应符合表 6-19 的规定。

表 6-19　防水卷材黏结性能

项　目		自粘聚合物沥青防水卷材粘合面		三元乙丙橡胶和聚氯乙烯防水卷材胶黏剂	丁基橡胶自粘胶带
		PY 类	N 类		
剪切状态下的粘合性(卷材-卷材)	标准试验条件(N/mm)	≥4 或卷材断裂	≥2 或卷材断裂	≥2 或卷材断裂	≥2 或卷材断裂
黏结剥离强度(卷材-卷材)	标准试验条件(N/mm)	≥1.5 或卷材断裂		≥1.5 或卷材断裂	≥0.4 或卷材断裂
	浸水 168 h 后保持率(%)	≥70		≥70	≥80
与混凝土黏结强度(卷材-混凝土)	标准试验条件(N/mm)	≥1.5 或卷材断裂		≥1.5 或卷材断裂	≥0.6 或卷材断裂

12)采用涂膜防水修缮时,涂膜防水层应符合国家现行有关标准的规定,新旧涂膜防水层搭接宽度不应小于 100 mm。

13)保温隔热层浸水渗漏修缮,应根据其面积的大小,进行局部或全部翻修。保温层浸水不易排除时,宜增设排水措施;保温层潮湿时,宜增设排汽措施,再做防水层。

14)屋面发生大面积渗漏,防水层丧失防水功能时,应进行翻修,并按现行国家标准《屋面工程技术规范》(GB 50345—2012)的规定重新设计。

(2)卷材防水屋面的修缮要求见表 6-20。

表 6-20　卷材防水屋面的修缮要求

项　目	内　容
天沟、檐沟卷材开裂渗漏修缮	(1)当渗漏点较少或分布零散时,应拆除开裂破损处已失效的防水材料,重新进行防水处理,修缮后应与原防水层衔接形成整体,且不得积水(图 6-11)。 (2)渗漏严重的部位翻修时,宜先将已起鼓、破损的原防水层铲除、清理干净,并修补基层,再铺设卷材或涂布防水涂料附加层,然后重新铺设防水层,卷材收头部位应固定、密封
泛水处卷材开裂、张口、脱落的维修	(1)女儿墙、立墙等高出屋面结构与屋面基层的连接处卷材开裂时,应先将裂缝清理干净,再重新铺设卷材或涂布防水涂料,新旧防水层应形成整体(图 6-12)。卷材收头可压入凹槽内固定密封,凹槽距屋面找平层高度不应小于 250 mm,上部墙体应做防水处理。 (2)女儿墙泛水处收头卷材张口、脱落不严重时,应先清除原有胶粘材料及密封材料,再重新满粘卷材。上部应覆盖一层卷材,并应将卷材收头铺至女儿墙压顶下,同时应用压条钉压固定并用密封材料封闭严密,压顶应做防水处理(图 6-13)。张口、脱落严重时应割除并重新铺设卷材

项　　目	内　　容
泛水处卷材开裂、张口、脱落的维修	（3）混凝土墙体泛水处收头卷材张口、脱落时,应先清除原有胶粘材料、密封材料、水泥砂浆层至结构层,再涂刷基层处理剂,然后重新满粘卷材。卷材收头端部应裁齐,并应用金属压条钉压固定,最大钉距不应大于 300 mm,并应用密封材料封严。上部应采用金属板材覆盖,并应钉压固定、用密封材料封严(图 6-14)
女儿墙、立墙和女儿墙压顶开裂、剥落的维修	（1）压顶砂浆局部开裂、剥落时,应先剔除局部砂浆后,再铺抹聚合物水泥防水砂浆或浇筑 C20 细石混凝土。 （2）压顶开裂、剥落严重时,应先凿除酥松砂浆,再修补基层,然后在顶部加扣金属盖板,金属盖板应做防锈蚀处理
变形缝渗漏的维修	（1）屋面水平变形缝渗漏维修时,应先清除缝内原卷材防水层、胶结材料及密封材料,且基层应保持干净、干燥,再涂刷基层处理剂、缝内填充衬垫材料,并用卷材封盖严密,然后在顶部加扣混凝土盖板或金属盖板,金属盖板应做防腐蚀处理(图 6-15)。 （2）高低跨变形缝渗漏时,应按上述(1)进行清理及卷材铺设,卷材应在立墙收头处用金属压条钉压固定和密封处理,上部再用金属板或合成高分子卷材覆盖,其收头部位应固定密封(图 6-16)。 （3）变形缝挡墙根部渗漏应按"泛水处卷材开裂、张口、脱落的维修"中(1)的规定进行处理
水落口防水构造渗漏维修	（1）横式水落口卷材收头处张口、脱落导致渗漏时,应拆除原防水层,清理干净,嵌填密封材料,新铺卷材或涂膜附加层,再铺设防水层(图 6-17)。 （2）直式水落口与基层接触处出现渗漏时,应清除周边已破损的防水层和凹槽内原密封材料,基层处理后重新嵌填密封材料,面层涂布防水涂料,厚度不应小于 2 mm(图 6-18)
伸出屋面的管道根部渗漏	伸出屋面的管道根部渗漏时,应先将管道周围的卷材、胶粘材料及密封材料清除干净至结构层,再在管道根部重做水泥砂浆圆台,上部增设防水附加层,面层用卷材覆盖,其搭接宽度不应小于 200 mm,并应黏结牢固,封闭严密。卷材防水层收头高度不应小于 250 mm,并应先用金属箍箍紧,再用密封材料封严(图 6-19)
卷材防水层裂缝的维修	（1）采用卷材维修有规则裂缝时,应先将基层清理干净,再沿裂缝单边点粘宽度不小于 100 mm 卷材隔离层,然后在原防水层上铺设宽度不小于 300 mm 卷材覆盖层,覆盖层与原防水层的黏结宽度不应小于 100 mm。 （2）采用防水涂料维修有规则裂缝时,应先沿裂缝清理面层浮灰、杂物,再沿裂缝铺设隔离层,其宽度不应小于 100 mm,然后在面层涂布带有胎体增强材料的防水涂料,收头处密封严密。 （3）对于无规则裂缝,宜沿裂缝铺设宽度不小于 300 mm 卷材或涂布带有胎体增强材料的防水涂料。维修前,应沿裂缝清理面层浮灰、杂物。防水层应满粘满涂,新旧防水层应搭接严密。 （4）对于分格缝或变形缝部位的卷材裂缝,应清除缝内失效的密封材料,重新铺设衬垫材料和嵌填密封材料。密封材料应饱满、密实,施工中不得裹入空气
卷材接缝开口、翘边的维修	卷材接缝开口、翘边的维修应符合下列要求: （1）应清理原黏结面的胶粘材料、密封材料、尘土,并应保持黏结面干净、干燥; （2）应依据设计要求或施工方案,采用热熔或胶粘方法将卷材接缝粘牢,并应沿接缝覆盖一层宽度不小于 200 mm 的卷材密封严密; （3）接缝开口处老化严重的卷材应割除,并应重新铺设卷材防水层,接缝处应用密封材料密封严密、黏结牢固

续上表

项　目	内　容
卷材防水层起鼓维修	卷材防水层起鼓维修时,应先将卷材防水层鼓泡用刀割除,并清除原胶粘材料,基层应干净、干燥,再重新铺设防水卷材,防水卷材的接缝处应黏结牢固、密封严密
卷材防水层局部龟裂、发脆、腐烂等的维修	卷材防水层局部龟裂、发脆、腐烂等的维修应符合下列规定: (1)宜铲除已破损的防水层,并将基层清理干净、修补平整; (2)采用卷材维修时,应按照修缮方案要求,重新铺设卷材防水层,其搭接缝应黏结牢固、密封严密; (3)采用涂料维修时,应按照修缮方案要求,重新涂布防水层,收头处应多遍涂刷并密封严密
卷材防水层大面积渗漏的维修	卷材防水层大面积渗漏丧失防水功能时,可全部铲除或保留原防水层进行翻修,并应符合下列规定: (1)防水层大面积老化、破损时,应全部铲除,并应修整找平层及保温层。铺设卷材防水层时,应先做附加层增强处理,并应符合现行国家标准《屋面工程技术规范》(GB 50345—2012)的规定,再重新施工防水层及其保护层; (2)防水层大面积老化、局部破损时,在屋面荷载允许的条件下,宜保留原防水层的基础上,增做面层防水层。防水卷材破损部分应铲除,面层应清理干净,必要时应用水冲刷干净。局部修补、增强处理后,应铺设面层防水层,卷材铺设应符合现行国家标准《屋面工程技术规范》(GB 50345—2012)的规定

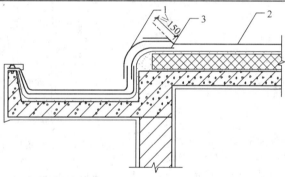

图 6-11　天沟、檐沟与屋面交接处渗漏维修(单位:mm)

1—新铺卷材或涂膜防水层;2—原防水层;3—新铺附加层

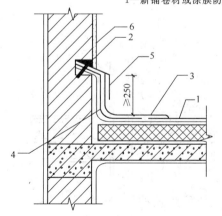

图 6-12　女儿墙、立墙与屋面基层连接处
开裂维修(单位:mm)

1—原防水层;2—密封材料;3—新铺卷材或涂膜防水层;
4—新铺附加层;5—压盖原防水卷材;6—防水处理

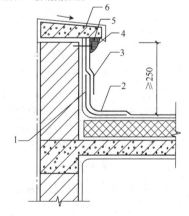

图 6-13　砖墙泛水收头卷材张口、脱落
渗漏维修(单位:mm)

1—原防水层;2——原卷材防水层;3—增铺一层卷材防水层;
4—密封材料;5—金属压条钉压固定;6—防水处理

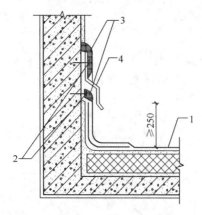

图 6-14　混凝土墙体泛水处收头卷材张口、
脱落渗漏维修(单位:mm)

1—原卷材防水层;2—金属压条钉压固定;3—密封材料;
4—增铺金属板材或高分子卷材

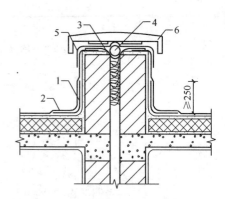

图 6-15　水平变形缝渗漏维修
(单位:mm)

1—原附加层;2—原卷材防水层;3—新铺卷材;
4—新嵌衬垫材料;5—新铺卷材封盖;6—新铺金属盖板

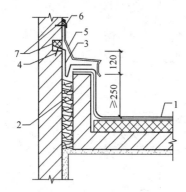

图 6-16　高低跨变形缝渗漏维修(单位:mm)

1—原卷材防水层;2—新铺泡沫塑料;3—新铺卷材封盖;
4—水泥钉;5—新铺金属板材或合成高分子卷材;
6—金属压条钉压固定;7—新嵌密封材料

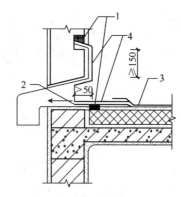

图 6-17　横式水落口与基层接触处渗漏维修
(单位:mm)

1—新嵌密封材料;2—新铺附加层;3—原防水层;
4—新铺卷材或涂膜防水层

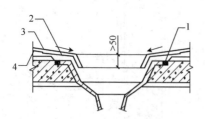

图 6-18　直式水落口与基层接触处渗漏维修
(单位:mm)

1—新嵌密封材料;2—新铺附加层;
3—新涂膜防水层;4—原防水层

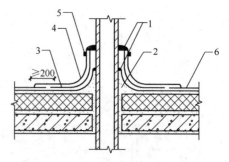

图 6-19　伸出屋面管道根部渗漏维修
(单位:mm)

1—新嵌密封材料;2—新做防水砂浆圆台;3—新铺附加层;
4—新铺面层卷材;5—金属箍;6—原防水层

(4)涂膜防水屋面的修缮要求见表 6-21。

表 6-21　涂膜防水屋面的修缮要求

项　　　目	内　　　容
涂膜防水屋面泛水部位渗漏维修	(1)涂膜防水屋面泛水部位渗漏维修时,应清理泛水部位的涂膜防水层,且面层应干燥、干净。 (2)泛水部位应先增设涂膜防水附加层,再涂布防水涂料,涂膜防水层有效泛水高度不应小于 250 mm
天沟水落口的维修	天沟水落口维修时,应清理防水层及基层,天沟应无积水且干燥,水落口杯应与基层锚固。施工时,应先做水落口的密封防水处理及增强附加层,其直径应比水落口大 200 mm,再在面层涂布防水涂料
涂膜防水层裂缝的维修	(1)对于有规则裂缝维修,应先清除裂缝部位的防水涂膜,并将基层清理干净,再沿缝干铺或单边点粘空铺隔离层,然后在面层涂布涂膜防水层,新旧防水层搭接应严密(图 6-20)。 (2)对于无规则裂缝维修,应先铲除损坏的涂膜防水层,并清除裂缝周围浮灰及杂物,再沿裂缝涂布涂膜防水层,新旧防水层搭接应严密
涂膜防水层起鼓、老化、腐烂等的维修	涂膜防水层起鼓、老化、腐烂等维修时,应先铲除已破损的防水层并修整或重做找平层,找平层应抹平压光,再涂刷基层处理剂,然后涂布涂膜防水层,且其边缘应多遍涂刷涂膜
涂膜防水层翻修	涂膜防水层翻修时,应符合下列要求: (1)保留原防水层时,应将起鼓、腐烂、开裂及老化部位涂膜防水层清除。局部维修后,面层应涂布涂膜防水层,且涂布应符合现行国家标准《屋面工程技术规范》(GB 50345—2012)的规定; (2)全部铲除原防水层时,应修整或重做找平层,水泥砂浆找平层应顺坡抹平压光,面层应牢固。面层应涂布涂膜防水层,且涂布应符合现行国家标准《屋面工程技术规范》(GB 50345—2012)的规定

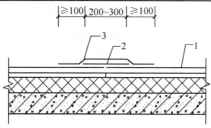

图 6-20　涂膜防水层裂缝维修(单位:mm)

1—原涂膜防水层;2—新铺隔离层;
3—新涂布有胎体增强材料的涂膜防水层

(5)瓦屋面的修缮要求见表 6-22。

表 6-22　瓦屋面的修缮要求

项　　　目	内　　　容
屋面瓦与山墙交接部位渗漏的维修	屋面瓦与山墙交接部位渗漏时,应按女儿墙泛水渗漏的修缮方法进行维修

项　　目	内　　容
瓦屋面天沟、檐沟渗漏维修	(1)混凝土结构的天沟、檐沟渗漏水的修缮应符合表 6-19 中"天沟、檐沟卷材开裂渗漏修缮"的规定。 (2)预制的天沟、檐沟应根据损坏程度决定局部维修或整体更换
水泥瓦、黏土瓦和陶瓦屋面渗漏维修	水泥瓦、黏土瓦和陶瓦屋面渗漏维修应符合下列规定： (1)少量瓦件产生裂纹、缺角、破碎、风化时，应拆除破损的瓦件，并选用同一规格的瓦件予以更换； (2)瓦件松动时，应拆除松动瓦件，重新铺挂瓦件； (3)块瓦大面积破损时，应清除全部瓦件，整体翻修
沥青瓦屋面渗漏维修	(1)沥青瓦局部老化、破裂、缺损时，应更换同一规格的沥青瓦。 (2)沥青瓦大面积老化时，应全部拆除沥青瓦，并按现行国家标准《屋面工程技术规范》(GB 5034—2012)的规定重新铺设防水垫层及沥青瓦

(6)刚性防水屋面的修缮要求见表 6-23。

表 6-23　刚性防水屋面的修缮要求

项　　目	内　　容
刚性防水层泛水部位渗漏的维修	(1)泛水渗漏的维修应在泛水处用密封材料嵌缝，并应铺设卷材或涂布涂膜附加层。 (2)当泛水处采用卷材防水层时，卷材收头应用金属压条钉压固定，并用密封材料封闭严密(图 6-21)
分格缝渗漏维修	(1)采用密封材料嵌缝时，缝槽底部应先设置背衬材料，密封材料覆盖宽度应超出分格缝每边 50 mm 以上(图 6-22)。 (2)采用铺设卷材或涂布有胎体增强材料的涂膜防水层维修时，应清除高出分格缝的密封材料。面层铺设卷材或涂布有胎体增强材料的涂膜防水层应与板面贴牢封严。铺设防水卷材时，分格缝部位的防水卷材宜空铺，卷材两边应满粘，且与基层的有效搭接宽度不应小于 100 mm(图 6-23)
局部渗漏的维修	刚性防水层表面因混凝土风化、起砂、酥松、起壳、裂缝等原因而导致局部渗漏时，应先将损坏部位清除干净，再浇水湿润后，然后用聚合物水泥防水砂浆分层抹压密实、平整
刚性混凝土防水层裂缝的维修	刚性混凝土防水层裂缝维修时，宜针对不同部位的裂缝变异状况，采取相应的维修措施，并应符合下列规定。 (1)有规则裂缝采用防水涂料维修时，宜选用高聚物改性沥青防水涂料或合成高分子防水涂料，并应符合下列规定： 1)应在基层补强处理后，沿缝设置宽度不小于 100 mm 的隔离层，再在面层涂布带有胎体增强材料的防水涂料，且宽度不应小于 300 mm； 2)采用高聚物改性沥青防水涂料时，防水层厚度不应小于 3 mm，采用合成高分子防水涂料时，防水层厚度不应小于 2 mm； 3)涂膜防水层与裂缝两侧混凝土黏结宽度不应小于 100 mm。

续上表

项　目	内　容
刚性混凝土防水层裂缝的维修	（2）有规则裂缝采用防水卷材维修时，应在基层补强处理后，先沿裂缝空铺隔离层，其宽度不应小于 100 mm，再铺设卷材防水层，宽度不应小于 300 mm，卷材防水层与裂缝两侧混凝土防水层的黏结宽度不应小于 100 mm，卷材与混凝土之间应粘贴牢固、收头密封严密。 （3）有规则裂缝采用密封材料嵌缝维修时，应沿裂缝剔凿出 15 mm×15 mm 的凹槽，基层清理后，槽壁涂刷与密封材料配套的基层处理剂，槽底填放背衬材料，并在凹槽内嵌填密封材料，密封材料应嵌填密实、饱满，防止裹入空气，缝壁粘牢封严。 （4）宽裂缝维修时，应先沿缝嵌填聚合物水泥防水砂浆或掺防水剂的水泥砂浆，再按的规定进行维修（图 6-24）
刚性防水屋面大面积渗漏的翻修	刚性防水屋面大面积渗漏进行翻修时，宜优先采用柔性防水层，且防水层施工应符合现行国家标准《屋面工程技术规范》（GB 50345—2012）的规定。翻修前，应先清除原防水层表面损坏部分，再对渗漏的节点及其他部位进行维修

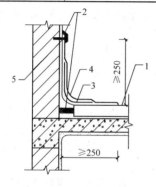

图 6-21　泛水部位的渗漏维修（单位：mm）

1—原刚性防水层；2—新嵌密封材料；3—新铺附加层；
4—新铺防水层；5—金属条钉压

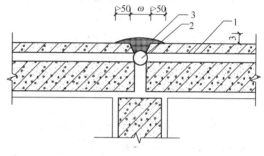

图 6-22　分格缝采用密封材料嵌缝维修（单位：mm）

1—原刚性防水层；2—新铺背衬材料；
3—新嵌密封材料；4—分格缝上口宽度

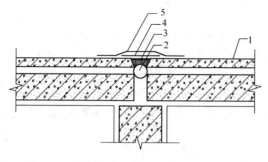

图 6-23　分格缝采用卷材或涂膜防水层维修
（单位：mm）

1—原刚性防水层；2—新铺背衬材料；3—新嵌密封材料；
4—隔离层；5—新铺卷材或涂膜防水层

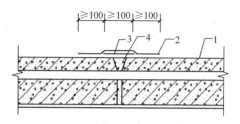

图 6-24　刚性混凝土防水层宽裂缝渗漏维修
（单位：mm）

1—原刚性防水层；2—新铺卷材或有胎体增强的涂膜防水层；
3—新铺隔离层；4—嵌填聚合物水泥砂浆

4.屋面渗漏工程修缮的施工

屋面渗漏工程修缮的施工要求见表 6-24。

表 6-24　屋面渗漏工程修缮的施工要求

项　　目	内　　容
屋面渗漏修缮基层处理	屋面渗漏修缮基层处理应满足材料及施工工艺的要求,并应符合《房屋渗漏修缮技术规程》(JGJ/T 53—2011)的相关规定
基层处理剂的要求	采用基层处理剂时,其配制与施工应符合下列规定: (1)基层处理剂可采取喷涂法或涂刷法施工; (2)喷、涂基层处理剂前,应用毛刷对屋面节点、周边、转角等部分进行涂刷; (3)基层处理剂配比应准确,搅拌充分,喷、涂应均匀一致,覆盖完全,待其干燥后应及时施工防水层
屋面防水卷材渗漏采用卷材修缮的施工	(1)铺设卷材的基层处理应符合修缮方案的要求,其干燥程度应根据卷材的品种与施工要求确定。 (2)在防水层破损或细部构造及阴阳角、转角部位,应铺设卷材加强层。 (3)卷材铺设宜采用满粘法施工。 (4)卷材搭接缝部位应黏结牢固、封闭严密;铺设完成的卷材防水层应平整,搭接尺寸应符合设计要求。 (5)卷材防水层应先沿裂缝单边点粘或空铺一层宽度不小于 100 mm 的卷材,或采取其他能增大防水层适应变形的措施,然后再大面积铺设卷材
屋面水落口、天沟、檐沟、檐口及立面卷材收头等渗漏修缮的施工	(1)重新安装的水落口应牢固固定在承重结构上;当采用金属制品时应做防锈处理; (2)天沟、檐沟重新铺设的卷材应从沟底开始,当沟底过宽、卷材需纵向搭接时,搭接缝应用密封材料封口; (3)混凝土立面的卷材收头应裁齐后压入凹槽,并用压条或带垫片钉子固定,最大钉距不应大于 300 mm,凹槽内用密封材料嵌填封严; (4)立面铺设高聚物改性沥青防水卷材时,应采用满粘法,并宜减少短边搭接
屋面防水卷材渗漏采用高聚物改性沥青防水卷材热熔修缮的施工	(1)火焰加热器的喷嘴距卷材面的距离应适中,幅宽内加热应均匀,以卷材表面熔融至光亮黑色为度,不得过分加热卷材。 (2)厚度小于 3 mm 的高聚物改性沥青防水卷材,严禁采用热熔法施工。 (3)卷材表面热熔后应立即铺设卷材,铺设时应排除卷材下面的空气,使之平展并粘贴牢固; (4)搭接缝部位宜以溢出热熔的改性沥青为度,溢出的改性沥青宽度以 2 mm 左右并均匀顺直为宜;当接缝处的卷材有铝箔或矿物粒(片)料时,应清除干净后再进行热熔和接缝处理; (5)重新铺设卷材时应平整顺直,搭接尺寸准确,不得扭曲
屋面防水卷材渗漏采用合成高分子防水卷材冷粘修缮的施工	(1)基层胶黏剂可涂刷在基层或卷材底面,涂刷应均匀,不露底,不堆积;卷材空铺、点粘、条粘时,应按规定的位置及面积涂刷胶黏剂。 (2)根据胶黏剂的性能,应控制胶黏剂涂刷与卷材铺设的间隔时间。 (3)铺设卷材不得皱折,也不得用力拉伸卷材,并应排除卷材下面的空气,辊压粘贴牢固。 (4)铺设的卷材应平整顺直,搭接尺寸准确,不得扭曲。

续上表

项　　目	内　　容
屋面防水卷材渗漏采用合成高分子防水卷材冷粘修缮的施工	（5）卷材铺好压粘后，应将搭接部位的粘合面清理干净，并采用与卷材配套的接缝专用胶黏剂粘贴牢固。 （6）搭接缝口应采用与防水卷材相容的密封材料封严。 （7）卷材搭接部位采用胶粘带黏结时，粘合面应清理干净，撕去胶粘带隔离纸后应及时粘合上层卷材，并辊压粘牢；低温施工时，宜采用热风机加热，使其粘贴牢固、封闭严密
屋面防水卷材渗漏采用合成高分子防水卷材焊接和机械固定修缮的施工	（1）对热塑性卷材的搭接缝宜采用单缝焊或双缝焊，焊接应严密。 （2）焊接前，卷材应铺放平整、顺直，搭接尺寸准确，焊接缝的结合面应清扫干净。 （3）应先焊长边搭接缝，后焊短边搭接缝。 （4）卷材采用机械固定时，固定件应与结构层固定牢固，固定件间距应根据当地的使用环境与条件确定，并不宜大于 600 mm；距周边 800 mm 范围内的卷材应满粘
屋面防水卷材渗漏采用防水涂膜修缮的施工	屋面防水卷材渗漏采用防水涂膜修缮时应符合《房屋渗漏修缮技术规程》（JGJ/T 53—2011）的相关规定
涂膜防水层渗漏修缮的施工	（1）基层处理应符合修缮方案的要求，基层的干燥程度，应视所选用的涂料特性而定。 （2）涂膜防水层的厚度应符合国家现行有关标准的规定。 （3）涂膜防水层修缮时，应先做带有铺胎体增强材料涂膜附加层，新旧防水层搭接宽度不应小于 100 mm。 （4）涂膜防水层应采用涂布或喷涂法施工。 （5）涂膜防水层维修或翻修时，天沟、檐沟的坡度应符合设计要求。 （6）防水涂膜应分遍涂布，待先涂布的涂料干燥成膜后，方可涂布后一遍涂料，且前后两遍涂料的涂布方向应相互垂直。 （7）涂膜防水层的收头，应采用防水涂料多遍涂刷或用密封材料封严。 （8）对已开裂、渗水的部位，应凿出凹槽后再嵌填密封材料，并增设一层或多层带有胎体增强材料的附加层。 （9）涂膜防水层应沿裂缝增设带有胎体增强材料的空铺附加层，其空铺宽度宜为100 mm
涂膜防水层渗漏采用高聚物改性沥青防水涂膜修缮的施工	（1）防水涂膜应多遍涂布，其总厚度应达到设计要求。 （2）涂层的厚度应均匀，且表面平整。 （3）涂层间铺设带有胎体增强材料时，宜边涂布边铺胎体；胎体应铺设平整，排除气泡，并与涂料黏结牢固；在胎体上涂布涂料时，应使涂料浸透胎体，覆盖完全，不得有胎体外露现象；最上面的涂层厚度不应小于 1.0 mm。 （4）涂膜施工应先做好节点处理，铺设带有胎体增强材料的附加层，然后再进行大面积涂布。 （5）屋面转角及立面的涂膜应薄涂多遍，不得有流淌和堆积现象
涂膜防水层渗漏采用合成高分子防水涂膜修缮的施工	（1）涂膜防水层渗漏采用合成高分子防水涂膜修缮，可采用涂布或喷涂施工；当采用涂布施工时，每遍涂布的推进方向宜与前一遍相互垂直。 （2）多组分涂料应按配比准确计量，搅拌均匀，已配制的多组分涂料应及时使用；

项　目	内　容
涂膜防水层渗漏采用合成高分子防水涂膜修缮的施工	配料时,可加入适量的缓凝剂或促凝剂来调节固化时间,但不得混入已固化的涂料。 （3）在涂层间铺设带有胎体增强材料时,位于胎体下面的涂层厚度不宜小于1 mm,最上层的涂层不应少于2遍,其厚度不应小于0.5 mm
涂膜防水层渗漏采用聚合物水泥防水涂膜修缮的施工	涂膜防水层渗漏采用聚合物水泥防水涂膜修缮施工时,应有专人配料、计量,搅拌均匀,不得混入已固化或结块的涂料
屋面防水层渗漏采用合成高分子密封材料修缮的施工	屋面防水层渗漏采用合成高分子密封材料修缮时,应符合下列规定: （1）单组分密封材料可直接使用;多组分密封材料应根据规定的比例准确计量,拌和均匀;每次拌和量、拌和时间和拌和温度,应按所用密封材料的要求严格控制; （2）密封材料可使用挤出枪或腻子刀嵌填,嵌填应饱满,不得有气泡和孔洞; （3）采用挤出枪嵌填时,应根据接缝的宽度选用口径合适的挤出嘴,均匀挤出密封材料嵌填,并由底部逐渐充满整个接缝; （4）次嵌填或分次嵌填应根据密封材料的性能确定; （5）采用腻子刀嵌填时,应先将少量密封材料批刮在缝槽两侧,分次将密封材料嵌填在缝内,并防止裹入空气,接头应采用斜槎; （6）密封材料嵌填后,应在表干前用腻子刀进行修整; （7）多组分密封材料拌和后,应在规定时间内用完,未混合的多组分密封材料和未用完的单组分密封材料应密封存放; （8）嵌填的密封材料表干后,方可进行保护层施工; （9）对嵌填完毕的密封材料,应避免碰损及污染;固化前不得踩踏
瓦屋面渗漏修缮的施工	（1）更换的平瓦应铺设整齐,彼此紧密搭接,并应瓦榫落槽,瓦脚挂牢,瓦头排齐. （2）更换的油毡瓦应自檐口向上铺设,相邻两层油毡瓦,其拼缝及瓦槽应均匀错开. （3）每片油毡瓦不应少于4个油毡钉,油毡钉应垂直钉入,钉帽不得外露油毡瓦表面;当屋面坡度大于150%时,应增加油毡钉或采用沥青胶粘贴
刚性防水层渗漏采用聚合物水泥防水砂浆或掺外加剂的防水砂浆修缮的施工	（1）基层表面应坚实、洁净,并应充分湿润、无明水。 （2）防水砂浆配合比应符合设计要求,施工中不得随意加水。 （3）防水层应分层抹压,最后一层表面应提浆压光。 （4）聚合物水泥防水砂浆拌和后应在规定时间内用完,凡结硬砂浆不得继续使用。 （5）砂浆层硬化后方可浇水养护,并应保持砂浆表面湿润,养护时间不应少于14 d,温度不宜低于5℃。
刚性防水层渗漏采用柔性防水层修缮	刚性防水层渗漏采用柔性防水层修缮时,其施工应符合《房屋渗漏修缮技术规程》(JGJ/T 53—2011)的相关规定
屋面大面积渗漏进行翻修的施工	（1）基层处理应符合修缮方案要求。 （2）采用防水卷材修缮施工应符合《房屋渗漏修缮技术规程》(JGJ/T 53—2011)

续上表

项　目	内　容
屋面大面积渗漏进行翻修的施工	的相关规定,并应符合现行国家标准《屋面工程技术规范》(GB 50345—2012)的规定。 (3)采用防水涂膜修缮施工应符合《房屋渗漏修缮技术规程》(JGJ/T 53—2011)的相关规定,并应符合现行国家标准《屋面工程技术规范》(GB 50345—2012)的规定。 (4)防水层修缮合格后,应恢复屋面使用功能
其他	(1)屋面渗漏修缮施工严禁在雨天、雪天进行;五级风及其以上时不得施工。施工环境气温应符合现行国家标准的规定。 (2)当工程现场与修缮方案有出入时,应暂停施工。需变更修缮方案时应做好洽商记录

 质量问题

找平层起砂、起皮

质量问题表现

找平层颜色不均,用手一搓,有砂子分层浮起。用力击拍,表面水泥砂浆会成片脱落或有起皮、起鼓现象。

质量问题原因

(1)施工前,未能将基层清扫干净,或者找平层施工前基层未刷水泥净浆。
(2)水泥砂浆的配合比不准,或使用过期或受潮结块的水泥,砂子含泥量过大。
(3)水泥砂浆养护不充分,以致出现水泥水化不完全的倾向。

质量问题预防

(1)水泥砂浆施工前,应先将基层清扫干净,并充分湿润,但不得有积水现象。摊铺水泥砂浆前,还应在基层上用水泥净浆薄薄涂刷1层,以确保水泥砂浆与基层黏结良好。

(2)水泥砂浆找平层宜采用1:2.5～1:3(水泥:砂)体积配合比,水泥强度等级不低于42.5级;不得使用过期和受潮结块的水泥,砂子含泥量不应大于5%。

(3)水泥砂浆宜采用机械搅拌,其水灰比应为0.6～0.65,砂浆稠度应为70～80 mm,并应随拌随用,以确保水泥砂浆的质量。水泥砂浆的搅拌时间应不少于1.5 min。

(4)做好水泥砂浆的摊铺和压实工作。在初凝收水前,还应用铁抹子进行二次压实和收光。

(5)找平层施工完成后,应及时覆盖浇水盖护(宜用薄膜塑料布或草袋),其养护时间宜为7～10 d。也可使用喷养护剂、涂刷冷底子油等方法进行养护,保证砂浆中的水泥能充分水化。

质量问题

伸出屋面管道周围部位渗漏

质量问题表现

下雨时,雨水沿伸出屋面管道壁与基层交接处的缝隙渗漏到室内。

质量问题原因

伸出屋面管道周围的构造密封处理不当。

质量问题预防

(1)管道根部直径 500 mm 范围内,找平层应抹出高度不小于 30 mm 的圆锥台。

(2)管道周围与找平层或细石混凝土防水层之间,应预留 20 mm×20 mm 的凹槽,并用密封材料嵌填严密。

(3)管道根部四周应增设附加层,宽度和高度均不应小于 300 mm。

(4)管道上的防水层收头处应用金属箍紧固,并用密封材料封严。

第三节　外墙渗漏修缮工程施工

一、一般规定

(1)外墙渗漏修缮工程适用于建筑外墙渗漏修缮工程。

(2)建筑外墙渗漏宜以迎水面修缮为主。

(3)对于因房屋结构损坏造成的外墙渗漏,应先加固修补结构,再进行渗漏修缮。

二、查　　勘

(1)外墙渗漏现场查勘应重点检查节点部位的渗漏现象。

(2)外墙渗漏修缮查勘应包括下列内容:

1)清水墙灰缝、裂缝、孔洞等;

2)抹灰墙面裂缝、空鼓、风化、剥落、酥松等;

3)面砖与板材墙面接缝、开裂、空鼓等;

4)预制混凝土墙板接缝、开裂、风化、剥落、酥松等;

5)外墙变形缝、外装饰分格缝、穿墙管道根部、阳台、空调板及雨篷根部、门窗框周边、女儿墙根部、预埋件或挂件根部、混凝土结构与填充墙结合处等节点部位。

三、外墙渗漏修缮工程修缮方案

(1)外墙渗漏修缮工程修缮方案选材及原则见表 6-25 。

表 6-25　外墙渗漏修缮工程修缮方案选材及原则

项　目	内　容
外墙渗漏修缮的选材	（1）外墙渗漏局部修缮选用材料的材质、色泽、外观宜与原建筑外墙装饰材料一致，翻修时，所采用的材料、颜色应由设计确定。 （2）嵌缝材料宜选用黏结强度高、耐久性好、冷施工和环保型的密封材料。 （3）抹面材料宜选用聚合物水泥防水砂浆或掺加防水剂的水泥砂浆。 （4）防水涂料宜选用黏结性好、耐久性好、对基层开裂变形适应性强并符合环保要求的合成高分子防水涂料
外墙渗漏修缮的原则	外墙渗漏修缮，应遵循"外排内治"、"外排内防"、"外病内治"的原则。 （1）对于因面砖、板材等材料本身破损而导致的渗漏，当需更换面砖、板材时，宜采用聚合物水泥防水砂浆或胶黏剂粘贴并做好接缝密封处理。 （2）对于面砖、板材接缝的渗漏，宜采用聚合物水泥防水砂浆或密封材料重新嵌缝。 （3）对于外墙水泥砂浆层裂缝而导致的渗漏，宜先在裂缝处刮抹聚合物水泥腻子后，再涂刷具有装饰功能的防水涂料。裂缝较大时，宜先凿缝嵌填密封材料，再涂刷高弹性防水涂料。 （4）对于孔洞的渗漏，应根据孔洞的用途，采取永久封堵、临时封堵或排水等维修方法。 （5）对于预埋件或挂件根部的渗漏，宜采用嵌填密封材料外涂防水涂料维修。 （6）对于门窗框周边的渗漏，宜在室内外两侧采用密封材料封堵。 （7）混凝土结构与填充墙结合处裂缝的渗漏，宜采用钢丝网或耐碱玻纤网格布挂网，抹压防水砂浆的方法维修

（2）外墙渗漏修缮工程维修的要求见表 6-26。

表 6-26　外墙渗漏修缮工程维修的要求

项　目	内　容
清水墙面	（1）墙体坚实完好、墙面灰缝损坏时，可先将渗漏部位的缝剔凿出深度为 15～20 mm 的凹槽，经浇水湿润后，再采用合物水泥防水砂浆勾缝。 （2）墙面局部风化、碱蚀、剥皮，应先将已损坏的砖面剔除并清理干净，再浇水湿润，然后抹压聚合物水泥防水砂浆，并进行调色处理使其与原墙面基本一致。 （3）严重渗漏时，应先抹压聚合物水泥防水砂浆对基层进行防水补强后，再采用涂刷具有装饰功能的防水涂料或聚合物水泥防水砂浆粘贴面砖等进行处理
抹灰墙面	（1）抹灰墙面局部损坏渗漏时，应先剔凿损坏部分至结构层，并清理干净、浇水湿润，然后涂刷界面剂，并分层抹压聚合物水泥防水砂浆，每层厚度宜控制在 10 mm 以内并处理好接槎。抹灰层完成后，应恢复饰面层。 （2）抹灰墙面裂缝渗漏的维修应符合下列规定： 1）对于抹灰墙面的龟裂，应先将表面清理干净，再涂刷颜色与原饰面层一致的弹性防水涂料； 2）对于宽度较大的裂缝，应先沿裂缝切割并剔凿出 15 mm×15 mm 的凹槽，且对于松动、空鼓的砂浆层，应全部清除干净，再在浇水湿润后，用聚合物水泥防水砂浆修补平整，然后涂刷与原饰面层颜色一致且具有装饰功能的防水涂料。

续上表

项　　目	内　　容
抹灰墙面	（3）外墙外保温墙面渗漏维修时，宜针对保温及饰面层体系构造、损坏程度、渗漏现状等状况，采取相应的维修措施，并应符合下列规定： 　　1）对于保温层裂缝渗漏，可不拆除保温层，并应根据保温层及饰面层体系形式，按表 6-24 的规定进行维修； 　　2）保温层局部严重渗漏且丧失保温功能时，应先将其局部拆除，并对结构墙体补强处理后，再涂布防水涂料，然后恢复保温层及饰面层。 　　（4）抹灰墙面大面积渗漏时，应进行翻修，并应在基层补强处理后，采用涂布外墙防水饰面涂料或防水砂浆粘贴面砖等方法进行饰面处理
面砖与板材墙面	面砖、板材饰面层渗漏的维修应符合下列规定： 　　（1）对于面砖饰面层接缝处渗漏，应先清理渗漏部位的灰缝，并用水冲洗干净，再采用聚合物水泥防水砂浆勾缝。 　　（2）对于面砖局部损坏，应先剔除损坏的面砖，并清理干净，再浇水湿润，然后在修补基层后，再用聚合物水泥防水砂浆粘贴与原有饰面砖一致的面砖，并勾缝严密。 　　（3）对于板材局部破损，应先剔除破损的板材，清理干净，再在经防水处理后，恢复板材饰面层。 　　（4）严重渗漏时应翻修，并可在对损坏部分修补后，选用下列方法进行防水处理： 　　1）涂布高弹性且具有防水装饰功能的外墙涂料； 　　2）分段抹压聚合物水泥防水砂浆后，再恢复外墙面砖、板材饰面层
预制混凝土墙板	（1）墙板接缝处的排水槽、滴水线、挡水台、披水坡等部位渗漏，应先将损坏及周围酥松部分剔除，并清理干净，再浇水湿润，然后嵌填聚合物水泥防水砂浆，并沿缝涂布防水涂料。 　　（2）墙板的垂直缝、水平缝、十字缝需恢复空腔构造防水时，应先将勾缝砂浆清理干净，并更换缝内损坏或老化的塑料条或油毡条，再用护面砂浆勾缝。勾缝应严密，十字缝的四方应保持通畅，缝的下方应留出与空腔连通的排水孔。 　　（3）墙板的垂直缝、水平缝、十字缝空腔构造防水改为密封材料防水时，应先剔除原勾缝砂浆，并清除空腔内杂物，再嵌填聚合物水泥防水砂浆进行勾缝，并在空腔内灌注水泥砂浆，然后在填背衬材料后，嵌填密封材料。封贴保护层应按外墙装饰要求镶嵌面砖或用砂浆着色勾缝。 　　（4）墙板的垂直缝、水平缝、十字缝防水材料损坏时，应先凿除接缝处松动、脱落、老化的嵌缝材料，并清理干净，待基层干燥后，再用密封材料补填嵌缝，粘贴牢固。 　　（5）当墙板板面渗漏时，板面风化、酥松、蜂窝、孔刚周围松动等的混凝土应先剔除，并冲水清理干净，再用聚合物水泥防水砂浆分层抹压，面层涂布防水涂料。蜂窝、孔洞部位应先灌注 C20 细石混凝土，并用钢钎振捣密实后再抹压防水砂浆。高层建筑外墙混凝土墙板渗漏，宜采用外墙内侧堵水维修，并应浇水湿润后，再嵌填或抹压聚合物水泥防水砂浆，涂布防水涂膜层。 　　（6）对于上、下墙板连接处，楼板与墙板连接处坐浆灰不密实，风化、酥松等引起的渗漏，宜采用内堵水维修，并应先剔除松散坐浆灰，清理干净，再沿缝嵌填密封材料，密封应严密，黏结应牢固
细部修缮	（1）墙体变形缝渗漏维修应符合下列规定：

续上表

项 目	内 容
细部修缮	1)原采用弹性材料嵌缝的变形缝渗漏维修时,应先清除缝内已失效的嵌缝材料及浮灰、杂物,待缝内干燥后再设置背衬材料,然后分层嵌填密封材料,并应密封严密、黏结牢固。 2)原采用金属折板盖缝的外墙变形缝渗漏维修时,应先拆除已损坏的金属折板、防水层和衬垫材料,再重新粘铺衬垫材料,钉粘合成高分子防水卷材,收头处钉压固定并用密封材料封闭严密,然后在表面安装金属折板,折板应顺水流方向搭接,搭接长度不应小于 40 mm。金属折板应做好防腐蚀处理后锚固在墙体上,螺钉眼宜选用与金属折板颜色相近的密封材料嵌填、密封(图 6-25)。 (2)外装饰面分格缝渗漏维修,应嵌填密封材料和涂布高分子防水涂料。 (3)穿墙管道根部渗漏维修,应用掺聚合物的细石混凝土或水泥砂浆固定穿墙管,在穿墙管外墙外侧的周边应预留出 20 mm×20 mm 的凹槽,凹槽内应嵌填密封材料(图 6-26)。 (4)混凝土结构阳台、雨篷根部墙体渗漏的维修应符合下列规定: 1)阳台、雨篷、遮阳板等产生倒泛水或积水时,可凿除原有找平层,再用聚合物水泥防水砂浆重做找平层,排水坡度不应小于 1%。当阳台、雨篷等水平构件部位埋设的排水管出现淋湿墙面状况时,应加大排水管的伸出长度或增设水落管; 2)阳台、雨篷与墙面交接处裂缝渗漏维修,应先在连接处沿裂缝墙上剔凿沟槽,并清理干净,再嵌填密封材料。剔凿时,不得重锤敲击,不得损坏钢筋; 3)阳台、雨篷的滴水线(滴水槽)损坏时,应重新修复。 (5)女儿墙根部外侧水平裂缝渗漏维修,应先沿裂缝切割宽度为 20 mm、深度至构造层的凹槽,再在槽内嵌填密封材料,并封闭严密。 (6)现浇混凝土墙体穿墙套管渗漏,应将外墙外侧或内侧的管道周边嵌填密封材料,并封堵严密。 (7)现浇混凝土墙体施工缝渗漏,可采用在外墙面喷涂无色透明或与墙面相似颜色防水剂或防水涂料,厚度不应小于 1 mm

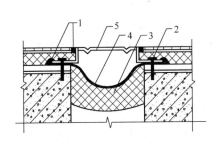

图 6-25 墙体变形缝渗漏维修

1—新嵌密封材料;2—钉压固定 3—新铺衬垫材料;

4—新铺防水卷材;5—不锈钢板或镀锌薄钢板

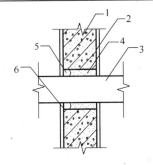

图 6-26 穿墙管根部渗漏维修

1—墙体;2—外墙面;3—穿墙管;4—细石混凝土或水泥砂浆;

5—新嵌背衬材料;6—新嵌密封材料

四、外墙渗漏修缮工程施工

外墙渗漏修缮工程的施工要求见表 6-27。

表 6-27 外墙渗漏修缮工程的施工要求

项　目	内　容
外墙渗漏修缮	(1)外墙渗漏采用聚合物水泥防水砂浆或掺外加剂的防水砂浆修缮时,其施工应按《房屋渗漏修缮技术规程》(JGJ/T 53—2011)的相关规定执行 (2)外墙渗漏采用无机防水堵漏材料修缮时,其施工应符合下列规定: 1)防水材料配制应严格按设计配合比控制用水量; 2)防水材料应随配随用,已固化的不得再次使用; 3)初凝前应全部完成抹压,并将现场及基层清理干净; 4)宜按照从上到下的顺序进行施工
面砖与板材墙面 面砖与板材接缝 渗漏修缮	(1)接缝嵌填材料和深度应符合设计要求,接缝嵌填应连续、平直、光滑、无裂纹、无空鼓。 (2)接缝嵌填宜先水平后垂直的顺序进行
外墙墙体结构 缺陷渗漏修缮	(1)对于孔洞、酥松、外表等缺陷,应凿除胶结不牢固部分墙体,用钢丝刷清理,浇水湿润后用水泥砂浆抹平。 (2)裂缝采用无机防水堵漏材料封闭。 (3)清水墙修补后宜在水泥砂浆或细石混凝土修补后用磨光机械磨平
外墙变形缝渗漏修缮	外墙变形缝渗漏采用金属折板盖缝修缮时,其施工应符合下列规定: (1)止水带安装应在无渗漏水时进行; (2)基层转角处先用无机防水堵漏材料抹成钝角,并设置衬垫材料; (3)水泥钉的长度和直径应符合设计要求,宜采取防锈处理;安装时,不得破坏变形缝两侧的基层; (4)合成高分子卷材铺设时应留有变形余量,外侧装设外墙专用金属压板配件
孔洞渗漏修缮	孔洞渗漏采用防水涂料及无机防水堵漏材料修缮的施工应符合《房屋渗漏修缮技术规程》(JGJ/T 53—2011)的相关规定
外墙裂缝渗漏修缮	外墙裂缝渗漏修缮采用无机防水堵漏材料封堵裂缝渗漏的施工宜符合上述"外墙渗漏修缮"中(2)的的规定;采用防水砂浆的施工应符合《房屋渗漏修缮技术规程》(JGJ/T 53—2011)的相关规定
外墙大面积渗漏修缮	(1)抹压无机防水堵漏材料时,应先清理基层,除去表面的酥松、起皮和杂质,然后分多遍抹压无机防水涂料并形成连续的防水层。 (2)涂布防水涂料时,应按照从高处向低处、先细部后整体、先远处后近处的顺序进行施工,其施工应符合《房屋渗漏修缮技术规程》(JGJ/T 53—2011)的相关规定。 (3)抹压防水砂浆修缮施工应符合《房屋渗漏修缮技术规程》(JGJ/T 53—2011)的相关规定。 (4)防水层修缮合格后,再恢复饰面层

防水砂浆施工不当

质量问题表现

防水砂浆层产生裂缝及龟裂、空鼓等质量问题。

质量问题原因

(1)未按规定进行分层抹灰。

(2)基础未进行处理。

(3)施工所用砂浆配合比不准确。

(4)旧墙面没有处理,砂浆与墙面结合不好。

质量问题预防

(1)清理基层,新旧面层必须清理干净,不得有杂物和灰尘,以免影响黏结强度,涂刷防水涂料时基层应干燥。一般可凭经验、肉眼观察,也可用1 m见方的朔料布覆盖其上,利用阳光照射1~3 h后。基层表面应为平整的毛面,光滑表面应做界面处理。

(2)基层清理工序完成之后,接下来,清理死角,也就是所谓的阴阳角、施工缝、伸缩缝等比较重要的部位进行处理,尤其注意的是泄水孔要加强处理,需要涂刷2~3遍防水底层涂料。

(3)备好防水卷材、防水涂料、基层涂料和粘接卷材的涂料必须要分清,为提高防水卷材与基层黏结性,可用底层涂料反复涂刷,涂刷均匀,覆盖完全,充分渗入混凝土基层,以提高黏结强度和抗剪切强度。

(4)防水砂浆的配制应符合下列规定:

1)配比应按照设计要求进行;

2)配制聚合物乳液防水砂浆前,乳液应先搅拌均匀,再按规定比例加入拌和料中搅拌均匀;

3)聚合物干粉防水砂浆应按规定比例加水搅拌均匀;

4)粉状防水剂配制防水砂浆时,应先将规定比例的水泥、砂和粉状防水剂干拌均匀,再加水搅拌均匀;

5)液态防水剂配制防水砂浆时,应先将规定比例的水泥和砂干拌均匀,再加入用水稀释的液态防水剂搅拌均匀。

(5)配制好的防水砂浆宜在1 h内用完;施工中不得任意加水。

(6)界面处理材料涂刷厚度应均匀、覆盖完全。收水后应及时进行防水砂浆的施工。

第四节　厕浴间和厨房渗漏修缮工程施工

一、一般规定

(1)厕浴间和厨房渗漏修缮适用于厕浴间和厨房等渗漏修缮工程。

(2)厕浴间和厨房渗漏修缮宜在迎水面进行。

二、构造设计

(1)厕浴间、厨房的墙体,宜设置高出楼地面 150 mm 以上的现浇混凝土泛水。

(2)主体为装配式房屋结构的厕所、厨房等部位的楼板应采用现浇混凝土结构。

(3)厕浴间、厨房四周墙根防水层泛水高度不应小于 250 mm,其他墙面防水以可能溅到水的范围为基准向外延伸不应小于 250 mm。浴室花洒喷淋的临墙面防水高度不得低于 2 m(图 6-27)。

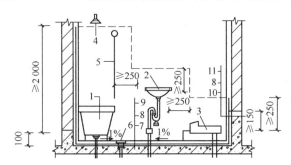

图 6-27　厕浴间墙面防水高度示意(单位:mm)

1—浴缸;2—洗手池;3—蹲便器;4—喷淋头;5—浴帘;6—地漏;

7—现浇混凝土楼板;8—防水层;9—地面饰面层;

10—混凝土泛水;11—墙面饰面层

(4)有填充层的厨房、下沉式卫生间,宜在结构板面和地面饰面层下设置两道防水层。单道防水时,防水应设置在混凝土结构板面上,材料厚度参照水池防水设计选用。填充层应选用压缩变形小、吸水率低的轻质材料。填充层面应整浇不小于 40 mm 厚的钢筋混凝土地面。排水沟应采用现浇钢筋混凝土结构,坡度不应小于 1%。沟内应设置防水层。

(5)墙面与楼地面交接部位、穿楼板(墙)的套管宜用防水涂料、密封材料或易粘贴的卷材进行加强防水处理。加强层的尺寸应符合下列要求:

1)墙面与楼地面交接处、平面宽度与立面高度均不应小于 100 mm;

2)穿过楼板的套管,在管体的黏结高度不应小于 20 mm,平面宽度不应小于 150 mm。用于热水管道防水处理的防水材料和辅料,应具有相应耐热性能(图 6-28)。

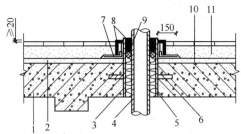

图 6-28　穿楼板管道防水做法(单位:mm)

1—结构楼板;2—找平找坡层;3—防水套管;4—穿楼板管道;5—阻燃密实材料;

6—止水环;7—附加防水层;8—高分子密封材料;9—背衬材料;

10—防水层;11—地面砖及结合层

(6)地漏与地面混凝土间应留置凹槽,用合成高分子密封胶进行密封防水处理。地漏四周应设置加强防水层,加强层宽度不应小于 150 mm。防水层在地漏收头处,应用合成高分子密封胶进行密封防水处理(图 6-29)。

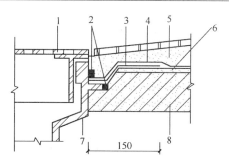

图 6-29　室内地漏防水构造(单位:mm)

1—地漏盖板;2—密封材料;3—附加层;4—防水层;5—地面砖及结合层;6—水泥砂浆找平层;7—地漏;8—混凝土楼板

(7)组装式厕浴间的结构地面与墙面均应设置防水层,结构地面应设排水措施。

(8)墙体为现浇钢筋混凝土时,在防水设防范围内的施工缝应做防水处理。

(9)长期处于蒸汽环境下的室内,所有的墙面、楼地面和顶面均应设置防水层。

(10)穿楼板管道防水设计应符合下列规定:

1)穿楼板管道应临墙安设,单面临墙的管道套管离墙净距不应小于 50 mm;双面临墙的管道一面临墙不应小于 50 mm,另一面不应小于 80 mm;套管与套管的净距不应小于 60 mm(图 6-30)。

2)穿楼板管道应设置止水套管或其他止水措施,套管直径应比管道大 1～2 级标准;套管高度应高出装饰地面 20～50 mm。

3)套管与管道间用阻燃密实材料填实,上口应留 10～20 mm 凹槽嵌入高分子弹性密封材料。

(11)洗脸盆台板、浴盆与墙的交接角应用合成高分子密封材料进行密封处理。

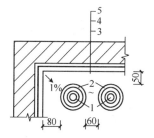

图 6-30　临墙管安装(单位:mm)

1—穿楼板管道;2—防水套管;

3—墙面饰面层;4—防水层;5—墙体

三、查　　勘

(1)厕浴间和厨房的查勘应包括下列内容:

1)地面与墙面及其交接部位裂缝、积水、空鼓等;

2)地漏、管道与地面或墙面的交接部位;

3)排水沟及其与下水管道交接部位等。

(2)厕浴间和厨房的查勘时,应查阅相关资料,并应查明隐蔽性管道的铺设路径、接头的数量与位置。

四、厕浴间和厨房渗漏的修缮

厕浴间和厨房渗漏的修缮见表 6-28。

表 6-28　厕浴间和厨房渗漏的修缮

项　　目	内　　容
厕浴间和厨房的墙面和地面面砖破损、空鼓和接缝的渗漏修缮	厕浴间和厨房的墙面和地面面砖破损、空鼓和接缝的渗漏修缮,应拆除该部位的面砖、清理干净并洒水湿润后,再用聚合物水泥防水砂浆粘贴与原有面砖一致的面砖,并应进行勾缝处理

项　　目	内　　容
厕浴间和厨房墙面防水层破损渗漏维修	厕浴间和厨房墙面防水层破损渗漏维修,应采用涂布防水涂料或抹压聚合物水泥防水砂浆进行防水处理
地面防水层破损渗漏的修缮	地面防水层破损渗漏的修缮,应涂布防水涂料,且管根、地漏等部位应进行密封防水处理。修缮后,排水应顺畅
地面与墙面交接处防水层破损渗漏维修	地面与墙面交接处防水层破损渗漏维修,宜在缝隙处嵌填密封材料,并涂布防水涂料
设施与墙面接缝的渗维修	设施与墙面接缝的渗维修,宜采用嵌填密封材料的方法进行处理
穿墙(地)管根渗漏维修	穿墙(地)管根渗漏维修,宜嵌填密封材料,并涂布防水涂料
地漏部位渗漏修缮	地漏部位渗漏修缮,应先在地漏周边剔出 15 mm×15 mm 的凹槽,清理干净后,再嵌填密封材料封闭严密
墙面防水层高度不足引起的渗漏维修	墙面防水层高度不足引起的渗漏维修应符合下列规定: (1)维修后,厕浴间防水层高度不宜小于 2 000 mm,厨房间防水层高度不宜小于 1 800 mm; (2)在增加防水层高度时,应先处理加高部位的基层,新旧防水层之间搭接宽度不应小于 150 mm
厨房排水沟渗漏维修	厨房排水沟渗漏维修,可选用涂布防水涂料、抹压聚合物水泥防水砂浆,修缮后应满足排水要求
卫生洁具与给排水管连接处渗漏	卫生洁具与给排水管连接处渗漏时,宜凿开地面,清理干净,洒水湿润后,抹压聚合物水泥防水砂浆或涂布防水涂料做好便池底部的防水层,再安装恢复卫生洁具
地面因倒泛水、积水而造成的渗漏维修	地面因倒泛水、积水而造成的渗漏维修,应先将饰面层凿除,重新找坡,再涂刷基层处理剂,涂布涂膜防水层,然后铺设饰面层,重新安装地漏。地漏接口和翻口外沿应嵌填密封材料,并应保持排水畅通
地面砖破损、空鼓和接缝处渗漏的维修	地面砖破损、空鼓和接缝处渗漏的维修,应先将损坏的面砖拆除,对基层进行防水处理后,再采用聚合物水泥防水砂浆将面砖满浆粘贴牢固并勾缝严密
楼地面裂缝渗漏	楼地面裂缝渗漏应区分裂缝大小,分别采用涂布有胎体增强材料涂膜防水层及抹压防水砂浆或直接涂布防水涂料的方式进行维修
穿过楼地面管道的根部积水或裂缝渗漏的维修	穿过楼地面管道的根部积水或裂缝渗漏的维修,应先清除管道周围构造层至结构层,再重新抹聚合物水泥防水砂浆找坡并在管根周边预留出凹槽,然后嵌填密封材料,涂布防水涂料,恢复饰面层

项　目	内　容
墙面渗漏维修	墙面渗漏维修,宜先清除饰面层至结构层,再抹压聚合物水泥砂浆或涂布防水涂料
卫生洁具与给排水管连接处渗漏维修	卫生洁具与给排水管连接处渗漏维修应符合下列规定: (1)便器与排水管连接处漏水引起楼地面渗漏时,宜凿开地面,拆下便器,并用防水砂浆或防水涂料做好便池底部的防水层; (2)便器进水口漏水,宜凿开便器进水口处地面进行检查,皮碗损坏应更换; (3)卫生洁具更换、安装、修理完成后,应经检查无渗漏水后再进行其他修复工序 楼地面防水层丧失防水功能严重渗漏进行翻修时,应符合下列规定: (1)采用聚合物水泥防水砂浆时,应将面层、原防水层凿除至结构层,并清理干净后。裂缝及节点应按《房屋渗漏修缮技术规程》(JGJ/T 53—2011)的相关规定进行基层补强处理后,再分层抹压聚合物水泥防水砂浆防水层,然后恢复饰面层。 (2)采用防水涂料时,应先进行基层补强处理,并应做到坚实、牢固、平整、干燥。卫生洁具、设备、管道(件)应安装牢固并处理好固定预埋件的防腐、防锈、防水和接口及节点的密封。应先做附加层,再涂布涂膜防水层,最后恢复饰面层

五、厕浴间和厨房渗漏的施工

厕浴间和厨房渗漏的施工见表 6-29。

表 6-29　厕浴间和厨房渗漏的施工

项　目	内　容
厕浴间渗漏的维修	(1)厕浴间渗漏采用防水砂浆修缮的施工应按《房屋渗漏修缮技术规程》(JGJ/T 53—2011)的相关规定执行。 (2)厕浴间渗漏采用防水涂膜修缮的施工应按《房屋渗漏修缮技术规程》(JGJ/T 53—2011)的相关规定执行
穿过楼地面管道的根部积水或裂缝渗漏的维修	(1)采用无机防水堵漏材料修缮施工应按《房屋渗漏修缮技术规程》(JGJ/T 53—2011)的相关规定执行; (2)采用防水涂料修缮时应先清除管道周围构造层至结构层,重新抹压聚合物水泥防水砂浆找坡,并在管根预留凹槽嵌填密封材料,涂布防水涂料应按《房屋渗漏修缮技术规程》(JGJ/T 53—2011)的相关规定执行
楼地面裂缝渗漏的维修	(1)裂缝较大时,应先凿除面层至结构层,清理干净后,再沿缝嵌填密封材料,涂布有胎体增强材料涂膜防水层,并采用聚合物水泥防水砂浆找平,恢复饰面层。 (2)裂缝较小时,可沿裂缝剔缝,清理干净,涂布涂膜防水层,或直接清理裂缝表面,沿裂缝涂布两遍无色或浅色合成高分子涂膜防水层,宽度不应小于 100 mm
楼地面与墙面交接处渗漏的维修	楼地面与墙面交接处渗漏维修,应先清除面层至防水层,并在基层处理后,再涂布防水涂料。立面涂布的防水层高度不应小于 250 mm,水平面与原防水层的搭接宽度不应小于 150 mm,防水层完成后应恢复饰面层
面砖接缝渗漏的维修	面砖接缝渗漏修缮应按《房屋渗漏修缮技术规程》(JGJ/T 53—2011)的相关规定执行

项 目	内 容
楼地面防水层丧失防水功能严重渗漏的维修	楼地面防水层丧失防水功能严重渗漏应进行翻修,施工应符合下列规定: (1)采用聚合物水泥防水砂浆修缮时,应按《房屋渗漏修缮技术规程》(JGJ/T 53—2011)的相关规定执行; (2)采用防水涂料修缮时应按《房屋渗漏修缮技术规程》(JGJ/T 53—2011)的相关规定执行; (3)防水层修缮合格后,再恢复饰面层
其他	各种卫生器具与台面、墙面、地面等接触部位修缮后密封严密

质量问题

防水混凝土施工不合理

质量问题表现

(1)混凝土出现离析现象。

(2)防水混凝土结构表面露筋。

(3)混凝土终凝后,未进行养护。

质量问题原因

(1)混凝土配比不合格。

(2)搅拌时间不符合要求。

(3)混凝土出现离析现象。

(4)由未持证上岗的施工人员作业。

质量问题预防

(1)厕浴间和厨房施工必须由有资质的专业队伍进行施工,主要施工人员应持有建设行政主管部门颁发的岗位证书。

(2)二次埋置的套管,其周围混凝土强度等级要你管比原混凝土提高一级(0.2 MPa),并应掺膨胀剂;二次浇筑的混凝土结合面应清理干净后进行界面处理,混凝土应浇捣密实。加强防水层应覆盖施工缝,并超出边缘不小于150 mm。

(3)防水混凝土拌和物出现离析现象时,必须进行二次搅拌后使用。当坍落度损失后不能满足施工要求时,应加入原水胶比的水泥浆或二次掺加减水剂进行搅拌,严禁直接加水。

(4)防水混凝土应采用高频机械分层振捣密实,振捣时间宜为10~30 s,以混凝土泛浆和不冒气泡为准,应避免漏振、欠振和超振。当采用自密实混凝土时,可不进行机械振捣。

(5)防水混凝土结构表面应平整、坚实,不得有露筋、蜂窝等缺陷。

质量问题

(6)防水混凝土应连续浇筑,少留施工缝。当留设施工缝时,应留置在受剪力较小的部位,留置部位应便于施工;墙体水平施工缝应留在高出底板表面不小于 300 mm 的墙体上。

(7)施工缝防水的构造形式应符合图 6-31 的要求。

(8)施工缝的施工应符合下列规定:

1)水平施工缝浇灌混凝土前,应将其表面浮浆和杂物清除先铺净浆,再铺 30~50 mm 厚的 1∶1 水泥砂浆或涂刷混凝土界面处理剂,并及时浇灌混凝土;

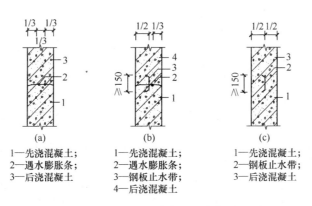

(a)
1—先浇混凝土;
2—遇水膨胀条;
3—后浇混凝土

(b)
1—先浇混凝土;
2—遇水膨胀条;
3—钢板止水带;
4—后浇混凝土

(c)
1—先浇混凝土;
2—钢板止水带;
3—后浇混凝土

图 6-31　施工缝防水的基本构造

2)垂直施工缝浇灌混凝土前,应将其表面清理干净后涂刷水泥净浆或混凝土界面处理剂,并及时浇灌混凝土。

3)遇水膨胀条宜选用腻子型或遇水膨胀胶,选用的遇水膨胀条应具有缓胀性能。

(9)防水混凝土结构内部设置的各种钢筋或绑扎铁丝,不得解除模板。固定模板用的螺栓必须穿过混凝土结构时,可采用工具式螺栓或螺栓加堵头,螺栓上应加焊方形止水环。拆模后螺栓孔宜用 1∶2 水泥砂浆或聚合物水泥防水砂浆分层填实,并注意保养。经出路的螺栓孔和封头处宜在迎水面涂刷防水涂料。

参 考 文 献

[1] 中华人民共和国住房和城乡建设部. GB 50207—2012 屋面工程质量验收规范[S]. 北京:中国建筑工业出版社,2012.

[2] 中华人民共和国住房和城乡建设部. GB 50345—2012 屋面工程技术规范[S]. 北京:中国建筑工业出版社,2012.

[3] 中华人民共和国住房和城乡建设部. GB 50208—2011 地下防水工程质量验收规范[S]. 北京:中国建筑工业出版社,2012.

[4] 中华人民共和国住房和城乡建设部. GB 50108—2008 地下工程防水技术规范[S]. 北京:中国计划出版社,2008.

[5] 中华人民共和国住房和城乡建设部. JGJ/T 212—2010 地下工程渗漏治理技术规程[S]. 北京:中国计划出版社,2011.

[6] 中华人民共和国住房和城乡建设部. JGJ/T 53—2011 房屋渗漏修缮技术规程[S]. 北京:中国建筑工业出版社,2011.

[7] 中华人民共和国国家质量监督检验总局,中华人民共和国建设部. GB 50086—2001 锚杆喷射混凝土支护技术规范[S]. 北京:中国计划出版社,2004.

[8] 北京土木建筑学会. 防水工程现场施工处理方法与技巧[M]. 北京:机械工业出版社,2009.

[9] 叶琳昌. 建筑防水工程渗漏实例分析[M]. 北京:中国建筑工业出版社,2000.

[10] 郭立峰. 屋面施工便携手册[M]. 北京:中国计划出版社,2006.

[11] 雍传德,雍世海. 防水工操作技巧[M]. 北京:中国建筑工业出版社,2003.

[12] 朱国梁,姜颖等. 防水工程施工禁忌手册[M]. 北京:机械工业出版社,2005.